福建省高职高专农林牧渔大类十二五规划教材

园林工程施工管理综合实训

主　编◎邱　冈

副主编◎甘勇辉　邓元德

编　者◎（按姓氏笔画排列）

李奕佳　陈开森

林　宏　钟春玉

唐必成

厦门大学出版社 XIAMEN UNIVERSITY PRESS

国家一级出版社

全国百佳图书出版单位

内容提要

本教材根据高等职业教育的培养目标和要求，结合园林工程建设施工组织与管理的行业实践来选择实训项目，采纳了园林工程施工中的新规范、新材料、新工艺、新技术，将建筑工程项目管理的先进理念、先进方法与园林工程项目的管理相结合。全书包括招标投标管理、施工准备、施工现场工作、园林工程成本管理、园林工程进度管理、园林工程质量管理、园林工程合同管理、园林工程安全管理、园林工程信息管理 9 个模块，共计 13 个实训。

本教材可作为园林技术及相关专业高职高专教科书，也可作同层次的电大、函授和夜大的教材，还可供园林工程技术人员参考。

福建省高职高专农林牧渔大类规划教材编写委员会

前 言

一、目的与任务

本书是高职园林技术专业综合实训教材之一，从提高学生的实践能力出发，以培养符合21世纪园林现代化建设需要的，面向园林行业生产第一线，具有创业意识和创业能力的高素质人才为目标。实训主要任务如下：

1. 实训项目为5000 m^2 小型小区绿地或者5000 m^2 公园绿地，与园林绿化施工企业合作，亦可是模拟性；已有完整的施工图，含地形设计、土建部分、绿化部分、喷灌部分、照明部分等。让学生实行模拟顶岗实习的模式，在规定的时间内完成某个项目的施工和组织管理工作的全部或者局部。

2. 了解园林工程施工管理的阶段和包含的内容。园林施工管理分为阶段管理和专项管理，包含招标投标管理、施工准备、施工现场管理、成本管理、进度管理、质量管理、合同管理、安全管理、信息管理。

3. 熟悉园林工程施工组织管理的程序与过程，掌握投标文件的模拟编制、施工组织设计模拟编制、施工图预算模拟编制、工程进度计划模拟编制、质量计划模拟编制、施工安全技术措施模拟编制、合同编制、施工现场管理工作、工程进度款申请、工程施工联系函模拟编制、内业资料模拟编制流程和要点。

4. 掌握园林土方工程、水景工程、建筑小品工程、园路工程、植树工程的基本技能。

二、综合实训安排

本书分为两篇、九模块，共计13项实训、14个实训案例。按模块编排综合实训，可以适应高职高专院校模块化教学改革的需要。课堂教学详见综合实训安排表，学生在课堂上无法完成的实训均在课后补充完成，所列学时数仅供参考。

综合实训安排表

篇	模块	实训项目	实训内容	学时数(课堂)		
				理论	实训	合计
第一篇	模块一	实训 1	施工投标文件模拟编制	2.0	4.0	6
	模块二	实训 2	园林工程施工准备工作	0.5	2.5	3
		实训 3	施工组织设计模拟编制	2.5	4.5	7
	模块三	实训 4	园林工程土方测量与土方量计算	2.0	5.0	7
		实训 5	植树工程	1.0	5.0	6
		实训 6	水景工程材料识别与施工	0.5	3.5	4
第二篇	模块四	实训 7	园林工程量清单报价的编制	1.0	3.0	4
	模块五	实训 8	工程进度计划模拟编制	1.0	3.0	4
	模块六	实训 9	质量计划模拟编制	1.0	3.0	4
	模块七	实训 10	施工合同模拟编制	1.0	3.0	4
	模块八	实训 11	季节性施工安全技术措施模拟编制	1.0	3.0	4
	模块九	实训 12	工程进度款申请、工程施工联系函模拟编制	0.5	2.5	3
		实训 13	内业资料模拟编制	1.0	3.0	4
合计				15	45	60

三、学生成绩考核及评价

本课程为考查课程。成绩的总评为阶段测试成绩占20%，平时实训成绩占80%，包含过程性评价及终结性评价。

过程性评价：从掌握实训内容的规范性、全面性来评价。

终结性评价：从编写实训内容的完整性、可行性来评价。

四、说明事项

1. 每个实训一般都包括实训目标、实训材料与方法、实训步骤、实训要求及注意事项、实训考核、思考题、实训案例七个部分。

2. 各高职院校可以结合本校的教学模式、学生掌握知识情况及当地园林工程施工特点和建材情况，对本书的综合实训进行建设性的调整或补充。

3. 本教材编写具体分工如下：

邓元德（闽西职业技术学院）　　实训1及相关知识、实训5及相关知识

甘勇辉（漳州职业技术学院）　　实训2及相关知识、实训4及相关知识

钟春玉（福州黎明职业技术学院）　　实训3及相关知识、实训8及相关知识

唐必成（福建林业职业技术学院）　　实训6及相关知识、实训7及相关知识

陈开森(闽西职业技术学院)　　　　　　　实训9及相关知识、实训11及相关知识
邱　冈(福州黎明职业技术学院)　　　　　实训10及相关知识、全书的编写策划、统稿及审核
李奕佳(漳州职业技术学院)　　　　　　　实训12及相关知识、实训13及相关知识
林　宏(福州行福装修绿化工程有限公司)参与全书的编写策划

4. 在教材编写过程中,我们参考了有关同仁的著作和资料,在此表示衷心的感谢。由于水平有限和认识的局限,定有许多不妥之处,恳请广大读者多提宝贵意见,以便再版时修订。

编者
2011年9月

目　录

第一篇　园林工程阶段管理

第二篇　园林工程专项管理

第一篇　园林工程阶段管理

模块一

招标投标管理

相关知识

招标投标管理是招标人对工程建设、货物买卖、劳务承担等交易业务事先公布选择采购的条件和要求，招引他人承接，若干或众多投标人出愿意参加业务承接竞争的意思表示，招标人按照规定的程序和办法择优选定中标人的活动。建设工程招标是指招标人在发包建设项目之前，公开招标或邀请投标人，根据招标人的意图和要求提出报价，择日当场开标，以便从中择优选定中标人的一种经济活动。

建设工程投标是工程招标的对称概念，指具有合法资格和能力的投标人根据招标条件，经过初步研究和估算，在指定期限内填写招标文件，提出报价，并等候开标，决定能否中标的经济活动。

从法律意义上讲，建设工程招标一般是建设单位（或业主）就拟建的工程发布通告，用法定方式吸引建设项目的承包单位参加竞争，进而通过法定程序从中选择条件优越者来完成工程建设任务的法律行为。建设工程投标一般是经过特定审查而获得投标资格的建设项目承包单位按照招标文件的要求，在规定的时间内向招标单位填报投招标文件，并争取中标的法律行为。

1. 招　标

1.1　工程项目招标范围

《中华人民共和国招标投标法》指出，凡在中华人民共和国境内进行下列工程建设项目，包括项目的勘察、设计、施工、监理以及与工程建设有关的重要设备、材料等的采购，必须进行招标。

一般包括：

(1)大型基础设施、公用事业等关系社会公共利益、公共安全的项目；

(2)全部或者部分使用国有资金投资或国家融资的项目；

(3)使用国际组织或者外国政府贷款、援助资金的项目。

1.2 建设工程招标的方式

工程项目招标的方式在国际上通行的为公开招标、邀请招标和议标，但《中华人民共和国招标投标法》未将议标作为法定的招标方式，即法律所规定的强制招标项目不允许采用议标方式，主要因为我国国情与建筑市场的现状条件，不宜采用议标方式，但法律并不排除议标方式。

1.2.1 公开招标

公开招标又称为无限竞争招标，是由招标单位通过报刊、广播、电视等方式发布招标广告，有投标意向的承包商均可参加投标资格审查，审查合格的承包商可购买或领取招标文件，参加投标的招标方式。

1.2.2 邀请招标

邀请招标又称为有限竞争性招标。这种方式不发布广告，业主根据自己的经验和所掌握的各种信息资料，向有承担该项工程施工能力的三个以上(含三个)承包商发出投标邀请书，收到邀请书的单位有权利选择是否参加投标。邀请招标与公开招标一样都必须按规定的招标程序进行，要制定统一的招标文件，投标人都必须按招标文件的规定进行投标。

1.2.3 议标

议标(又称协议招标、协商议标)是一种以议标文件或拟议的合同草案为基础，直接通过谈判方式，分别与若干家承包商进行协商，选择自己满意的一家，签订承包合同的招标方式。议标通常实用于涉及国家安全的工程或军事保密的工程，或紧急抢险救灾工程及小型工程。

1.3 建设工程招标、投标的一般程序

1.3.1 建设工程招标的一般程序

从招标人的角度看，建设工程招标的一般程序主要经历以下几个环节：

(1)设立招标组织或者委托招标代理人；

(2)申报招标申请书、招标文件、评标定标办法和标底(实行资格预审的还要申报资格预审文件)；

(3)发布招标公告或者发出投标邀请书；

(4)对投标资格进行审查；

(5)分发招标文件和有关资料，收取投标保证金；

(6)组织投标人踏勘现场，对招标文件进行答疑；

(7)成立评标组织，召开开标会议(实行资格后审的还要进行资格审查)；

(8)审查投标文件，澄清投标文件中不清楚的问题，组织评标；

(9)择优定标,发出中标通知书;

(10)将合同草案报送审查,签订合同。

1.3.2　建设工程投标的一般程序

从投标人的角度看,建设工程投标的一般程序主要经历以下几个环节:

(1)向招标人申报资格审查,提供有关文件资料;

(2)购领招标文件和有关资料,缴纳投标保证金;

(3)组织投标班子,委托投标代理人;

(4)参加踏勘现场和投标预备会;

(5)编制、递送投标文件;

(6)接受评标组织就投标文件中不清楚的问题进行的询问,举行澄清会谈;

(7)接受中标通知书,签订合同,提供履约担保,分送合同副本。

2. 投　标

2.1　工程投标文件的基本内容

工程投标文件,是工程投标人单方面阐述自己响应招标文件要求,旨在向招标人提出愿意订立合同的意思表示,是投标人确定、修改和解释有关投标事项的各种书面表达形式的统称。一般在投标人参加完投标预备会(标前会议)→确定投标策略→确定施工方案→收集有关资料→选择定额、确定费率→计算和复核工程量→计算成本价格→报价分析决策之后开始编制投标文件。

投标人在投标文件中必须明确向招标人表示愿以招标文件的内容订立合同的意思;必须对招标文件提出的实质性要求和条件做出响应,不得以低于成本的报价竞标;必须由有资格的投标人编制;必须按照规定的时间、地点将投标文件递交给招标人。否则该投标文件将被招标人拒绝。

施工投标文件一般由资格审查、投招标文件、技术标(施工组织设计)、商务标组成。具体要看投标项目招标文件的详细规定。

资格审查:适用于资格后审,一般要求投标人提供营业执照、资质证书、组织机构代码、财务报表、业绩、项目经理资格等。

投招标文件:一般包括投标函、法定代表人资格证明书、授权委托书等。

技术标(施工组织设计):投标人对该项目施工措施的叙述。

商务标:投标人对该项目的报价。

投标文件一般由下列内容组成:

- 投标函;
- 投标函附录;
- 投标保证金;
- 法定代表人资格证明书;
- 授权委托书;

- 具有标价的工程量清单与报价表；
- 辅助资料表；
- 资格审查表(资格预审的不采用)；
- 对招标文件中的合同协议条款内容的确认和响应；
- 施工组织设计；
- 招标文件规定提交的其他资料。

投标人必须使用招标文件提供的投标文件表格格式，但表格可以按同样格式扩展。招标文件中拟定的供投标人投标时填写的一套投标文件格式，主要有投标函及其附录、工程量清单与报价表、辅助资料表等。

2.2 编制工程投标文件的步骤

投标人在领取招标文件以后，就要进行投标文件的编制工作。

编制投标文件的一般步骤是：

(1)熟悉招标文件、图纸、资料，对图纸、资料有不清楚、不理解的地方，可以用书面或口头方式向招标人询问、澄清；

(2)参加招标人施工现场情况介绍和答疑会；

(3)调查当地材料供应和价格情况；

(4)了解交通运输条件和有关事项；

(5)编制施工组织设计，复查、计算图纸工程量；

(6)编制或套用投标单价；

(7)计算取费标准或确定采用取费标准；

(8)计算投标造价；

(9)核对调整投标造价；

(10)确定投标报价。

2.3 投标文件编制要点

2.3.1 阅读招标文件和现场考察

2.3.1.1 阅读招标文件

编制投标文件前要仔细阅读招标文件，特别是文件中的工作范围、专用条款以及设计图纸和说明，阅读过程中把关键、重要的条款摘出来，以便在编制投标文件时将其列为重点，审核文件时作为关键内容进行校对。正确详细地理解招标文件内容和相关资料，尤其是“投标人须知”和“合同条款”等。“投标人须知”用于进一步明确正文中的未尽事宜，由招标人根据项目具体特点和实际需要编制和填写，但务必做到与招标文件中其他章节衔接，并不得与本章正文内容相抵触。它是招标人提醒投标者在投标文件中务必全面、正确回答的具体注意事项的书面说明，可以说是投标文件的核心。

2.3.1.2 考察施工现场

对照招标文件和设计图纸进行现场考察，是编制预算必需的重要环节。一般来说，现场考察首先要深入考察项目施工路段的地貌、地质、气候、水文、电力、交通及人文情况，其次对

材料料源、产量、价格、质量、运距及周边电网、劳动力资源情况等都要进行详细调查，还要收集项目所在地的在建或已完工程材料价格信息。这些基础资料的收集都将为以后编制预算数据打下坚实的基础。

2.3.2　投标文件编制

2.3.2.1　投标函部分

投标函部分主要体现对招标文件商务要求的符合性。在很大程度上反映了企业的综合实力，也是反映企业精神面貌的窗口。要特别注意文件格式、排版和文字的准确，尤其是“投标函”、“投标函附录”、“投标保证金”必须精确无误。项目组织、人员和机械配置要与“施工组织设计”相适应。而且要根据经验、实际计算与业主的强制要求去严格配置，同时还要考虑中标后人员设备是否能按承诺进场，不能为了迎合招标文件把最好的人员设备配置全写上，导致中了标不能按时到施工现场而受到经济处罚。

2.3.2.2　技术文件

在技术文件中施工组织设计书是投标文件的重要组成部分。编制施工组织设计时要遵循“科学、规范、合理，经济、可行”的原则，按招标文件及“招标范本”要求，编制出技术先进、经济合理、组织精干、措施可行的施工组织设计。在编写施工方案、工艺时要根据施工现场考察资料、施工图纸和说明、总体布局、工期总体安排等进行编写。施工进度计划的编制也要紧密结合施工办法和施工设备，使其在保证工期和工程质量的前提下，使施工成本最低，利润最大。

在编制园林工程施工组织设计(具体参考实训 3)时应从下列方面考虑：

(1)园林工程主要以植物造景为主，而施工的苗木来源对提高成活率及苗木的规格质量都至关重要。在编制招标文件时要明确：苗木来源以本地优质规格苗为主，如有的苗木一时难以满足工程要求，需外出采购的也应选择周边地市作为供货渠道，而且从苗到运输至工地时间不应超过 24 小时。从选苗、掘苗、起苗、运苗和卸苗的各环节都需要编制清楚。在此项工作中还需要注明苗木无病虫害，生长健壮及规格均符合工程设计要求。

恶劣环境条件下的施工技术主要是指春季连续多雨，初夏早秋连续高温干旱，冬季特别严寒，但工程工期又紧，为保证工程质量和工期而采取的施工技术。在编制此条时要充分考虑到各个季节的气候变化对植物成活率的影响，尽量先做土建工程，一旦气候条件允许，集中力量开始进行绿化工程施工。同时要计划好各种防范措施的综合运用，如遮阳网、修剪及防冬技术的运用。

(2)保证工期施工措施是针对特殊情况下的施工方法，考验施工单位处理应急情况的能力。因此投标单位要根据自身的实际能力，结合分析可能影响工程工期的因素，然后再作出科学合理的应急方案，编好工程进度网络图，尽量优化交叉施工的组织安排。

(3)保证栽培苗木的成活率是绿化工程最重要内容之一。如何保证成活率，就要求施工单位根据以往的施工经验，结合该工程的特点综合分析影响植物栽培成活率的因素，然后一一提出解决问题的可行性措施，而且这些措施的实施是行之有效的。

(4)在编制分项工程的施工技术时要按分项工程施工行业规范、标准、施工程序编制，每个施工环节都要思路清晰，内容翔实，数据确凿，论证充分，技术科学，文字描述切忌含糊不清，施工顺序不能颠三倒四。

(5)养护管理的重点为日常的除草、施肥、整形修剪、病虫害防治、浇水、防冻等工作。每个环节都要写详细具体。建筑分项工程要根据工程养护特点和要求编写，不能与植物养护混为一谈。

(6)安全生产、文明施工是近年来园林工程非常重视的施工环节，在这项内容中要编制清楚施工总平面图，按照施工总平面图设置各项临时设施；要有安全生产组织机构、保障安全生产措施、处理突发性安全生产事故预案，工人饮食安全、工地整洁、劳动工具摆放整齐等内容都要有一个合理的安排。目的是规范施工行为，强化施工管理，提高工程质量，保障职工身心健康。本项内容非常关键，不能少项或缺项。而且，编制顺序要与招标文件一致以便专家评标。

2.3.2.3 报价文件

(1)响应招标文件。招标文件中的重要条款要及时响应，按照要求提供所需要的资料和证明材料。如投标函、投标保证金、授权公证书、人员、机械、财务、业绩、信誉等资料都不低于资格预审强制性要求。

(2)认真踏勘现场和核对工程量。做好外业是编制造价文件的重要环节之一，要深入、细致踏勘施工现场，资料要齐全、准确。工程量的正确与否直接影响工程造价的准确性，正确的工程量是编制造价文件的基础数据。当图纸与工程量清单的工程数量不一致时，一定要及时与业主澄清，以提高预算结果的准确性。

(3)正确套用定额。根据不同地区、不同评标办法来区别定额的选择，套用过程中要注意定额的调整和替换。用预算软件计算时，输入数据要谨慎认真，输入完毕后要对照数量进行核对，还要注意一些定额中的单位转换。对新工艺或定额中的缺项部分，可利用现有通用的补充定额或本企业根据实际情况做出的内部补充定额。

(4)合理报价。现行的评标办法主要有合理低价法、综合评估法和经评审的最低投标价法。研究招标文件中规定的评标办法，根据实际情况来确定合理报价，不要采用“低报价，先中标，后变更”的策略，把项目本身的利润和成本放在变更和索赔上，这样只能使企业处于被动地位，而且一旦变更批复不了就会导致项目严重亏损。所以要准确地测算出投标项目的施工成本，在控制成本的基础上确定合理报价，以获得较大的经济效益。

(5)填写工程量清单。现在多数项目的工程量清单采用工程量固化清单，就是招标人在出售招标文件的同时向投标人提供工程量固化清单电子文件。投标人要严格按照招标文件要求填写工程量清单，在工程量清单中填入单价或总额价的工程子目，严禁修改工程量固化清单电子文件中的数据、格式及运算定义。

2.3.3 审核组装投标文件

投标文件编制后需要专人审核，审核人在理解招标文件的前提下，仔细按照招标文件要求进行详细审核，尤其对标价、投标函、投标函附录、施工组织设计中的数据进行重点审核，以免出现重大偏差，对发现的问题及时进行改正，从而提高文件的完整性和工程造价的准确性。

实训1　施工投标文件模拟编制

1.1　目标

通过本实训，使学生掌握园林工程施工投标程序，培养学生能够按照招标文件的要求完成投标文件编制的能力。

1.2　实训材料与方法

某项园林工程施工招标文件。

1.3　步骤

按照给定的某项园林工程施工招标文件，学生分组模拟编制投标文件。具体步骤如下：

(1)研究招标文件，明确招标文件对投标文件内容的规定；

(2)做好现场踏查工作，充分了解现场条件；

(3)整理招标文件中对投标文件的要求与格式，编制投标文件；

(4)审查投标文件关键内容，确保投标文件的质量。

1.4　要求及注意事项

(1)认真审阅研究分析招标文件，全面了解该园林工程招标的主要内容和评标、投标文件格式等各项要求。

(2)详细分析投标文件中的合同文件、图纸、规范、工程量等资料。

(3)严格审查图纸。

(4)积极参与招标单位组织的工程项目的现场考察，了解工程项目所在的位置、交通情况，现场临时供水、供电、通信设施，当地劳动力资源、技术手段、工资制度，施工人员的食宿交通问题，当地的气候、多发病及医疗条件，当地原材料供应情况、运距远近，地下管道、电缆的位置图，允许开挖的距离，工程设备的安装条件和生产条件、排放污物的条件以及施工地区的有关法律规定。

(5)认真审查投标文件编排格式、编制范围、编制顺序、编制内容、统一性和完整性，保证投标文件的质量。

(6)每位同学提交一份实训报告，主要包括投标文件、收获与体会等。

1.5 考核

施工投标文件模拟编制评价考核表

姓名：　　学号：　　班级：　　组别：

序号	考核内容	考核等级及标准				等级分值			
		A	B	C	D	A	B	C	D
1	对招标文件的理解	能整理出投标文件的内容并列出清单，能根据评标要求归纳出投标文件重点内容	较好	一般	较差	27～30	21～26	15～20	0～14
2	投标文件的完整性	完整	较好	一般	较差	27～30	21～26	15～20	0～14
3	投标文件的规范性	规范	较好	一般	较差	18～20	14～17	10～13	0～9
4	文字组织的条理性	清楚	较好	一般	较差	18～20	14～17	10～13	0～9
合计									

教师：　　年　月　日

1.6 思考题

(1)如何提高投标文件的编制质量？

(2)如何提高投标文件编制人员的综合素质？

(3)招投标评标方法有哪些？

1.7 案例

实训案例1　××公园景观绿化工程施工招标文件

××公园景观绿化工程

施工招标文件

招标编号:××号

招　标　人(盖章):××园林局

招标代理单位(盖章):××工程咨询有限公司

2010年×月

目　录

第一章　投标通知书

招标编号：××号

1. ××公园景观绿化工程已经批准建设，现通知贵单位就本工程进行密封投标。

2. 建设规模及招标范围：详见“第二章　投标须知及投标须知前附表”。

3. 投标人应于2010年×月×日上午9：00（以北京时间为准，下同）前将密封的投标文件送至××市建设工程招标投标中心。同时，投标人法定代表人（或其委托代理人）和拟派本工程的项目负责人必须持本人身份证原件亲自到场，否则其投标文件将被拒绝，逾期送达或密封不符合规定的投标文件将不予接受。

4. 开标时间：2010年×月×日上午9:00时整
开标地点：××市建设工程招标投标中心
地　　址：市行政办公中心×楼×层（××大道×号）

5. 凡对此次招标提出询问，请以书面形式与福建省××工程咨询有限公司联系。

招标人：××市园林局
地址：××市××路××号
联系人：×女士或×先生　　　　联系电话：
邮政编码：××××××

招标代理单位：福建省××工程咨询有限公司
地　　址：××市××路　　　　联系人：×女士或×先生
电　　话：　　　　传　　真：
邮政编码：

××市建设工程招标投标中心
地　　址：××市行政办公中心×楼×层（××大道×号）
电　　话：

第二章 投标须知及投标须知前附表

一、投标须知前附表

项号	条款号	内 容	说明与要求
1	1.1	工程名称	××公园景观绿化工程
2	1.1	建设地点	××路
3	1.1	建设规模	含绿化种植及养护、园路铺设、园林小品建设等，工程造价约200万元
4	1.1	承包方式	包工包料
5	1.1	质量标准	符合《工程施工质量验收规范》、《城市绿化工程施工及验收规范》及《城市绿化工程质量验收规程》规定的合格标准
6	2.1	招标范围	施工图所含园林绿化及景观工程
7	2.2	工期要求	45日历天；2011年×月×日前竣工验收(具体开工日期以招标人书面通知为准)
8	3.1	资金来源	财政拨款
9	4.1	投标人资质等级	城市园林绿化工程专业承包三级以上(含三级)资质
10	4.3	资格审查方式	资格后审
11	13.1	合同方式	按实结算
12	15.1	投标有效期	60日历天
13	16.1	投标保证金	投标保函或银行汇票人民币 4 万元，必须是投标人基本户银行出具的投标保函或银行汇票，其余形式的投标保证金将被拒绝。投标保函有效期不少于60天(投标截止日算起)，亦可注明若本企业未推荐为中标候选人，有效期为开标后第三天；若本企业推荐为中标候选人，有效期为开标后60天。银行汇票有效期可按银行固定格式(本工程采用银行汇票)
14	5.1	踏勘现场	投标人自行踏勘现场
15	8.1	招标文件的澄清	投标人应在2010年×月×日前将需要澄清的问题以书面(或传真)形式送达招标代理单位。招标文件的澄清将于2010年×月×日在××市建设信息网或××市招投标信息网(网址：www.××.gov.cn或www.××zb.gov.cn)公布
16	17.1	投标文件份数	一份正本；中标人中标后需再提供六份副本

续表

项号	条款号	内容	说明与要求
17	19.1	投标文件提交地点及投标截止时间	提交地点:××市建设工程招标投标中心第一会议室(××市行政办公中心××楼×层) 接收人:福建省××工程咨询有限公司 投标截止时间:2010年×月×日上午9时00分
18		开标时间及地点	开标时间:2010年×月×日上午9时00分 开标地点:××市建设工程招标投标中心第一会议室(××市行政办公中心××楼××层,××大道×号)
19		履约担保	中标人在签订施工合同前须向招标人提交中标价10%人民币的履约保证金,汇入招标人指定账户(投标保证金转为履约保证金,其余用现金补足)
20		农民工工资支付保证金	按××市建设局有关文件规定,市外及市内有欠薪不良行为企业要求缴纳,一年后本息一并返还

二、投标须知

(一)总 则

1. 工程综合说明

(1)本次招标工程项目说明详见本“投标须知前附表”(以下称“前附表”)第1项～第5项。

(2)本次招标工程项目按照《中华人民共和国招标投标法》等有关法律、行政法规、部门规章,通过招标方式选定承包人。

2. 招标范围及工期

(1)本工程项目的招标范围详见“前附表”第6项。

(2)本次招标工程项目的工期要求详见“前附表”第7项。

3. 资金来源

本招标工程项目资金来源详见“前附表”第8项。

4. 合格的投标人

(1)投标人资质等级要求详见“前附表”第9项。

(2)投标人合格条件详见本工程资格审查文件。

(3)本次招标工程项目采用“前附表”第10项所述的资格审查方式确定合格投标人。

5. 踏勘现场

招标人不组织投标人对工程现场踏勘,投标人自行踏勘现场。投标人承担踏勘现场所发生的自身费用。

6. 投标费用

投标人应承担其参加本招标活动自身所发生的费用。

(二)招标文件

7. 招标文件的组成

7.1　招标文件包括下列内容：

第一章　投标通知书

第二章　投标须知及投标须知前附表

第三章　合同条款

第四章　控制价

第五章　投标文件格式(见资格审查文件)

第六章　施工图纸(另附)

第七章　工程预算书(另附)

7.2　除7.1内容外,招标人在投标人提交投标文件截止时间前,对招标文件的澄清(答疑)、修改、补充内容,均为招标文件的组成部分,对招标人和投标人起约束作用。

8. 招标文件的澄清(答疑)、修改、补充

8.1　投标人获取招标文件后,对招标文件所有内容、份(页)数等方面应认真核对,如有缺漏、错误等方面问题,按"前附表"第15项所述的时间以书面(或传真)形式向招标人提出澄清要求,否则,由此引起的损失由投标人自己承担。投标人同时应认真审阅招标文件中所有的事项、格式、条款和规范要求等,若投标人的投标文件没有按招标文件要求提交全部资料,或投标文件没有对招标文件做出实质性响应,其风险由投标人自行承担,并根据有关条款规定,该投标有可能被拒绝。

8.2　无论是招标人根据需要主动对招标文件进行必要的澄清(答疑)、修改、补充,还是根据投标人的要求对招标文件做出澄清(答疑)、修改、补充,招标人都将通过网上发布的形式通知所有投标人。投标人应于投标截止时间前随时到招标代理单位处索取书面澄清(答疑)、修改、补充文件或上网(网址:www. ××. gov. cn 或 www. ××zb. gov. cn)查询,该澄清(答疑)、修改、补充文件作为招标文件的组成部分,具有约束作用。投标人未到招标代理单位索取书面澄清(答疑)、修改、补充文件的,视为投标人已知道书面文件的全部内容,招标代理单位不负任何责任。

9. 招标文件的澄清(答疑)、修改、补充的其他说明

9.1　招标文件发出后,在提交投标文件截止时间前,招标人可对招标文件进行必要的修改。

9.2　招标文件的澄清(答疑)、修改、补充等内容均以书面形式明确的内容为准。当招标文件的澄清(答疑)、修改、补充等在同一内容的表述上不一致时,以最后发出的书面文件为准。

9.3　为使投标人在编制投标文件时有充分的时间对招标文件的修改、补充等内容进行研究,招标人将酌情延长提交投标文件的截止时间,具体时间将在招标文件的修改、补充通知中予以明确。

(三)投标文件的编制

10. 投标文件的语言及度量衡单位

10.1　投标文件和与投标有关的所有文件均应使用中文。

10.2　除工程规范另有规定外，投标文件使用的度量衡单位，均采用中华人民共和国法定计量单位。

11. 投标文件的组成

投标文件由资格审查申请资料及投标承诺书组成：

11.1.1　资格审查申请资料的内容详见本工程资格审查文件。

11.1.2　投标承诺书（内容及格式详见本工程资格审查文件）。

11.1.3　按招标文件规定或投标人认为需要提交的资料。

12. 投标文件格式

投标文件包括本投标须知第11条中规定的内容，投标人提交的投标文件应当使用招标文件所提供的投标文件格式（表格可以按同样格式扩展）。

13. 发包价及其组成和计算方法

13.1　发包价：××公园景观绿化工程暂为200万元。

13.2　本工程结算方式为按实结算，结算下浮率（K值）为10.00%。

13.3　除招标文件及合同另有规定外，发包价应包括为实施和完成合同所需的直接费、间接费、利润、税金、技术措施费、渣土受纳费、噪声超标和排污费等各种政策性文件规定费用及采用固定价格合同所包含的一切风险责任费等所有费用。

13.4　招标人按中标人在中标以后提供的有效期内的劳保核定卡类别实际调整发包价，中标人未能够提供有效期内的劳保核定卡，则该劳保费用不得计取；税金按市区计算。

13.5　投标人应先到工地现场踏勘以充分了解工地位置、情况、道路、储存空间、装卸限制及任何其他足以影响承包价的情况，任何因忽视或误解工地情况而导致的索赔或工期延长申请将不获批准。

14. 投标货币

本工程投标报价采用的币种为______（人民币）。

15. 投标有效期

15.1　投标有效期见“前附表”第12项所规定的期限，在此期限内，凡符合本招标文件要求的投标文件均保持有效。

15.2　在特殊情况下，招标人在原定投标有效期内，可以根据需要以书面形式向投标人提出延长投标有效期的要求，对此要求投标人须书面形式予以答复。投标人可以拒绝招标人这种要求，而不被没收投标保证金。同意延长投标有效期的投标人既不能要求也不允许修改其投标文件，但需要相应地延长投标保证金的有效期，在延长的投标有效期内本投标须知第16条关于投标保证金的规定仍然适用。

16. 投标保证金和履约保证金

16.1　投标人应提供不少于“前附表”第13条规定数额的投标保证金。

16.2　对于未能按要求提交投标保证金的投标，招标人将视为不响应招标文件而予以拒绝。

16.3　中标人在签订施工合同前须向招标人提交__4__万元人民币的履约保证金，汇入招标人，否则视中标人严重违约，招标人有权取消中标人的中标资格，并没收其投标保证金。

16.4　如投标人发生下列情况之一时，投标保证金将被没收：

(1)中标人未能在规定期限内与招标人签订合同协议；

(2)投标人在投标有效期内撤回其投标文件的；

(3)对评标定标施加影响，扰乱正常开标评标秩序的；

(4)隐瞒真实情况，弄虚作假的(指不真实填写有关资料、串通投标或以他人名义投标等)。

16.5 在开标后的三个工作日内将投标保证金退还给未被推荐为中标候选人的投标人；中标通知书发出后的三个工作日内将投标保证金退还给未中标的中标候选人；中标候选人的投标保证金，在公示期满后转为履约保证金。(因投标人投诉或质疑可能造成重新评标的，在投诉或质疑处理完后五个工作日内，应告知投标人推迟退还投标保证金或投标保函的原因。)

17. 投标文件的份数和签署

17.1 投标人应按“前附表”第16项规定的份数提交投标文件。

17.2 投标文件的正本需打印或使用不褪色的蓝、黑墨水笔书写，字迹应清晰易于辨认，并应在投标文件封面上清楚地注明“正本”。

17.3 投标文件应按招标文件第五章的投标文件格式要求盖投标人单位公章并经法定代表人(或其委托代理人)签字或盖章。

17.4 除投标人对错误处需修改外，全套投标文件应无涂改或行间插字和增删。如有修改，修改处必须盖投标人单位公章或投标文件签字人签字或盖章。

(四)投标文件的提交

18. 投标文件的装订、密封和标记

18.1 投标文件的装订要求：投标文件按本投标须知第11条包含的所有内容装订成册。

18.2 投标人应将投标文件的正本密封在一个密封袋内。

18.3 在投标文件密封袋上必须：

18.3.1 写明招标人名称。

18.3.2 注明下列识别标志：

(1)项目名称；

(2)开标时间以前不得开封。

18.4 除了按本投标须知第18.2款和第18.3款所要求的识别字样外，在投标文件密封袋上还应写明投标人的名称与地址、邮政编码，以便本投标须知第21条规定情况发生时，招标人可按密封袋上标明的投标人地址将投标文件原封退回。

18.5 如果投标文件没有按本投标须知第18.1款、第18.2款和第18.3款的规定装订和加写标记及密封，招标人将不承担投标文件提前开封的责任。

18.6 投标文件的密封袋上封口处必须盖投标人单位公章。

18.7 对密封不符合上述规定的投标文件，招标人将予以拒绝，并退还给投标人。

19. 投标文件的提交

19.1 投标人应按“前附表”第17项所规定的地点，于截止时间前提交投标文件。

19.2 投标人提交投标文件的同时应提交有关原件，原件用档案袋装好，列明原件

清单。

20. 投标文件提交的截止时间

20.1　投标文件的截止时间见“前附表”第17项规定。

20.2　招标人可按本投标须知第9条规定以修改补充通知的方式，酌情延长提交投标文件的截止时间。在此情况下，投标人的所有权利和义务以及投标人受制约的截止时间，均以延长后新的投标截止时间为准。

20.3　到投标截止时间止，招标人收到的投标文件少于3个的，招标人将依法重新组织招标。

20.4　从投标截止时间起，招标人可拒绝接收任何资料。

21. 迟到的投标文件

招标人在本投标须知第20条规定的投标截止时间以后收到的投标文件，将被拒绝并退回给投标人。

22. 投标文件的补充、修改与撤回

22.1　投标人在提交投标文件以后，在规定的投标截止时间之前，可以书面形式补充修改或撤回已提交的投标文件，并以书面形式通知招标人。补充、修改的内容为投标文件的组成部分。

22.2　投标人对投标文件的补充、修改，应按本投标须知第18条有关规定密封、标记和提交，并在投标文件密封袋上清楚标明“补充、修改”或“撤回”字样。

22.3　在投标截止时间之后，投标人不得补充、修改投标文件。

22.4　在投标截止时间至投标有效期满之前，投标人不得撤回其投标文件，否则其投标保证金将被没收。

(五)开　标

23. 开标事项要求

23.1　招标人按照招标文件既定的时间和地点公开举行开标会议，开标会议由招标代理单位组织并主持进行，开标活动由相关部门依法进行监督。

23.2　投标人法定代表人(或其委托代理人)和拟派本工程的项目负责人必须在投标截止时间前出示身份证原件核对，以证明其身份。在投标截止时间前有关部门查验身份时，投标人法定代表人(或其委托代理人)和拟派本工程的项目负责人不能出示身份证原件核对的，视为投标人未参加开标会议，自动放弃投标。

23.3　投标人法定代表人(或其委托代理人)和拟派本工程的项目负责人未能及时参加开标会议，即超过投标截止时间到达开标现场，视为投标人自动放弃投标。投标截止时间以监督人员通过中国电信12117电话报时确认的时间为准。

23.4　投标人法定代表人(或其委托代理人)和拟派本工程的项目负责人的身份证原件若遗失，则必须提供公安机关出具的其身份证明材料原件，否则视为投标人未参加开标会议，自动放弃投标。

24. 开标会议程序

24.1　投标截止时，主持人宣布开标会议开始。

24.2　介绍出席开标会议的相关单位和人员名单，宣布开标期间的纪律和有关事项，查验出席开标会议的投标人代表的身份。

24.3　由招标人、投标人和有关部门共同查验各投标文件密封情况。

24.4　由招标人采用电脑随机抽取号码球方式，公开抽取代表投标人号码，并当众公布每个号码所对应的投标人。具体抽取方式如下：

24.4.1　投标人少于10家时，由3个自然码组成一个单位号码。即抽取的区间数为3×N(N为投标人家数)，每个投标人从区间内由招标人随机抽取3个自然码，这3个自然码均为对应投标人的有效号码。

24.4.2　投标人为10～30家(含10家，不含30家)时，由2个自然码组成一个单位号码。即抽取的区间数为2×N(N为投标人家数)，每个投标人从区间内由招标人随机抽取2个自然码，这2个自然码均为对应投标人的有效号码。

24.4.3　投标人为30家以上(含30家)时，由1个自然码组成一个单位号码。即抽取的区间数为1×N(N为投标人家数)，每个投标人从区间内由招标人随机抽取1个自然码，这1个自然码为对应投标人的有效号码。

24.4.4　由若干个自然码组成一个单位号码进行随机抽取备选中标候选人时，当抽出一个单位对应的自然码时，该单位对应的所有自然码应从区间数中剔除。

24.5　投标文件不开启，不宣读各投标文件的内容。

24.6　评标委员会对投标人资格审查及承诺文件的有效性进行评审，为了提高评标工作效率，采取合理造价区间随机抽取中标人办法，在资格审查前随机抽取确定备选中标候选人的顺序，并由招标人当场公布，具体抽取方式和步骤按照29.2条规定。

24.7　开标会议结束，主持人宣布休会，投标人退场，由招标代理单位将投标文件送交评委会评审。

(六)评　标

25. 评标委员会的组成

招标人将依法组织有关专业的专家组成评标委员会，对投标人的投标文件进行评审。

26. 投标文件的澄清

26.1　为了有助于投标文件的审查、评价和比较，根据需要，可以个别地要求投标人澄清其投标文件。有关澄清的要求与答复应采用书面形式，但不应要求、提出或允许更改价格或投标文件的实质性内容。

26.2　如果投标人试图对评标过程或合同授予决定施加影响，则将导致该投标人的投标文件被拒绝。

27. 投标文件的符合性评审

27.1　评标委员会应当根据招标文件，对投标文件是否实质上响应招标文件的要求进行评审。

27.2　下列情况属于重大偏差：

(1)投标文件(指投标文件封面、投标承诺书、法定代表人资格证明书、法定代表人授权委托书)没有按规定的格式签字或盖章；

(2)未全部采用招标文件规定格式的投标文件；

(3)投标承诺书的关键内容(指涉及报价、质量、工期)字迹模糊，无法辨认，未填写或填

写内容不全或错误，造成实质性影响的；

(4)投标承诺书中承诺的项目负责人与资格资料中填报的项目负责人不一致的；

(5)投标文件附有招标人不能接受的条件；

(6)农民工工资支付保证金和投标保证金不满足招标文件要求的；

(7)投标文件的组成不全的；

(8)资格审查不合格的。

投标文件有上述情形之一的，将被认定为未能对招标文件作出实质性响应，作废标处理，不得推荐为中标候选人。评标委员会否决所有投标时，招标人依法重新组织招标。

27.3　细微偏差是指投标文件在实质上响应招标文件要求，但在个别地方存在漏项或者提供了不完整的技术信息和数据等情况，并且补正或改正这些遗漏或者不完整不会对其他投标人造成不公平的结果。细微偏差不影响投标文件的有效性。

28. 评委的评审意见不一致时，应以书面形式进行表决，并按照少数服从多数的原则处理。评审结束后，评标委员会应当对否决投标或不采信投标人说明的情况在评标报告中作详细说明。

29. 评标标准和方法

29.1　本次评标采用在合理造价范围内随机抽取中标人的办法。

29.2　中标候选人抽取方法

在资格标和投标承诺书的评审前随机抽取确定备选中标候选人的顺序，经评审合格的备选中标候选人按 29.2.4 条规定顺序推荐为中标候选人顺序。

29.2.1　当在规定时间内递交标书的投标人少于 9 家(含 9 家)时，随机抽取所有投标人作为备选中标候选人(具体的排序方法见 29.2.4)，全部进入资格及承诺文件的有效性评审。经评审合格的备选中标候选人顺序即为中标候选人顺序(第一备选中标候选人即为第一标段第一中标候选人，第二备选中标候选人即为第二标段第一中标候选人，第三备选中标候选人即为第一标段第二中标候选人，第四备选中标候选人即为第二标段第二中标候选人，第五备选中标候选人即为第一标段第三中标候选人，第六备选中标候选人即为第二标段第三中标候选人，以此类推)。

29.2.2　当在规定时间内递交标书的投标人多于 9 家时，随机抽取 9 名备选中标候选人(具体的排序方法见 29.2.4)。由评标委员会对 9 名备选中标候选人资格及承诺文件的有效性进行评审，经评审合格的备选中标候选人顺序即为中标候选人顺序(第一备选中标候选人即为第一标段第一中标候选人，第二备选中标候选人即为第二标段第一中标候选人，第三备选中标候选人即为第一标段第二中标候选人，第四备选中标候选人即为第二标段第二中标候选人，第五备选中标候选人即为第一标段第三中标候选人，第六备选中标候选人即为第二标段第三中标候选人，以此类推)。

经评审，备选中标候选人不足 6 家时，抽取递补 6 家进行评审(排序方法在原备选中标候选人之后)，直至合格的备选中标候选人不少于 6 家为止或直至全部投标人抽取完毕。

29.2.3　经评审后的有效投标人少于 6 家(不含 6 家)时，重新组织招标。

29.2.4　招标人公开随机抽取的第九个号码对应的投标人为第一备选中标候选人，第八个号码对应的投标人为第二备选中标候选人，第七个号码对应的投标人为第三备选中标候选人，第六个号码对应的投标人为第四备选中标候选人，第五个号码对应的投标人为第五备选中标候选人，第四个号码对应的投标人为第六备选中标候选人，以此类推。若备选中标候选人不足6家，抽取递补至6家进行评审（排序方法在原备选中标候选人之后；第二次抽取的第一个号码对应的投标人为第十备选中标候选人，第二次抽取的第二个号码对应的投标人为第十一备选中标候选人，以此类推），直至合格的备选中标候选人不少于6家为止或直至全部投标人抽取完毕。

当评审合格的所有投标人被推荐为中标候选人但依法都被确定中标无效时，则依法重新招标。

30. 招标人根据评委会的书面报告和抽取的中标候选人中，应当确定第一中标候选人为中标人。当排名在前的中标候选人放弃中标或因不可抗力提出不能履行合同或被取消中标资格的，招标人可依中标候选人的次序确定中标候选人为中标人。

(七)合同的授予

31. 合同授予标准

本招标工程的施工合同将授予按本投标须知第30条所确定的中标人。

32. 招标人拒绝投标的权力

招标人在发出中标通知书前，有权依据评标委员会的评标报告拒绝不合格的投标。

33. 中标通知书

在确定中标人后，招标人将以书面形式通知中标人确认其投标文件被接受。该中标通知书将作为合同的一部分。中标通知书对招标人和中标人具有法律效力，中标通知书发出后，招标人改变中标结果的，或者中标人放弃中标的，应当依法承担法律责任。

34. 合同协议书的签订

34.1 招标人与中标人将于中标通知书发出之日起30日内，按照招标文件和中标人的投标文件完成工程施工合同（书面）的订立，招标人和中标人不得再行订立背离合同实质性内容的其他协议。

34.2 招标人如不按本投标须知第34.1款的规定与中标人订立合同，或者招标人、中标人订立背离合同实质性内容的协议，应予改正。

34.3 中标人如不按本投标须知第34.1款的规定与招标人订立合同，则招标人将废除授标，投标保证金不予退还，给招标人造成的损失超过投标保证金数额的，还应当对超过部分予以赔偿，同时依法承担相应法律责任。

34.4 中标人应当按照合同约定履行义务，完成中标项目施工，不得将中标项目施工转让（转包）给他人。

(八)投诉与质疑

35. 投标人投诉与质疑应严格按《工程建设项目招标投标活动投诉处理办法》（国家发改委等七部委局令第11号）执行。投诉人与被投诉人同时向招标人交纳5万元人民币作为投诉与质疑事项的调查费用，经调查投诉事项属实并改变了评标结果，调查费用由被投诉人承担。经调查投诉事项虽属实但不影响原评标结果（即未改变原评标结果）或经调查投诉事项不属实，则调查费用由投诉人承担。调查费用按实结算，交纳费用多退少补。调查人员由建设主管部门指派。

第三章 合同条款

一、合同通用条款

使用建设部、国家工商行政管理局1999年12月24日印发的《建设工程施工合同(示范文本)》(GF-1999-0201)。

(略)

二、合同专用条款

合同专用条款内容结合本项目实际情况制订,是对第三章合同通用条款细目的补充说明,二者若有矛盾,以专用条款为准。

第2条 合同文件及解释顺序

组成本合同的文件及优先解释顺序如下:

(1)本合同协议书;

(2)中标通知书;

(3)招标文件;

(4)中标人的投标书及其附件;

(5)本合同专用条款;

(6)本合同通用条款;

(7)标准、规范及有关技术文件、技术要求;

(8)图纸;

(9)工程预算书。

双方有关工程的洽商、变更等书面协议或文件视为本合同的组成部分。

第7条 项目负责人和技术骨干

项目负责人:姓名:__________资格证书号:__________职务:__________

(1)中标人在投标时承诺拟派本工程的项目负责人不得擅自更换,特殊情况经发包人及建设行政主管部门同意后方可更换。如承包人未经发包人同意,擅自更换项目负责人,发包人将有权对承包人处以人民币5万元的罚款(由发包人直接从工程款中扣抵),直到终止合同,且由此产生的一切损失、费用由中标人负责。

(2)项目负责人实行签到登记制,并于每周一上午将签到登记表送交监理工程师,发包人代表和监理工程师将随时检查项目负责人的出勤情况。项目负责人每星期到工地少于5次的,每次由业主对施工单位处违约金3000元,由发包人直接从工程款中扣抵。

第8条 发包人工作

8.1 发包人应按约定的时间和要求完成以下工作:

(1)施工场地与公共道路的通道开通时间和要求:开工前负责施工现场外道路的畅通。

(2)工程地质和地下管线资料的提供时间:开工前提供工程地质和地下管网线路等资料。

(3)由发包人办理的施工所需证件、批件的名称和完成时间:开工前提供应由发包人办理的施工所需的证件、批件。

(4)水准点与坐标控制点交验要求:开工前提供水准点与坐标控制点,由发包、承包人与监理现场交验并做好交验记录。

(5)图纸会审和设计交底时间:现场另行确定。

(6)协调处理施工场地周围地下管线和邻近建筑物、构筑物(含文物保护建筑)、古树名木的保护工作:按合同通用条款规定执行。

(7)双方约定发包人应做的其他工作:协商办理。

8.2 发包人委托承包人办理的工作:双方视现场情况办理。

第9条 承包人工作

9.1 承包人应按约定时间和要求,完成以下工作:

(1)需由设计资质等级和业务范围允许的承包人完成的设计文件提交时间:无。

(2)应提供计划、报表的名称及完成时间:承包人在签订施工合同后的7天内,向监理工程师提交2份格式和内容符合监理工程师合理规定的工程进度计划,每月的25日上报当月完成的工程量和下月工程进度计划。

(3)承担施工安全保卫工作及非夜间施工照明的责任和要求:在实施和完成本合同工程过程中,承包人应:①时刻关注和采取适当措施保障所有在场工作人员的安全,保证工程施工安全,现场施工应保持有条不紊,避免上述人员的安全受到威胁;②为了保护本合同工程免遭损坏,或为了现场附近和过往群众的安全与方便,在必要的时候和地方,或当监理工程师或有关主管部门要求时,应负责提供照明、警卫、护栅、警告标志等安全防护措施,并承担责任。

(4)向发包人提供的办公和生活房屋及设施的要求:承包人应向发包人和监理工程师各提供施工现场的办公用房和必要的办公设施,费用由发包人承担。

(5)需承包人办理的有关施工场地交通、环卫和施工噪音管理等手续:由承包人按照有关部门要求及时办理,并承担责任和费用。

(6)已完工程成品保护的特殊要求及费用承担:竣工验收交付发包人使用前,承包人应负责全部成品半成品的保护工作,并承担全部费用。

(7)施工场地周围地下管线和邻近建筑物、构筑物(含文物保护建筑)、古树名木的保护要求及费用承担:承包人应详细了解施工场地下管线和邻近建筑物(含文物保护建筑)、古树名木的保护要求,采取适当措施予以保护,如果上述事件发生,承包人应当承担全部责任和费用,并使发包人免受任何损失,包括经济和名誉。

(8)施工场地清洁卫生的要求:承包人应负责整个场地的安全文明卫生管理,做到文明施工,保持施工场地清洁。本工程所有施工建筑垃圾应全部清运出现场。场地平整、场地道路、场地排水排污附属设施等,均由承包人自行负责施工,施工费用均包括在合同总价中。本工程的施工过程中发生的各项清理费用、临时性收费、临时性占用场地费、临时设施费和不可预见费用,均包括在合同总价中。

第11条 开工及延期开工

(1)中标人应于接到中标通知书后在指定的时间内,派代表到中标通知书规定的地点与招标人签订完成施工合同。

(2)中标人应确保在合同签订生效后一周内组织进场施工。

(3)工期要求:按招标文件规定的时间前完工。若逾期完工,承包方按每逾期一天完工向发包人支付工期违约金5000元。工期违约金总额不超过工程中标价的5%。若至2011年×月×日本工程仍未完工,承包方将被视为无合同履约能力,承包方自2011年×月×日起至2011年×月×日不得参与××市园林局园林绿化项目的招投标。

第15条　工程质量

(1)工程质量等级:符合《工程施工质量验收规范》、《城市绿化工程施工及验收规范》及《城市绿化工程质量验收规程》规定的合格标准。

(2)绿化养护期12个月,养护期满时乔、灌木的成活率应达到100%,珍贵树种和孤植树应保证成活。

第17条　隐蔽工程和中间验收

17.1　双方约定中间验收部位:所有隐蔽工程和中间验收均须经监理工程师验收确认后方可继续施工,承包人应预先通知工程师,事先做好准备,并保证监理工程师有机会和合适时间进行检测,除非监理工程师认为没有必要并就此通知承包人。

第23条　合同价款及调整

23.2　本工程采用可调价合同(按实结算)方式确定。

合同价款及调整原则如下:结算造价=实际完成工程量×结算单价×$(1-K)$+措施项目费+规费+税金,$K=10\%$。

1. 工程量的确定

承包人根据招标文件、施工图纸、设计变更通知单及工程签证单等,按照《建设工程工程量清单计价规范》(GB50500-2008)统一项目划分、统一计量单位和统一工程量计算规则计算实际完成的工程量。在施工过程中,发包人有权对本工程的设计图纸进行变更,根据城市绿化需要增加或减少工程量或工程项目并按照变更后承包人实际完成数量计算工程量,由此造成的工程量增减不影响本条款中规定的工程项目单价的确定。园林绿化种植工程量以养护期满时成活的苗木数量计算确定。发包人有权根据本项目应达到的设计效果,判定苗木成活情况是否满足设计要求,凡不满足的,均按苗木不成活处理。

2. 工程项目单价的确定

2.1　定额套用:《福建省园林绿化工程消耗量定额》(2005版)、《福建省建筑工程消耗量定额》(2005版)、《福建省建筑装饰装修工程消耗量定额》(2005版)、《福建省市政工程消耗量定额》(2005版),《全国统一安装工程预算定额福建省综合单价表》(2002版)。

2.2　材料价格确定

2.2.1　按照施工期《××工程造价信息》公布的"××区建设工程材料(综合)价格"的材料单价计算。

2.2.2　《××工程造价信息》公布的"××区建设工程材料(综合)价格"没有公布的材料,由中标人提出适当的价格,发包人会同监理工程师经市场询价后确定。

2.2.3　种植黑土由甲方提供,不参与下浮。

2.3　人工、机械台班单价按施工期的相关规定计算。

2.4　取费标准:《福建省建筑安装工程费用定额》(2003版)及编制控制价的相关规定,其中:

2.4.1 劳保费用按签订合同时中标人提供的劳保核定卡类别计算；

2.4.2 工程排污费不予计算；

2.4.3 危险作业意外伤害保险费:按规定计算；

2.4.4 税金按规定计算。

2.5 若定额缺项的，由中标人提出适当的单价，经发包人会同监理工程师审核后确定。

第 24 条 工程预付款

本工程无预付款。

第 25 条 工程量确认

25.1 承包人向工程师提交已完工程量报告的时间:承包人应于每月 25 日向监理工程师报送当月已完成工程量及下月施工进度计划表。

第 26 条 工程款(进度款)支付

(1)工程师在接收到报告后 7 天内完成审核签证，发包人在收到工程师签证后 7 天内完成审批，并在审批后 7 个工作日内按照审核审批的合格工作量扣除苗木养护费后的 70%支付进度款，清单外项目按监理与发包人审核后工作量扣除苗木养护费后的 50%支付进度款。

(2)工程质量竣工验收合格并报送建设主管部门竣工备案后，工程款支付至经发包人及监理工程师审核审批后工程造价(扣除苗木养护费后)的 80%。

(3)工程质量竣工验收合格，承包人应提交工程竣工结算，发包人及监理工程师对工程竣工结算进行初审后，由发包人将工程竣工结算报××市财政投资评审中心进行终审，承包人应提交真实的工程竣工结算，工程结算经终审确认及资料齐全后，工程款支付至审核后工程总造价(扣除苗木养护费后)的 90%。

(4)工程尾款作为质量保修金，质量保修金在质量责任缺陷期满后 28 天内无息退还，本工程缺陷责任期为 12 个月。

(5)工程款全部以银行转账形式支付，承包人支取工程款时应提交同等金额的正式发票。

(6)当出现下列不良履约情况时，发包人有权停止支付工程价款，直至不良履约情况消除，情节严重的发包人可单方终止承包合同，并没收履约保证金：

①承包人所提供的材料经检验不合格；

②承包人在施工中不符合文明施工及安全施工要求；

③承包人未按本合同条款履行合同；

④承包人无故停工；

⑤承包人故意拒绝或拖延发包人和监理工程师的指示；

⑥承包人在投标文件中所列现场主要管理人员不到位。

第 28 条 承包人采购材料设备

28.1 承包人采购材料的约定：

(1)承包人提供的所有材料应按招标文件的规定和投标人的投标承诺以及经工程师和发包人确定的规格、品牌、质量等级要求，并应按照工程师和发包人要求提前 15 天向发包人提供样品、有关图文资料和采购计划，经发包人、监理工程师共同书面确认后，方可采购进场。

(2)本工程所采用的所有建筑材料到货时，应由发包人、承包人及监理工程师就材料的种类、产地、品牌、数量、规格、单价、技术参数、质量等级等，按招标人明确的品牌和国家制定的有关产品质量标准规范要求进行验收或抽查试验，承包人并应向验收人员提供有关产品合格证、许可证、准用证等证明和出厂日期等以供核对。

(3)承包人应负责材料的保管及成品半成品的保管工作。

(4)承包人提供的材料的质量必须符合国家建材行业的标准要求，采购的材料必须是经监理、发包人认可检验的合格产品。

第 32 条　竣工验收

32.1　承包人提供竣工图的约定：工程竣工验收承包人应向发包人提供完整的竣工图(原件)、竣工备案文件和其他内业资料及工程结算书(原件两套)。

32.6　中间交工工程的范围和竣工时间：按通用条款执行。

第 34 条　质量保修

保修期为：按《建设工程质量管理条例》(国务院令第 279 号)执行。

第 35 条　违约

35.2　本合同中关于承包人违约的具体责任如下：

本合同通用条款第 14.2 款约定承包人违约承担的违约责任：承包人应确保在发包人要求的施工工期按招标文件规定的时间前完成合同规定的施工任务，若逾期完工，承包方按每逾期一天完工向发包人支付工期违约金 5000 元。工期违约金总额不超过工程中标价的5%。若至 2011 年×月×日本工程仍未完工，承包方将被视为无合同履约能力，承包方自2011 年×月×日起至 2011 年×月×日不得参与××市园林局园林绿化项目的招投标。该项逾期的罚款由发包人直接从承包人的工程款中扣抵。如确因发包人或不可抗力等原因造成停工或工期延误的，由发包人代表和监理工程师及时书面确认后工期免予罚款，可予以顺延。

本合同通用条款第 15.1 款约定承包人违约应承担的违约责任：工程竣工验收时未达到《工程施工质量验收规范》、《城市绿化工程施工及验收规范》及《城市绿化工程质量验收规程》规定的合格标准，则按工程税前总造价的 5%向发包人支付违约赔偿金(由发包人直接从工程款中扣抵)，并按照有关验收部门的要求进行整改和补救，使其达到《工程施工质量验收规范》、《城市绿化工程施工及验收规范》及《城市绿化工程质量验收规程》规定的合格标准，由此产生的一切损失和费用由承包人负责。

双方约定的承包人其他违约责任：因承包人不按施工设计图纸施工或违反施工规范进行施工或建筑材料设备、施工工艺不合格等产生的工程质量问题而引起的返工、补救、整改或重建，其全部责任和费用以及赔偿均由承包人自行承担。

工程违约分包处理：本工程不允许承包人以任何名义进行转包和违法分包。如承包人将工程进行转包或未经发包人同意擅自分包或违法分包，发包人有权责令其退场，处罚承包人人民币 10 万元，并有权单方面取消承包人的中标资格，终止合同，由此产生的责任和损失均由承包人负责，发包人有权向承包人索赔。

第 37 条　争议

37.1　双方约定，在履行合同过程中产生争议时：

(1)请××市建设行政主管部门调解；

(2)采取仲裁方式解决,并约定向××市仲裁委员会提请仲裁或向人民法院提起诉讼。

第38条 工程分包

本工程不允许分包。

第40条 保险

1. 发包人及承包人负责各自办理合同中所规定的保险,若因特殊原因未能办理保险的,则由双方各自的风险造成的损失均由双方各自承担。

2. 合同期内,人员伤亡以及财产(包括种植养护的花草树木、园林设施、设备、材料,但不限于此)的损失和损坏,只要不属于发包人的过错均为承包人的风险,承包人应根据本工程的特点投保,保险费包含在包干单价中。

第41条 担保

41.3 本工程双方约定担保事项如下:

(1)发包人向承包人提供履约担保,担保方式为:无。

(2)承包人向发包人提供履约担保,担保方式为:在合同签订前,承包人应将履约保证金汇入招标人指定的银行账户。工程履约保证金在工程缺陷责任期满后(即养护期满)后退还。

第47条 补充条款

(1)承包人必须办理施工保险和第三者责任险,其费用应包含在投标总价中,施工过程中发生的安全责任事故由承包人负全部责任。

(2)承包人必须将按资格审查申请资料所报的项目管理人员派驻施工现场,如发包人认为承包人所派的项目管理人员不称职,可要求承包人予以更换。施工过程中未经发包人许可,施工单位不得更换项目负责人和项目管理班子成员。未经发包人同意擅自更换项目负责人,每人次处以5万元罚款。

(3)承包人承诺本工程不挂靠、不转包,拟派的人员如数到场,人员更换必须经发包人同意并报监理单位和建设行政主管部门备案,如无异议,方可更换。若承包人不按上述承诺,发包人有权终止合同。

(4)承包人在施工期间不得无故停工,连续停工超过10天以上则每天罚款人民币3000元,或取消其承包资格并赔偿停工造成的相关损失。

(5)本工程约定种植土采用菜园土或稻田土。

(6)补植树验收时成活养护期不少于3个月,未及时补植的苗木将按财政评审中心审核结算中苗木价款(含苗木费、种植费、养护费、措施费)的三倍从工程尾款中给予扣除。

(7)不可抗力是指承包人和发包人在订立合同时不可预见,在工程施工过程中不可避免发生并不能克服的自然灾害和社会性突发事件,如地震、海啸、瘟疫、水灾、骚乱、暴动、战争和专用合同条款约定的其他情形,但不包含交通事故、车辆肇事、偷盗、人为破坏、人为践踏。

(8)不可抗力事件发生后,承包人应立即通知发包人,并在力所能及的条件下迅速采取措施,尽量减少损失,发包人应协助承包人采取措施。不可抗力事件结束后根据相关规定处置。

(10)承包人的项目负责人、技术负责人、施工员的资格证件原件,在施工期内必须由业主单位代管,待工程竣工后报经园林绿化行政主管部门同意后退还。

(11)承包人的施工员每星期必须保证在工作日内天天在现场,施工员每旷工一次,由业

主对承包人处违约金 1000 元。项目开工后，承包人的项目负责人、施工员原则上不得更换，如需变更需经业主单位并报行政主管部门批准同意，未经批准擅自更换的处违约金 50000 元。

(12)在项目施工工期内，承包人的项目负责人到现场按规定累计缺席达 2 次的，由主管部门给予通报批评，并记录企业不良记录一次，累计达 3 次的可由发包人单方终止施工合同，清退出场，相应损失由承包人负责。

(13)市建设局城建科、市建设工程质量监督站和业主单位加强园林绿化工程项目施工现场管理，每月随机抽查施工现场管理人员、施工人员到位情况及工程进度，发现项目负责人、现场施工管理人员没按要求到位或未经业主单位同意停止施工的，给予通报批评并给予企业记不良记录一次。

所有在合同通用条款中指明的应在合同专用条款中做出规定，而在此合同专用条款中尚未规定的条款，均在合同签订时具体商定。

第四章　控制价

本次招标时不发布控制价及工程量清单。

第五章　投标文件格式

（见资格审查文件）

第六章　施工图纸

（略）

第七章　工程预算书

（略）

实训案例2　××公园景观绿化工程施工招标资格审查文件

××公园景观绿化工程

施工招标资格审查文件

招标编号:××号

招　标　人(盖章):××市园林局

招标代理单位(盖章):福建省××工程咨询有限公司

2010年×月

目　录

一、招标公告

招标编号：××号

招标人××市园林局决定将本次公告的工程项目的施工通过公开招标方式择优选定施工承包人，现将招标有关事宜公告如下：

（一）工程概况

1. 招标项目名称：××公园景观绿化工程。

2. 招标项目地点：××路××道路路口。

3. 招标项目规模、数量：含绿化种植及养护、园路铺设、园林小品建设等。××公园景观绿化工程造价约200万元。

4. 招标项目施工工期：45天；2011年1月25日前竣工验收。

5. 工程质量要求：符合《工程施工质量验收规范》、《城市绿化工程施工及验收规范》及《城市绿化工程质量验收规程》规定的合格标准。

（二）参加本工程施工招标的投标申请人必须具备的条件：(1)投标人必须是具有国家住房和城乡建设部印制的城市园林绿化工程三级以上（含三级）资质证书且具有足够资金、人员、机械设备的独立法人企业。(2)投标人拟派项目负责人应具备市政公用工程专业二级以上（含二级）注册建造师或取得市政公用工程专业二级以上（含二级）建造师临时执业证书。(3)外省或外市企业应在开标前在××市设有分支机构并按规定交纳农民工工资支付保证金。(4)按照招标文件要求提交了投标保证金。

（三）购取招标资料办法：愿意参加本工程投标的企业，于2010年×月×日起至开标前均可登陆××市招投标信息网（网址：www.××zb.gov.cn）进行网上报名，并从网上下载招标资料（含招标文件、资格审查文件等）。书面招标资料凭报名号到招标代理公司（地点：××市××路××幢××号）无记名索取。

本次招标资料信息（报名）费为人民币100元，售后不退。

（四）本工程投标保证金为人民币 4 万元，采用投标保函或银行汇票形式。

（五）本工程采用资格后审的方式确定合格投标人。

（六）本工程评标方法采取在合理造价范围内随机抽取中标人办法确定中标人。

（七）本工程开标时间2010年×月×日上午9:00。

（八）关于本项目招投标的其他事宜，请与招标人或招标代理单位联系。

招标人：××市园林局
地　址：××市××路××号
联系人：×××女士或×××先生　　联系电话：
邮政编码：

招标代理单位：福建省××工程咨询有限公司
地　址：××市××路××幢××号　　邮政编码：
联系人：×××女士或×××先生　　电话：　　传　真：

2010年11月16日

二、资格审查申请人须知

1. 招标人对拟建的招标工程项目已按照政府相关法律、法规、规章等规定完成了工程施工招标前的所有批准、备案等手续，已具备进行施工招标的条件，且已为本招标工程的实施筹措了足够的资金。

2. 招标人将就本工程对投标申请人进行资格审查。投标申请人可对本次发包的工程提出资格审查申请，投标申请人须认真阅读本工程资格审查文件所有内容，如果投标申请人的申请文件不符合资格审查文件要求，责任由申请人自负。

3. 资格审查将面向具有国家住房和城乡建设部印制的城市园林绿化工程专业承包三级以上(含三级)资质证书且具有足够资金、人员、机械设备的独立法人企业。

4. 为了通过资格审查，所有投标申请人必须按照本资格审查文件所规定的资格审查申请书及所附系列表格的内容和格式要求，用蓝、黑水笔或者用计算机打印，如实填写和提供有关资料。

5. 投标申请人必须回答申请书及所附系列附表中提出的全部问题，任何缺项将可能导致其申请被拒绝。

6. 投标申请人须按资格审查文件要求递交与资格审查有关的全部关键性材料，并及时提供对所递交资料的澄清或补充材料，否则将可能导致其申请被拒绝和审查不合格。

7. 资格审查要求所提供的所有资料均应使用中文。使用其他语种的资料应附有经权威翻译机构核准的中文译文。对资料的理解将以中文译文为准。

8. 投标申请人所提交的申请资料应真实、准确、详细，以便资格审查做出正确的判断。

9. 投标申请人一旦中标，拟派本工程的人员在实际施工中不允许擅自变更，如遇不可抗力因素确需变更的，需以书面形式报招标人批准并报施工许可证颁发部门备案。

10. 本工程投标保证金采用以下(1)或(2)的形式，金额为人民币 4 万元整。

(1)基本开户行出具的投标保函；

(2)基本开户行出具的银行汇票；

投标人在递交工程保证金时还应注意以下事项：

(1)采用银行保函的，投标申请人应当出具其基本户开户银行开具的投标保函。投标保函上必须注明：①本工程项目名称；②有效期，应等于或长于投标有效期。亦可注明“若本企业未推荐为中标候选人，有效期为开标后的第三天；若本企业推荐为中标候选人，有效期为投标有效期”。

(2)采用银行汇票的，投标申请人应当出具其基本户开户银行(账号)开具的银行汇票，银行汇票上应注明工程项目名称(可简写)及用途(“投标保证金”)。

银行汇票汇达招标代理机构开户行：××银行××分行××支行；账户名：福建省××工程咨询有限公司××分公司；账号：××××××××××××××。

采用以上两种方式的，若需由上一级银行出具的，应提供基本开户行出具的证明材料(原件)，因电脑系统原因与信用档案上登记号位数不同的，也应提供基本开户行出具的证明材料（原件或提供加盖基本开户行受理凭证专用章的银行汇票申请书），否则评审时将不予通过。（投标保证金交纳证明材料原件应装在一个信封里，并注明投标人名称，于开标前与投标资格审查文件一起送达。）

采用以上两种方式的，投标申请人还应当提供可供招标人查询的出具保函或银行汇票的银行咨询人员和联系电话。

11. 本工程关于各投标申请人投标资格的审查将基于投标申请人按资格审查申请书及所附系列表格和本须知的要求提供的能够被恰当证实的资料，只有在各方面均至少达到本工程招标资格审查文件中要求投标申请人要满足的资格审查评审标准时，才能通过资格审查。

12.（网上报名项目）投标申请人所提供的报名号应在本工程的随机报名段号内并不允许与其他投标人所附的报名号重复，若出现报名号输入错误或重复，应允许投标人澄清，评标委员会可根据澄清情况作出评审通过或不通过的决定。

13. 投标申请人应提交书面资料用于资格审查，并应提供书面资料的原件用于现场核对，否则不予评审。

14. 投标人应对企业信用情况及拟派往本工程的项目班组管理人员有无在建工程真实性负责，投标人拟派往本工程的项目负责人有在建项目或中标项目（以取得中标通知书为准）若已变更的，应出具建设主管部门报备的项目负责人（项目经理）变更备案材料（复印件附在投标文件中，原件现场核对），否则视同投标人拟派往本工程的项目负责人有在建工程。

15. 直至授标前，招标人将保留对投标人资格审查材料核查的权力，发现投标人提供的建筑业企业信用档案中反映本次资格审查的数据以及提供的资格审查的资料有弄虚作假的，将取消中标资格并没收投标保证金。

16. 投标人提供的营业执照、企业资质证书、基本户开户许可证、个人执业证、岗位证的证书上的单位名称应与投标单位名称一致，名称不一致的，应办理完变更手续，否则资格审查不合格。

17. 投标申请人应按本须知要求递交资格审查申请书及有关资料正本一份。资格审查文件（含有关资料）必须单独装订密封。

18. 申请书应按申请书格式要求加盖投标申请人公章和法定代表人或其委托代理人签字或盖章。如不是投标申请人的法人代表签字或盖章，资格审查申请书中应附有法定代表人授权委托书，没有签字或盖章的申请书将被拒绝。

19. 投标申请人所递交的全部资格审查申请文件及要件按保密文件处理。

20. 投标申请人所递交的全部资格审查申请文件及要件于投标截止时间前送达开标地点递交给招标人。

21. 资格审查不合格的投标人的投标作废标处理，不得推荐为中标候选人。

22. 在投标截止时间届满时提交投标文件的投标人少于三个，或资格审查合格的潜在投标人少于三个的，招标人将依法重新招标。

23. 投标申请人所递交的农民工工资支付保证金一年后本息一并返还。

三、资格审查合格条件

<table>
<tr><td>项目内容</td><td colspan="3">合 格 条 件</td><td colspan="2">备 注</td></tr>
<tr><td>法人资格</td><td colspan="3">独立法人资格，有效期为2010年×月×日后（含当日）的法人营业执照，外地企业还必须在开标前在××设有分公司</td><td colspan="2">年检有效时间以营业执照上注明的年检材料提交最后时间为准，若推迟年检的，需提交发证单位证明原件</td></tr>
<tr><td>施工资质条件</td><td colspan="3">有效期为2010年×月×日后（含当日）国家住房和城乡建设部印制的城市园林绿化二级以上（含二级）企业资质证书</td><td colspan="2">资质证书未年检的，须提交发证单位证明原件</td></tr>
<tr><td>工资支付保证金</td><td colspan="3">市外企业及市内有欠薪不良记录的企业应缴纳（缴纳方式和金额按×政建〔2008〕城×号规定）</td><td colspan="2">一年后本息一并返还</td></tr>
<tr><td>联合体投标</td><td colspan="3">不接受联合体投标</td><td colspan="2"></td></tr>
<tr><td>分包情况</td><td colspan="3">按招标文件要求</td><td colspan="2"></td></tr>
<tr><td>从业限制情况</td><td colspan="3">申请人目前没有处于被取消投标资格的从业限制状态（期限）</td><td colspan="2"></td></tr>
<tr><td>履约能力</td><td colspan="3">提交投标保证金的方式为投标申请人基本户开户银行开具的银行保函或银行汇票，金额为人民币4万元</td><td colspan="2"></td></tr>
<tr><td>人员能力</td><td>职位</td><td>最低数量要求（人）</td><td>资格（岗位）及专业要求</td><td>最低职称等级专业要求</td><td>有无在建工程要求</td></tr>
<tr><td rowspan="7">人员能力</td><td>项目负责人</td><td>1</td><td>有效期为2010年×月×日后（含当日）的市政公用工程专业二级以上（含二级）注册建造师或取得市政公用工程专业二级以上（含二级）建造师临时执业证书</td><td>园林类专业工程师</td><td>无在建工程</td></tr>
<tr><td>施工员（1）</td><td>1</td><td>有效期为2010年×月×日后（含当日）的合格有效的园林施工员岗位证</td><td>不要求</td><td>无在建工程</td></tr>
<tr><td>施工员（2）</td><td>1</td><td>有效期为2010年×月×日后（含当日）的合格有效的市政或土建施工员岗位证</td><td>不要求</td><td>无在建工程</td></tr>
<tr><td>专职质检员</td><td>1</td><td>有效期为2010年×月×日后（含当日）的质检员岗位证</td><td>不要求</td><td>无在建工程</td></tr>
<tr><td>材料员</td><td>1</td><td>有效期为2010年×月×日后（含当日）的材料员岗位证</td><td>不要求</td><td>无在建工程</td></tr>
<tr><td>项目技术负责人</td><td>1</td><td></td><td>园林专业工程师</td><td>不要求</td></tr>
<tr><td colspan="5">注：1. 人员配备时应满足最低人数的要求且不能一人数职；
2. 拟派的以上人员应取得相应有效的证书，其中，施工员、质检员、材料员应持有省级建设管理部门或其委托的单位颁发的岗位证且未处于公布的违法违规档案中规定的从业限制状态（期限）；
3. 投标人派出的项目负责人、施工员、质检员、材料员、项目技术负责人等管理人员一律需是本单位劳动合同并缴纳社保的职工，否则资格审查不合格；
4. ××市外城市园林绿化施工企业进入××参加园林绿化工程项目招投标的，必须进行信用登记并以登记的分支机构的工程技术人员及管理人员参加投标，否则资格审查不合格。</td></tr>
</table>

四、资格审查评审办法

1. 资格审查程序

(1)本资格审查办法是指在开标后对投标人进行的资格审查。

(2)资格审查工作由评标委员会负责。

(3)全部满足资格审查评审标准的投标申请人即通过资格审查,资格审查不合格的投标人的投标作废标处理,不得推荐为中标候选人。

2. 澄清与核实

在评审过程中,评标委员会有权要求申请人对资格审查申请文件中不明确和主要的内容进行必要的澄清和核实。如内容失实,评委有权否决其通过资格审查。

五、需提供的资格审查申请资料及要件

1. 投标文件封面(见附件1)。

2. 资格审查申请书(见附件2)。

3. 法定代表人资格证明书(见附件3)。

4. 法定代表人授权委托书(见附件4)(如有委托时)。

5. 投标人主要资格条件审查申请表[应提供企业法人营业执照(副本)、资质证书(副本)、项目负责人资格证书(三级及以上市政公用工程专业注册建造师证或三级及以上市政公用工程专业建造师临时执业证书)及职称证书、施工员岗位证书、质检员岗位证书、材料员岗位证书、技术负责人职称证书(园林工程师及以上职称)的复印件,上述人员的劳动合同及社保缴纳证明复印件。资质证书、个人执业注册证或岗位证书上的单位名称应与投标单位名称一致,名称不一致的,应办理完变更手续,否则按废标处理](见附件5)。

6. 拟派往本工程项目负责人简历表(见附件6)。

7. 投标保证金交纳证明材料。投标人从其基本户开户行开具的达到本次工程招标要求的投标保函(证明材料上应注明本次投标的工程名称和有效期)或从其基本户开户行开具的出具给本工程招标人的银行汇票的复印件,开标时需携带原件核对(见附件7)。

8. 投标承诺函(见附件8)。

9. 投标申请人网上报名号复印件(见附件9)。

10. 投标人基本户开户许可证或开户核准通知书(复印件)。

11. 外省或外市企业本市分支机构营业执照复印件。

12. 外省或外市企业在本市登记的分支机构的工程技术人员及管理人员情况表复印件(其人员由投标人自行填报,所报人员必须符合资格审查文件要求,并由投标人对其真实性负责)。

13. 投标人已支付工资保证金证明(市外企业及市内有欠薪不良记录的企业)。

14. 投标人认为需要提供的其他说明材料的复印件(需提供原件现场核对,否则不予评审),若投标人认为没有其他需要说明的材料的可不提供(见附件10)。

注:(1)以上资料装订成册,如为复印件的需加盖单位公章并携带原件核对,无原件者资格审查不合格。

(2)投标申请人应对其提供的审查资料的真实性负责,所提供的资料必须真实以便资格审查时做出准确判断。若申请人所提供的资料弄虚作假,将作资格审查不合格处理。

(3)投标申请人必须按招标人的要求提供每项资格审查资料,并按附件中规定格式填写、签字、盖章,否则无效。

(4)投标申请人必须如实回答申请书及所附系列表格中提出的全部问题,任何缺项将可能导致其申请被拒绝和审查不合格。

(5)投标申请人需递交与其资格审查有关的关键资料,并及时提供对所递交资料的澄清或补充材料,否则将可能导致其不能通过资格审查。

(6)资格审查不合格的投标人的投标作废标处理,不得推荐为中标候选人。

(7)以上材料请于投标截止时间前在递交投标文件的同时送至××市建设工程招标投标中心福建省××工程咨询有限公司代表处,逾期送至不予接受。福建省××工程咨询有限公司代表见原证件后,原件投标人自持,抽中为备选中标候选人的投标人再即时上交以上材料原件。

附件 1

资格审查文件封面

××公园景观绿化工程施工招标

投标文件

招标编号：　　××××号

投　标　人：　　（盖单位公章）

投标文件内容：　　资格审查申请资料及投标承诺函

法定代表人（或其委托代理人）：　　（签字或盖章）

日　　　　期：

附件 2

资格审查申请书

________________（招标人）：

1. 我单位申请参加________________工程施工投标资格审查。

2. 我方授权你方授权代表调查、审核我们递交的与此申请相关的声明、文件和资料。该申请书还将授权给提供与申请有关的证明资料的任何个人或授权机构及其授权代表，提供必要的相关资料，以核实本申请书中提交的或与申请人的资金来源、经验和能力有关的声明和资料。

3. 你方授权代表可通过下列人员得到进一步的资料：

企业一般情况质询和企业管理情况方面的质询	
联系人：	电话：
有关人员方面的质询	
联系人：	电话：
有关技术方面的质询	
联系人：	电话：
有关企业财务方面的质询	
联系人：	电话：
有关企业基本户账户情况的质询	
基本户开户行咨询人员：	电话：

4. 本申请充分理解下列情况：

(1)资格审查合格的申请人的投标，必须以投标时所有资格审查递交的资料得到证实为前提。

(2)你方保留如下的权力：

- 更改本项目合同的规模和金额，在这种情况下，投标仅面向资格审查合格且能满足变更后要求的投标申请人。
- 拒绝任何迟到的申请，纠正对资格审查做出的错误判断(评审)。
- 直至授标前，发现我方资格审查材料有弄虚作假、隐瞒真实内容情形，你方有权取消我方投标资格或不予授标。
- 直至授标前，由于我方投标主体或法人地位发生实质性变化或倒闭、破产、被兼并等情况，使得我方资格已达不到资格审查的合格标准，你方有权取消我方投标资格或不予授标。

投标申请人：(盖章)
法定代表人：(签字或盖章)
投标联系人：
联系电话(固定电话及手机号)：

年　　月　　日

附件 3

法定代表人资格证明书

单位名称：________________

地　　址：________________

姓名：______ 性别：_____ 年龄：_____ 职务：________

系＿（投标单位全称）＿的法定代表人。

投标申请人：（盖章）

日期：　　年　　月　　日

附件 4

法定代表人授权委托书

本授权委托书声明：我＿＿＿＿＿（姓名）系＿＿＿＿＿＿＿＿＿（投标人）的法定代表人，现授权委托＿（本单位名称）（姓名）＿为我公司代理人，以本公司名义参加＿（工程名称）＿的投标活动。代理人在开标、评标过程中所签署的一切文件和处理与之相关的一切事务，我均予以承认。

代理人无转委托权。特此委托。

代理人：__________ 性别：______ 年龄：______
单位：__________ 部门：______ 职务：______
联系电话：__________
投标人：＿＿＿（盖章）＿＿
法定代表人：（签字或盖章）＿

日期：　　年　　月　　日

附件 5

投标人主要资格条件审查申请表

项目名称：　　　　　　　　　　　　　　投标人：

（一）企业资格条件情况					
序号	资格条件内容		序号	资格条件内容	
1	法定代表人		5	企业基本户开户行	
2	营业执照		6	基本户账号	
3	企业资质证号和有效期		7	从业限制情况	（填“有”或“无”）
4	企业资质等级及专业类别		8	投标人报名号	

（二）企业拟投入本工程人员资格条件						
序号	岗位名称	姓名	学历	职称	类似工作经历年限	备　注
21	项目负责人					
22	项目技术负责人					
23	施工员(1)					
24	施工员(2)					
25	专职质检员					
26	材料员					

（三）资格条件		
序号	资格条件内容	由投标人如实填写
31	投标保证金提供的方式和金额	
34	拟派往本工程的项目负责人有无在建工程	（填“有”或“无”）
35	拟派往本工程的施工员(1)有无在建工程	（填“有”或“无”）
36	拟派往本工程的施工员(2)有无在建工程	（填“有”或“无”）
37	拟派往本工程的专职质检员有无在建工程	（填“有”或“无”）

注：(1)每个投标申请人均需按资格审查文件要求填写此表。本表如有不完善之处，投标人可根据资格审查文件要求扩展、补充。

(2)应提供企业法人营业执照（副本）、资质证书（副本）、项目负责人资格证书（三级及以上市政公用工程专业注册建造师证或三级及以上市政公用工程专业建造师临时执业证书）及职称证书、施工员岗位证书、质检员岗位证书、材料员岗位证书、技术负责人职称证书（园林类专业工程师及以上职称）的复印件，上述人员的劳动合同及社保缴纳证明复印件。

(3)所有复印件均应加盖投标单位公章，原件开标时需携带查验，否则评审时将不予确认。

附件 6

拟派往本工程项目负责人简历表

投标人申请人(盖章):

<table>
<tr><td>姓名</td><td></td><td>性别</td><td></td><td>从事项目负责人年限</td><td></td></tr>
<tr><td>职称</td><td></td><td>专业</td><td></td><td>建造师资质等级</td><td></td></tr>
<tr><td colspan="6">已完工项目情况</td></tr>
<tr><td colspan="2">建设单位</td><td>工程名称</td><td>开、竣工时间</td><td>建设规模</td><td>质量等级情况</td></tr>
<tr><td colspan="2"></td><td></td><td></td><td></td><td></td></tr>
<tr><td colspan="2"></td><td></td><td></td><td></td><td></td></tr>
<tr><td colspan="2"></td><td></td><td></td><td></td><td></td></tr>
<tr><td colspan="2"></td><td></td><td></td><td></td><td></td></tr>
</table>

附件 7

投标保证金交纳证明材料(复印件)

粘贴处

投标申请人还应提供可供招标人查询的出具保函或银行汇票的银行咨询人员及其联系电话。

银行名称: 联系人: 联系电话:

附件 8

投标承诺书

致：（招标人）

1. 经考察现场并研究××公园景观绿化工程施工（招标编号：××号）项目的施工图纸、招标内容及要求、合同条款及预算书后，我方愿以结算下浮率 10.00%（即本招标文件规定的 K 值及办法）结算，并按上述图纸、招标文件要求、合同条款的条件要求承包上述工程建筑、施工和保修。

2. 我方将接受并遵守招标文件所规定的各项条款。

3. 一旦我方中标，我方保证在合同协议条款中规定的开工日期开始施工，并保证按招标文件规定的时间完工。若逾期完工，我方愿按招标文件逾期完工处罚规定处罚。若至 2011 年×月×日本工程仍未完工，我方愿接受自 2011 年×月×日起至 2011 年×月×日不得参与××市园林局园林绿化项目招投标的处罚。

4. 一旦我方中标，我方保证工程质量达到《工程施工质量验收规范》、《城市绿化工程施工及验收规范》及《城市绿化工程质量验收规程》规定的合格标准。

5. 一旦我方中标，我方保证项目负责人（建造师姓名及注册证号）派驻施工现场，并按资格审查申请资料所报的项目管理人员派驻施工现场。

6. 我方同意本投标文件在投标须知前附表第 17 项规定的投标截止期开始对我方有约束力，并在投标须知前附表第 12 项规定的投标有效期截止前一直对我方有约束力且随时可能按此投标文件中标。

7. 除非另外达成协议并生效，你方的中标通知书和本投标文件将构成约束我们双方的合同。

8. 我方的金额为人民币______元的投标保证金以________形式和投标文件一并递交。

9. 我方理解你们将不受你们所收到的最低标价或其他任何投标文件的约束。

投标人：（盖单位公章）

法定代表人（或其委托代理人）：（签字或盖章）

日　期：____年____月____日

附件 9

购买招标文件网上报名号复印件

附件 10

投标申请人除规定应携带原件和复印件外认为还需提供的材料

目录： 1. 2. 3. 以上材料在本次投标中的用途：

注：(1)附复印件并需提供原件现场核对，否则不予评审。

(2)评标中，将对投标人提供的以上材料进行评审，经确认有效的则认可投标人提供的上述材料。

模块二

施工准备

相关知识

1. 园林工程施工准备工作的特点和要求

1.1　工程施工准备工作的特点

1.1.1　全局性

施工准备期需做的工作很多，如现场施工条件考察准备、施工设计文件技术交底、施工人员配备、施工机具设备准备、施工期间天气分析、施工技术设计及施工方案、施工预案的编制等。施工准备工作要顾及全局，全面做好工作。

1.1.2　细致性

是工程施工本身的特点决定的。第一，工程项目施工是个综合的过程，要求协同作业工序多，各个施工环节关系密切。第二，园林施工现场条件一般较为复杂，许多景点、设施等都是建于起伏多变的地形之上，加大了施工难度。此外，施工材料的多样性及施工要素的专业性，要求更高的施工技术，否则诸如古建筑、瀑布喷泉、假山石洞、大树定植等工程就很难做好。第三，园林工程施工是有时间要求的，且季节性比较明显，因此讲究施工进度，保证工期，根据季节变化拟定施工方案，才能保证施工质量。由此可见，该特性对施工准备工作提出了更高要求。

1.1.3　承接性

园林工程施工涉及的施工要素多：第一，施工材料多。构成园林的山、水、树、石、路、建筑等要素的多样性，也使园林工程施工材料具有多样性。一方面要为植物的多样性创造适宜的生态条件，另一方面又要考虑各种造园材料在不同建园环境中的应用。如园路工程中可采用不同的面层材料，片石、卵石、砖等形成不同的路面变化。现代塑山工艺材料以及防水材料更是各式各样。第二，施工的复杂性。工程规模日趋大型化，协同作业日益增多，加之新技术、新材料的广泛应用，对施工管理提出了更高要求。施工中涉及地形处理、建筑基础、驳岸护坡、园路假山、铺草植树等多方面，有时因为不同的工序需要将工作面不断转移，导致劳动资源也跟着转移。工程施工多为露天作业，施工中经常受到不良气候等自然因素的影响。这种复杂的施工环节要求施工者有全盘观念，有条不紊。

这种复杂的施工关系要求整个施工过程做好工序承接，保证各施工要素间、各工序间顺利交接，使施工有序进行。

1.1.4 前瞻性

施工准备工作要做好施工预案，分析施工条件，结合自身施工力量与施工经验对该项目施工进行全面综合的考察，预见可能出现的施工问题，提出解决的技术措施，这尤其在综合性高、施工难度大的工程施工中特别重要。园林工程作品讲究艺术性，而艺术的表现又与施工质量密切相关，对作品建成后的预见也成为施工管理的必备技能。还有施工具有季节性、露天性、安全性等要求，这些要求施工管理者具有良好的预见性，做好施工预案。

1.1.5 目的性

施工准备工作要按施工要素进行针对性准备。不同的施工要素要求的准备工作具有差异性，景石施工需要特别做好施工吊装机械、基础施工的准备；塑石施工要做好现场及塑石材料准备；瀑布等水景施工要求施工环境条件较高，各种动力设备及材料有序进场；而大树移植要特别注意施工工序，什么时候起苗，何时定植，要尽量减少搬运次数，以保证成活率。因此，施工准备工作不是不分主次，杂乱无章地进行的。

1.2 工程施工准备工作的要求

1.2.1 准备工作要做细做全，认真到位

最好根据施工图中规定的施工要素列表逐一准备，由专人负责，每个施工环节都不能遗漏。对现场施工条件要多次考察，根据现场条件校对施工方案；临时设施准备要从安全、实用原则出发，尽量减少投入；各种机具准备要按施工要素计算好进场时间，避免浪费。人员准备要到位，特别要注意按不同的工种，如绿化工、花卉工、电工、木工、普通工等来配备施工队伍。对于技术交底工作的准备，要与设计单位、建设单位及监理单位一同协商分析，理会设计思想，同时做好交底技术文件签字归档工作。

1.2.2 对施工中可能出现的问题做好预案

园林工程项目施工对小工程来说做到常规准备一般可以满足施工要求，但对工程项目较大，施工要素复杂，技术含量高的项目，就必须做好施工预案。比如，大型塑山工程、喷泉水景工程、瀑布工程、大树移植工程、大型山石吊装工程、景观桥梁工程等都必须制定预案，制定施工现场保证措施，一旦出现问题能及时处理。

1.2.3 施工方案必须做到科学合理

施工方案作为施工前准备工作重要技术文件，是用于指导现场施工实践的，其内容要反映整个工程项目施工要求，突出施工现场环境，施工方法、施工进度、施工平面图、施工措施等要切合实际。实际操作中，如发现与现场不符的要进行校正，以减少盲目性。

1.2.4 从管理层面上要做好管理准备工作

管理工作是软科学，管理不好，不到位，就会导致整个现场施工混乱。要做好这项工作，务必从项目管理机构入手，施工单位要成立高效率的管理机构，制定项目管理制度，明确管

理责任，要以表格形式将项目施工各种规定、要求、标准挂于墙上，并注意对各项工作进行检查。

1.2.5　注意做好各施工相关部门或单位的协调和沟通

工程项目施工所涉及的单位主要有建设单位、设计单位、施工单位和监理单位，有些工程还遇到相邻单位，因此要做好彼此沟通，特别是技术交底工作，及施工质量标准、验收标准、管理职责、双方材料互签等。在施工单位内部，也要做好部门间的协调，保证施工单位各技术要素按要求准备。

1.3　工程施工准备工作应注意的问题

1.3.1　要考虑保洁、防火防爆、成品保护等措施

苗木材料多带泥土，易散落，加之需施用肥料、除虫防病药剂等，易对施工现场及环境造成不良影响，故应有明确的保洁措施，制定文明施工规范。对焊接、木工制作、油漆、爆破等施工用品要特别注意划定堆放地和施工地，保证施工现场安全。冬季气候干燥，火灾隐患大，所以冬季的防火措施必不可少。园林绿化工程的施工现场范围相对较大，一般不设围挡等保护设施，施工时间相对较长，且与其他工程交叉施工的可能性不可避免，故成品保护措施的制定也是施工单位和建设单位共同关心的问题。

1.3.2　大型施工材料运输、吊装要注意考察运输路线

主要包括大树、山石、大型构件、支柱性基础等，由于体量大、单件重，加之运输设备自重，所以必须对运输路线进行考察分析，考察是否有桥梁，桥梁能否满足承重，装车后是否超高超重。

1.3.3　临时设施准备以够用为原则，要注意施工基层人员生活的需要

这方面特别要重视野外作业各种生活设施的准备。高速公路绿化、农业观光园、农家乐园、主题景区等大型项目工程，外业时间长，准备工作更要到位，施工预案更要充分。

2. 园林工程施工准备工作

现场施工组织中一项很重要的工作就是要安排合理的施工准备期。施工准备工作的主要任务是领会设计意图，掌握工程特点，了解工程质量要求，熟悉施工现场，合理部署施工力量。凡事预则立，不预则废。做好施工前的准备工作，有利于将来工程的顺利开展，具体包括：落实人力、工具、材料、机械、运输等的来源和质量；在文明施工、安全施工的前提下，制定保证工程施工质量、按期完成工程的施工方案。这个阶段的工作内容很多，一般应做好以下几方面工作。

2.1　技术资料准备

2.1.1　施工设计图纸

施工前必须有施工依据和要求，了解工程概况、特点，包括工程范围、任务量、施工工期和工程预结算等；清楚设计意图、设计方案和施工要求，熟悉和审查水景工程、绿化工程、假

山工程、园路工程、园林建筑小品及一些设施工程等工程施工图纸，重视参加设计交底和图纸会审工作。设计人员要广泛听取使用人员、施工人员的意见，弥补设计上的不足。施工单位要与设计单位、建设单位和监理单位共同做好技术交底工作，并在交底单上签字，然后要根据施工合同的要求，认真审核施工图，体会设计意图。

另外，要收集相关的技术经济资料、自然条件资料。对施工现场实地踏察，要对工地现状有总体把握。熟悉工程范围的地上、地下情况，包括施工现场土质、地下水位、供水供电、地下管线状况，特别是要了解地下各种电缆及管线情况，以免施工时造成事故损失；了解施工定点放线的依据，一般以施工现场及附近水准点作定点放线的依据；了解施工中的各个衔接工作部门配合情况；了解工程施工地工程材料供应条件；有条件的情况下进行土壤检测，对土壤 pH 值、营养成分含量及肥力进行测定分析，以便必要时指导土壤改良。

2.1.2 施工方案准备

施工单位编制施工预算和施工方案(或施工组织设计)。施工方案包括工程概况(工程项目、工程量、工程特点、工程的有利和不利条件)，确定施工方法(采用人工还是机械施工，及劳动力的来源)，编制施工程序和进度计划，施工组织的建立，制定安全、技术、质量、成活率指标和技术措施，及现场平面布置图(水、电源、交通道路、料场、库房、生活设施等具体位置图)等。施工方案应附有计划表格(劳动力计划、作业计划、苗木、材料机械运输等)。施工方案编制好后，施工人员务必要熟悉其内容，特别是如何通过施工平面布置图和施工进度计划合理指导现场施工。这项工作准备得越充分，越有利于施工组织。

对园林工程施工组织设计，要做到两个方面的控制：一是选定工程方案后，在确定施工进度时，必须考虑施工顺序、施工流向，主要分部、分项工程的施工方法，特殊项目的施工方法和技术措施能否保证工程质量；二是制定施工方案时，必须进行技术经济比较，力求整体工程符合设计要求，保证质量，且力求做到施工工期短，成本低，安全生产，效益好。

2.1.3 施工验收标准

施工验收标准主要应用于施工中间验收和竣工验收，凡有国家标准的按国家标准验收，没有国家标准的按地方标准验收。验收标准要提前准备，并打印成册送相关单位或人员。

同时，建设单位组织有关方面要做好技术交底和预算会审工作。施工单位还要制定施工规范、安全措施、岗位职责、管理条例等。施工人员应按设计图进行现场核对。当有不符之处时，应提交设计单位作变更设计。变更设计包括增加或减少合同中约定的工程量，省略工程，更改工程的性质、质量或类型，更改一部分工程的基线、标高、位置或尺寸，实现工程完工需要的附加工作，改动部分工程的施工顺序或施工时间，及增加或减少合同的工程项目。

要加强对施工过程中提出的设计变更的控制。重大问题须经建设单位、设计单位、施工单位三方同意，由设计单位负责修改，并向施工单位签发设计的变更通知书。

2.2 施工岗位人员及职责

2.2.1 项目经理

项目经理接受企业法定代表人的领导，接受企业管理层、发包人和监理机构的检查与监督；负责对项目工程中有关工程质量、期限、安全、成本等的监督管理；合理组织、配置、落实人财物等要素；做好工程劳力、机械、材料等平等调度，如期召开生产会议；抓好工程岗位责

任制的贯彻实施，协调与建设方、监理相关事宜及其他施工事务。

2.2.2　施工管理人员

主要有：

(1)施工、技术人员

负责工程项目图纸交底、施工技术、施工计划实施、施工规范、验收及现场管理等具体事务。

(2)质检、安全人员

其职责是贯彻执行国家有关工程质量、施工安全法规，对原材料、成品、半成品按相关规定控制，定期参加分项工程的质量安全检查，对违反操作规程等危险作业行为有权暂停生产并及时上报，做好项目的安保工作。

(3)采购人员

认真做好工程材料的采购、运输、堆放和出入库登记工作，配合施工企业及监理做好材料检验工作，对各种材料严格把关，对不合格的材料决不采购。绿化采购保证苗木规格及品质，严把苗木关，对规格、质量或苗木起挖不达标者坚决退回。

(4)材料保管员

认真贯彻施工企业的财务制度，结合项目特点做好本职工作。负责材料的进出库登记、贮存、维护，对库存材料标识、合格证明等作记录，对不合格材料有权拒绝入库。

(5)各大班组长

土建、绿化等各大班组长对下达的生产经济目标全面负责；参与技术交底、图纸会审，制定必要的技术措施；深入现场指导施工；贯彻执行质量管理制度、施工验收规范、技术及安全规程。

2.2.3　技术工人

服从大班组长的工作安排，完成具体各项技术工作。

2.3　施工材料准备

施工中所需的各种材料、构配件等要按计划组织到位，做好验收和出入库记录；制定苗木供应计划，选定山石材料等。

2.4　施工机械设备准备

主要对施工机械等按计划、及时组织到位，按要求计划好施工机械进场时间、安装与调试等。对于大型施工机械要计划好台班数，和机手沟通，加强现场踏查，做到安全施工。

2.5　施工安全准备

工程施工安全工作十分重要，关系重大，加强安全工作是确保施工进度和施工质量的关键，因此，准备工作期间就要加以重视，做好细致工作。一是建立安全生产制度，严格施工管理；二是对施工人员进行安全教育培训，增强责任感，提高安全意识；三是在施工现场做好安全施工各项工作；四是选派安全监督员；五是对易燃易爆施工材料特别保管。

3. 园林工程现场施工准备工作

3.1 施工现场清理

3.1.1 现场勘查

施工前,根据施工要求施工单位要对施工场地进行全面细致的勘查,了解施工现场条件,分析施工场地现状,特别是要对现场供水供电及交通条件做出评估,同时了解现场各类构筑物、管线、古树名木等。考察时要注意施工场地与周边单位的情况,了解施工排水走向,初步定好施工临时交通道路及出入口。

3.1.2 现场管线处理

现场考察时如发现有管线(如高压线、电缆线、煤气管、城市供水管、排水管等)通过施工现场,先要与相关单位联系,协商解决的方法,不得随意处理。如地下管线不能移动,施工前要将管线走向标出,最好打桩示明。如管线属于作废物,施工前务必要原安装单位或管理单位签字。

3.1.3 场地平整

在界定施工范围后,根据设计要求做好场地平整工作。这项工作必须认真,严格按设计高程进行,对需要改造的地形,平整时要兼顾土方调配。

3.2 临时设施准备

3.2.1 施工现场布置

主要工作有:现场工程测量,设置平面控制点与高程控制点。对施工方案中确定的临时设施进行合理布置,用平面控制图形式做好施工管理。

3.2.2 临时施工道路

施工临时道路选线应以不妨碍工程施工为标准,结合园路设计、地质状况及运输荷载等因素来确定。注意临时道路最好布置成环状,有利于交通,不影响相互往来的施工车辆。

3.2.3 现场供水供电

做好现场水通路通电力通是保证如期施工的基础条件,施工现场的给排水应满足施工要求,做好季节性施工的准备。施工用电要考虑最大的负荷容量及是否方便施工。

3.2.4 临时设施搭设

主要包括施工用的临时仓库、办公室、宿舍、食堂及必需的附属设施,如临时抽水泵站、混凝土搅拌站。临时管线也要按要求铺设好。修建临时设施应遵循节约、实用、方便的原则。

3.2.5 现场排水工作

一般的园林工程施工都会遇到排水问题,原因是园林工程大多设计有水景,且大多水景

工程需要挖方，很容易碰到积水，加之不可预见的天气情况，往往就要做好排水准备。现场排水可考虑环状明沟，通过集水井采用潜水泵排水。如施工现场原有水体不变，也可就近将水排入水体内。凡要排水的施工场地，应与相邻单位或住户沟通，不能为了自身排水而影响他人。

3.2.6　后勤保障准备

后勤工作是保证工程施工顺利进行的重要环节。施工现场应配套简易医疗点和其他设施。做好劳动保护工作，强化安全意识，搞好现场防火工作等。

科学合理的现场准备，应该能满足现场施工要求，并利于施工进度的优化，提升现场管理水平。

对以上园林工程施工准备工作可作小结如下：

(1)园林工程施工准备工作具有全局性、细致性、承接性、前瞻性和目的性等特点。准备工作要按要求有序进行：认真全面，做细做全；对综合性园林工程施工中可能出现的问题要做好预案；施工方案制定、施工组织设计要做到科学合理；要注意保洁，做好防火防爆、成品保护等；对大型施工材料的运输、吊装路线及施工临时设施进行安排等。

(2)园林工程施工场外准备工作主要是施工设计图纸、施工方案、验收标准确定等技术资料的准备，工程管理、施工人员的准备，及施工材料、机械设备、施工安全等方面进行的准备。

(3)园林工程施工现场准备工作主要是现场勘查、管线处理、场地平整等方面的准备，及对施工现场、临时道路、供水供电、临时设施、现场排水等进行安排准备。

园林工程施工项目管理的全过程可分为：投标签约、施工准备(组织机构、人力、物力、技术等确保施工)、施工(完成合同规定到竣工)、验收与用后服务五个阶段。园林施工项目管理的根本任务是对项目的进度、质量、安全和成本进行控制，其科学管理的基本方法就是使用目标管理方法。基本任务就是为工程建设建立一切必要的施工条件，确保施工生产顺利进行，确保工程质量符合要求。

4. 施工组织设计

施工组织设计是用以指导园林工程建设过程各项施工活动的技术、经济、组织、协调和控制的综合性文件。施工组织设计一般包括四项基本内容：

①施工方法与相应的技术组织措施，即施工方案。

②施工进度计划。

③施工现场平面布置。

④有关劳力、施工机具、建筑安装材料，施工用水、电，动力及运输、仓储设施等暂设工程的需要量及供应与解决办法。

在这里，前两项指导施工，后两项则是施工准备的依据。

4.1　施工组织设计的作用

施工组织设计具有如下作用：

①具有战略部署和战术安排的双重作用。

②施工组织设计也叫施工组织纲要，它可以为投标服务。

③施工组织设计可以为工程预算的编制提供依据。

④可对拟建工程施工全过程进行科学管理，使它符合国家技术标准和合同要求。

⑤使施工人员心中有数，工作中处于主动地位，统筹安排施工活动有关的各个方面，合理布置施工现场，确保文明施工、安全施工。

4.2 施工组织设计的分类

施工组织设计分为投标前施工组织设计和中标后施工组织设计。中标后施工组织设计又包括园林建设项目施工总设计、单项工程施工组织设计和分项工程施工组织设计。

4.2.1 投标前施工组织设计

投标前施工组织设计是投标书的组成部分，是编制投标报价的依据，一般由企业经营部门的管理人员根据招标文件的规定内容进行编写，目的是使招标单位了解投标单位的整体实力以及在本工程中与众不同之处，而最终得以中标。其主要内容包括：

①施工方案、施工方法的选择，对关键部位、主要工序采用新技术、新工艺、新材料、新设备等。

②施工进度计划，包括横道图计划、网络计划、开竣工日期等。

③施工质量计划，包括施工质量保证、施工质量控制的技术措施等。

④施工平面布置，水、电、路，生产、生活用地、材料堆放及施工的布置。

⑤质量、进度、安全、环保等项计划必须采取的措施。

⑥其他有关的投标和签约的措施。

4.2.2 中标后施工组织设计

中标后施工组织设计是直接指导工程施工的技术经济文件，一般主要由工程项目部的技术管理人员编写，内容具体直观，作业性强。园林建设项目中标后施工组织设计又可分为施工组织总设计、单项(位)工程施工组织设计和分部(项)工程作业设计。

4.2.2.1 施工组织总设计

施工组织总设计是以整个工程为编制对象，依据已审批的初步设计文件拟定的总体施工规划。一般由施工单位组织，在总工程师的主持下编制，目的是对整个工程的全面规划和有关的具体内容的布置。重点是解决施工期限、施工顺序、施工方法、临时工设施、材料设备以及施工现场总体布局等关键问题。施工组织总设计主要内容包括：

①工程概况

- 本项目的性质、规模、建设地点、结构特点、设计单位、监理单位、建设期限等。
- 本地区地形、地质、水文和气象情况；
- 施工力量、劳动力、机具、材料、构件等资源供应情况；
- 施工环境及施工条件等。

②施工部署与施工方案

- 根据工程情况，结合人力、材料、机械设备、资金、施工方法、合同规定交付使用的条件等，全面部署施工任务，合理安排施工顺序，确定主要工程的施工方案。
- 对拟建工程可能采用的几个施工方案进行定性、定量分析，通过技术经济评价，选择

最佳方案。

③施工进度计划

- 施工进度计划反映了最佳施工方案在时间上的安排，采用计划的形式，使工期、成本、资源等方面通过计算和调整达到优化配置，符合项目目标的要求。
- 使工序有序地进行，使工期、成本、资源等通过优化调整达到既定目标，在此基础上编制相应的人力和时间安排计划、资源需求计划和施工准备计划。

④施工总质量计划：包括质量要求、达到目标、各单项质量目标、施工质量控制点的确定、施工质量保证措施等。

⑤施工总成本计划、总资源计划：施工成本分为直接成本和间接成本。总资源计划包括劳动力需求量、材料需求量、机械设备需求量等计划。

⑥施工平面图：施工平面图是施工方案及施工进度计划在空间上的全面安排。它把投入的各种资源、材料、构件、机械、道路、水电供应网络、生产、生活活动场地及各种临时工程设施合理地布置在施工现场，使整个现场能有组织地进行文明施工。

⑦主要技术组织措施及经济指标等：技术经济指标用以衡量组织施工的水平，它对施工组织设计文件的技术经济效益进行全面评价。

4.2.2.2　单项(位)工程施工组织设计

单项(位)工程施工组织设计是根据经会审后的施工图，按照施工组织总设计，以某一个单项或其中一个单位工程为对象编制的，用以指导施工全过程及各项施工活动的技术、经济、组织、协调和控制的可操作性文件。一般在项目施工图完成后，在项目经理组织下，由项目工程师负责编制，作为分部(分项)工程施工组织设计或季(月)度施工计划的依据。包括以下内容：

- 说明工程概况、施工的各项条件及特点分析；
- 说明实际劳动资源和组织状况；
- 施工方案的选择；
- 确定人、材、物等资源的最佳配置；
- 选择有效的施工方案和施工方法，及单位工程施工准备工作计划；
- 指定可行的施工进度计划；
- 设计出合理的施工现场平面图；
- 技术组织措施、质量保证措施和安全施工措施。

4.2.2.3　分部(项)工程施工组织设计

分部(项)工程施工组织设计是由项目工程师审批，依据单位(体)工程施工组织设计的要求，由项目主管技术人员以其中的一个分部(分项)为对象进行编制的，用以指导其各项施工作业活动的专业性文件。它是该项目专业工程具体实施的依据。例如园林喷水池的防水工程、瀑布出水口工程、园路中的铺装，假山工程中的拉底、收顶等，其设计要求具体、科学、实用并具可操作性。包括以下内容：

- 工程概况及施工特点分析；
- 施工方法和施工机械的选择；
- 分部(分项)工程的施工准备工作计划；
- 分部(分项)工程的施工进度计划；

- 各项资源需求量计划；
- 技术组织措施、质量保证措施和安全施工措施；
- 作业区施工平面布置图设计。

4.3 投标前施工组织设计和中标后施工组织设计的比较

投标前施工组织设计和中标后施工组织设计内容有以下几方面不同：

(1)工程概况不同。投标时，不知道具体的监理单位和监督部门，对设计概况及现场特点、地质概况、施工条件等都有不同的了解。

(2)施工部署不同。因为工程概况、施工时间、施工条件的不同，及编制人员对现场的了解程度不同，因而对工程的具体部署也是不一样的。

(3)施工组织机构不同。投标时是用企业相关极具资历的人员资质进行投标的，而实际施工时，大多数人员都进行了变更，因此，项目管理的规划(计划)也自然大不相同。

(4)施工平面布置不同。投标阶段的人员对现场及施工条件理解的偏差而编制的平面布置，等施工人员进场时，大多都会重新调整。

(5)施工进度计划不同。投标时的施工进度控制计划大多是根据经验数据进行编制的，而实施性施工进度计划应根据现场施工条件与具体的方案，以及施工段的划分、流水段的具体安排和工程量清单的人工、机械台班的具体分析数据，确认各分项工作的持续时间而进行编制。

(6)现场用地、现场加工场地、材料堆放场地、现场的排水措施、水源、电源、一二级配电箱柜的设置等，均与投标时的编制情况有所不同。

实训2　园林工程施工准备工作

2.1 实训目标

(1)熟悉园林工程项目施工准备工作的特点和要求。

(2)掌握园林工程项目施工准备工作的内容和方法。

(3)初步掌握园林工程项目施工人员组织、技术准备、分项材料种类、价格的调查与分析方法准备等。

2.2 实训材料与方法

在校内实训室或园林工程施工现场，结合某项园林工程，以该工程设计、施工图、地形图等图纸资料为基础，结合招投标文件、合同、施工组织设计方案等材料，进行如下施工材料编制准备。

(1)收集工程技术资料并编制目录整理成册，进行技术交底。

表 2-1　技术交底表

<table>
<tr><td>单位工程名称</td><td colspan="2"></td><td>交底时间</td><td colspan="2">年　月　日</td></tr>
<tr><td rowspan="2">分部(分项)
工程部位</td><td colspan="2">接底人</td><td rowspan="2">分部(分项)
工程部位</td><td colspan="2">接底人</td></tr>
<tr><td>姓　名</td><td>工程(职称)</td><td>姓　名</td><td>工程(职称)</td></tr>
<tr><td></td><td></td><td></td><td></td><td></td><td></td></tr>
<tr><td></td><td></td><td></td><td></td><td></td><td></td></tr>
<tr><td colspan="6">交底人：</td></tr>
</table>

表 2-2　分部(分项)工程与各工种安全技术交底记录

年　月　日

<table>
<tr><td>工程名称</td><td colspan="2"></td><td>分部工程</td><td colspan="2"></td></tr>
<tr><td colspan="6">分项工程名称：</td></tr>
<tr><td colspan="6">交底内容：</td></tr>
<tr><td>技术负责人</td><td></td><td>交底人</td><td></td><td>接受人</td><td></td></tr>
</table>

(2)拟制工程需要人员组织构成及相关人员资质要求。

表 2-3　施工单位现场质量管理技术人员登记表

编号：

<table>
<tr><td>工程名称</td><td colspan="7"></td></tr>
<tr><td>施工单位</td><td colspan="7"></td></tr>
<tr><td>职　务</td><td>项目经理</td><td>施工员</td><td>质检员</td><td>技术员</td><td>资料员</td><td>材料员</td><td></td></tr>
<tr><td>姓　名</td><td></td><td></td><td></td><td></td><td></td><td></td><td></td></tr>
<tr><td>职　称</td><td></td><td></td><td></td><td></td><td></td><td></td><td></td></tr>
<tr><td>证书号</td><td></td><td></td><td></td><td></td><td></td><td></td><td></td></tr>
<tr><td>专　业</td><td></td><td></td><td></td><td></td><td></td><td></td><td></td></tr>
<tr><td>联系方法</td><td></td><td></td><td></td><td></td><td></td><td></td><td></td></tr>
<tr><td></td><td>照　片</td><td>照　片</td><td>照　片</td><td>照　片</td><td>照　片</td><td>照　片</td><td></td></tr>
<tr><td>备　注</td><td colspan="7"></td></tr>
</table>

填写表日期：　　　　　　　　　　　　　　施工单位公章：

表 2-4　工程劳动力需要计划

序　号	工种名称	人　数	月　份												备　注
			1	2	3	4	5	6	7	8	9	10	11	12	

(3)分析各分项工程(各施工要素)所需材料种类、规格等要求,并编制材料清单。

表 2-5　工程各种材料(建筑材料、植物材料)配件、设备需要计划

序号	材料配件设备、名称	单位	数量	规格	月份												备注
					1	2	3	4	5	6	7	8	9	10	11	12	

(4)拟制工程机具需求计划表。

表 2-6　工程机械需要量计划表

序号	机械名称	型号	数量	使用时间	进场时间	退场时间	供应单位	月　份						备注
								1	2	3	…	11	12	

(5)拟制园林苗木需求计划表。

表 2-7 园林苗木采购计划表

工程名称： 时间： 年 月 日

序号	苗木名称	规格	单位	数量	单价(元)	金额(元)	采购地点	计划进场时间	备注
金额合计									

(6)拟制施工现场水、电、路、安全等准备工作内容。

此外，需做好工程预付款申请、进行施工组织设计报审、施工技术方案、施工测量放线报验、施工进度计划、施工单位现场施工管理技术人员报审、进场设备报验、材料/构配件/设备报验、分包单位资格报审、园林工程材料报验及其他等准备工作。

表 2-8 工程预付款申请表

工程名称

致________________监理单位：

根据本合同的约定，建设单位应于____年____月____日前支付我方工程预付款(大写)________________元。

项目负责人(签字)： 承包单位： 日期：

工程预付款支付证书

经审核，承包单位的申请符合合同条件，按________________的规定，本期应支付工程预付款为(大写)________________元，请建设单位按时支付。

说明：

监理工程师(签字)：

总监理工程师(签字)： 监理单位： 日期：

注：本表一式三份，经监理单位审核后，监理单位、建设单位、承包单位各存一份。

表 2-9　工程开工报审表

<table>
<tr><td>工程名称</td><td></td></tr>
<tr><td colspan="2">致＿＿＿＿＿＿＿＿＿＿＿＿＿＿监理单位：
根据合同约定，建设单位已取得主管单位颁发的施工许可证(证号：＿＿＿＿＿＿)，我方也完成了开工前的各项准备工作，计划于＿＿＿＿年＿＿月＿＿日开工，请予审批。
已完成的报审条件有：
□建设工程施工许可证(复印件)
□施工组织设计(含主要管理人员和特殊工种的资格证明)
□施工测量放线
□开工所需主要人员、材料、施工设备进场
□施工现场道路、水、电、通信等已达到开工条件
□

项目负责人(签字)：　　　承包单位：　　　日期：</td></tr>
<tr><td colspan="2">审批意见：

结论：□同意　　　□不同意
总监理工程师(签字)：　　　监理单位：　　　日期：</td></tr>
</table>

注：本表一式三份，经监理单位审批后，建设单位、监理单位、承包单位各存一份。

表 2-10　施工现场质量管理检查记录

开工日期：

<table>
<tr><td colspan="2">工程名称</td><td colspan="2"></td><td>施工许可证号</td><td colspan="2"></td></tr>
<tr><td colspan="2">建设单位</td><td colspan="2"></td><td>项目负责人</td><td colspan="2"></td></tr>
<tr><td colspan="2">设计单位</td><td colspan="2"></td><td>项目负责人</td><td colspan="2"></td></tr>
<tr><td colspan="2">监理单位</td><td colspan="2"></td><td>总监理工程师</td><td colspan="2"></td></tr>
<tr><td colspan="2">施工单位</td><td></td><td>项目经理</td><td></td><td>项目技术负责人</td><td></td></tr>
<tr><td>序号</td><td colspan="3">项目</td><td colspan="3">主要内容</td></tr>
<tr><td>1</td><td colspan="3">现场质量管理制度</td><td colspan="3"></td></tr>
<tr><td>2</td><td colspan="3">质量责任制</td><td colspan="3"></td></tr>
<tr><td>3</td><td colspan="3">主要专业工种操作上岗证书</td><td colspan="3"></td></tr>
<tr><td>4</td><td colspan="3">分包方资质与对分包单位的管理制度</td><td colspan="3"></td></tr>
<tr><td>5</td><td colspan="3">施工图审查情况</td><td colspan="3"></td></tr>
<tr><td>6</td><td colspan="3">地质勘察资料</td><td colspan="3"></td></tr>
<tr><td>7</td><td colspan="3">施工组织设计、施工方案及审批</td><td colspan="3"></td></tr>
</table>

续表

序 号	项 目	主要内容
8	施工技术标准	
9	工程质量检验制度	
10	搅拌站及计量设置	
11	现场材料、设备存放与管理	
12		
13		
检查结论： 总监理工程师： （建设单位项目负责人） 年 月 日		

2.3 实训步骤

每班分成4或6小组，每小组4～6人，各小组自行选出一名组长、汇报人（角色可轮换）。

（1）分小组完成工程人员组织构成及各岗位人员资质要求方案的拟制。

（2）分小组完成工程所需施工材料、机具、园林苗木需求表格等。

依据工程规模、施工程序和进度计划确定各工序的用工数量及总用工日。组建施工现场项目经理部，由项目经理、施工员、技术员、质量员、安全员、材料员和土建、绿化班组组成。施工前教育培训，熟悉施工程序和施工方法。制定劳动定额，做好劳动力调配工作。

（3）各小组拟制施工现场水、电、路、安全等准备工作方案。

（4）每小组可选取综合项目工程中的某一分项工程，进行施工材料种类、价格的调查与分析，并形成市场调研报告。

（5）班级汇报交流、讨论，完善各种方案。进行小组互评及组内成员自评。

2.4 实训要求及注意事项

（1）小组在计划、方案制定过程中应考虑工程的质量、进度、安全、效益等因素。

（2）编制各计划、方案应按规范格式进行，并参考、引用国家或地方行业规范、标准等。

2.5 实训考核

本实训考核以过程评价为主，结合实训完成的各种计划、方案进行考核，由学生自评、学生互评、教师评价三个部分组成。小组互评以各小组讨论形成班级统一标准后进行。小组成员互评应从出勤情况、创新性、团队协作、贡献度等进行。

表 2-11　评价表

序号	评价项目	分值	评价标准		得分	备注
1	学习目标、学习主动性	10	明确学习目标和任务，立即讨论制定切实可行的学习计划。自主学习并积极探索新问题，积极提出建设性建议，主动与小组成员合作完成学习任务	8～10		
			明确学习目标和任务，制定可行的学习计划。自主学习，提出自己的建议，与小组成员合作完成学习任务	5～7		
			明确学习目标或学习任务，制定的学习计划不太可行。学习积极性一般，很少提出建议，被动与小组成员合作完成学习任务	1～4		
2	独立学习、工作方法	20	学习工作过程与学习目标统一，独立完成所规定的学习任务。能够利用自己与他人的经验解决学习与工作中出现的的问题。工作方法具备创新能力	17～20		
			学习工作过程与学习目标统一，在合作中完成所规定的学习任务。能够在他人帮助下解决学习与工作中出现的问题。工作方法具备一定技巧	10～16		
			学习工作过程与学习目标基本一致，在他人的帮助下完成所规定的学习任务。基本不能解决学习与工作中出现的问题。工作方法无技巧	1～9		
3	获取信息、沟通表达	20	能够开拓新的信息渠道，独立收集、查阅并分析、整理对完成学习任务有用的信息，并科学合理利用	17～20		
			能够从多种信息渠道收集与学习任务有关的信息，并将信息分类整理后，转化为自己的语言与他人分享	10～16		
			能够从教材和教师处获得对完成学习任务有用的信息，对获得的信息直接应用	1～9		
4	团队能力、工作责任心	20	对团队完成任务起主导决定性的作用，工作责任心强，积极帮助其他同学。无迟到、早退、旷课现象	17～20		
			在团队中起一定作用，能帮助其他同学共同学习，责任心较强。无旷课现象	10～16		
			与团队队员合作积极性不高，责任心差。出勤表现差	1～9		

续表

序号	评价项目	分值	评价标准		得分	备注
5	工作过程、工作质量	20	工作能力强，操作规范、准确、到位，工作责任心强，离开工作岗位时能积极主动做好卫生，检查结果准确性、精密度都好。质量分析报告内容完整，分析合理	17～20		
			工作能力较强，操作基本规范、准确、到位，工作责任心较强，离开工作岗位时能做好卫生，检查结果准确性、精密度都好。质量分析报告内容不够完整，分析不合理	10～16		
			工作能力较强，操作基本规范、准确、到位，工作责任心较强，离开工作岗位时没做好卫生，检查结果准确性、精密度不好。质量分析报告内容不完整，没分析、总结	1～9		
6	实训报告、总结汇报	10	按时、按要求完成学习总结报告，书写工整，能做出合理准确的报告并对其进行分析讨论，书写规范。常代表小组汇报，表达流畅	8～10		
			推迟完成学习总结报告，书写工整，能根据自己的结果做出报告。代表小组汇报，表达清晰	5～7		
			推迟完成学习总结报告，书写不工整、不规范，敷衍了事，随便杜撰结果，抄袭同学报告。不能代表小组汇报，表达不畅	1～4		
评价结果（合计）						

2.6　思考题

(1)在教师指导下，分小组（每小组 4～6 人）完成如下任务：

选取园林工程施工中的任一种施工要素（分项工程），如大树、景石、假山、喷水池等模拟施工，列出施工准备工作中应包括的各项工作。

每小组选出 1 名汇报人在全班进行汇报交流，小组其他成员可补充说明。

(2)结合当地情况，分析工程施工中影响施工进度的因素，并提出解决相应问题的具体工程技术措施。

(3)模拟一施工项目,将管理人员、劳动力、施工材料、施工机械设备需要数用表 2-1 至表 2-6 列出,以熟悉几个表的使用。

实训 3　投标前施工组织设计模拟编制

3.1　实训目标

(1)开阔眼界,通过调研学习优秀的施工组织设计的编制案例,能够明确编制施工组织设计包含的内容,并能学会灵活运用,使学生掌握一般园林工程施工组织设计编制技术,能够独立完成中、小型园林施工组织设计的编制任务,为进行园林施工与管理打下坚实的基础。

(2)掌握编制施工组织设计的方法与步骤。

(3)能够充分认识及运用园林工程施工组织设计的技术规范。

3.2　实训材料与方法

(1)实训材料及工具:某个项目审批后完整的一套园林工程施工图纸,依法成立的招、投标文件,会议纪要、建设双方达成的协议及相关文件,电脑一台、传真机、打印机、绘图工具等。

(2)方法:选择某一个项目(面积不小于 10000 m^2),研究其施工图纸及业主方给的正式文件,编制园林工程施工组织总设计。

3.3　实训步骤

实地调查资料→熟悉施工图纸,研究相关资料和技术规范→初步施工部署→施工总进度计划→施工总质量计划→施工总成本计划→施工总资源计划→施工总平面布置→全场性施工准备计划→完成园林工程施工→组织总设计的编制。

3.4　实训要求及注意事项

(1)每个学生独立完成一套完整的施工组织总设计的编制。

(2)注意掌握施工组织设计的技术规范。

3.5 实训考核

表 3-1 考核表

序号	考核项目	考核标准				等级分值			
		A	B	C	D	A	B	C	D
1	施工组织设计规范性	符合国家或工程合同要求、规范标准，满足国家行业标准《建设工程项目管理规范》对项目合同管理实施规划的要求	较好	一般	较差	35	30	24	18
2	施工组织设计内容的完整性	施工组织设计内容完整，编制原则和编制依据合理，编制的程序合理	较好	一般	较差	40	34	28	22
3	文字组织的条理性	句子结构简洁，文字无纰漏，无错别字，行文条理清晰，排版主次分明，阅读方便	较好	一般	较差	20	16	12	10
4	实训态度	积极主动，完成及时	较好	一般	较差	5	4	3	2
本实训考核成绩（合计分）									

3.6 思考题

（1）园林工程施工组织的作用、分类和原则是什么？

（2）编写园林施工组织设计时应该注意哪些事项？

（3）目前施工组织设计存在许多问题，如何体现不同阶段对施工组织设计应有不同的侧重面和注意事项？

3.7 实训案例

实训案例3　××景观工程(硬景部分)施工组织设计

××景观工程(硬景部分)

施

工

组

织

设

计

施工单位:××园林绿化工程有限公司

日期:20××年×月×日

××景观工程（硬景部分）施工组织设计

- 对本项目的设计理解及合理化建议
- 主要施工方法及施工工艺
- 工程投入的主要材料情况描述及进场计划
- 工程投入的主要施工机械设备情况描述及进场计划
- 确保工程质量的技术组织措施
- 确保安全生产的技术组织措施
- 确保文明施工的技术组织措施
- 确保工期的技术组织措施
- 劳动力计划表
- 施工进度表

对本项目的设计理解及合理化建议

××环境景观设计理念是关于水的变奏，是闽江的化身，突出水岸生活的主旋律。风（路）与水的纠缠让空间更为活泼生动。在设计上体现自然与人的和谐生态。堆山、理水、植物、小品的变幻组合让整个社区更加灵活舞动。中心圆形跌水就像水的波纹一圈一圈叠加。整个设计在细部上的处理增加一点置石、小品和植物的配置能增加生活的趣味，更显个性化，如路的转角、墙角等。

主要施工方法及施工工艺

第一章　施工部署保证工程顺利开工的具体方案

第一节　业主管理、技术及协调要求及交底和有关培训

在工程管理、资料制作等诸多方面都必须符合业主的规定和要求。故在入场后，首要的工作之一便是接受业主在管理、技术及资料等方面的交底，按业主的要求建立一套与之相应的管理机制和资料控制系统，以保证今后的工作更加顺畅，和业主及其他施工单位之间的关系更加协调。为适应业主要求，必须对有关人员进行适当的培训。按招标书内容，通常接受培训的有技术组、质检组、计划统计组、材料组、施工组等有关人员。培训方式是参加业主召开的有关会议，对已形成文件化的管理模式进行操作指导，并请业主有关人员进行考核。对不适应业主管理模式的管理技术人员坚决撤换。另外，应事先与业主明确其提供服务之具体安排。

第二节 现场测量放线

实施施工的首要工作是熟悉施工现场，对土建移交的施工现场进行测量，并弹出基准线。测量的主要内容包括：

(1)楼层标高的复测；

(2)构筑物、柱梁、中心线复测，并计算出偏移尺寸；

(3)地面平整度如何，是否需要找平层。

复测时必须对照房间位置逐一测量，并形成测量记录报告，弹出各类基准线。测量记录报告按业主规定的程序审批后，发至各有关部门，特别是技术组，将依此作为管理工程质量完成施工详图的重要依据。测量设备必须校验，以保证数据的准确性。测量工作拟计划 2 天完工。为此，测量人员在入场前就必须对工程图纸非常熟悉。测量工及有关施工员将在测量 5 天前熟悉施工图纸，以便入场工作更为顺利。

第三节 其他各类计划及资料编制

按业主的要求在规定的时间内提交下列计划及资料：

1. 中标后与业主工程进度经协调之后的施工进度计划表；
2. 材料采购及样品送审送检计划；
3. 资料管理方案；
4. 特殊分项工程施工工序及施工方法；
5. 具体施工方案及其他各类计划资料。

第四节 材料及设备样品(或资料)确认

材料组根据业主审批的材料采购及样品送检计划，在业主规定的时间内组织有关的材料和设备样品(或资料)交业主及有关单位确认。材料样品之规格及标准将按照业主的要求制作，一式三份。审批确认后的材料样品(或资料)一份封存，另一份由我公司做采购样板。

第五节 主要分项工程样板施工、验收及总结

样板施工按照业主要求的数量及程序进行，验收合格后形成有关质量记录文件，同时拍摄样板图片或录像作为补充记录材料。在施工实施的基础上形成文件化的分项工程施工工序、施工方法及施工人员组织方案作为技术交底资料。

第六节 图纸技术交底

对即将展开施工的工程项目(与其他施工交叉之施工项目)由有关设计师对有关施工员做图纸技术交底，施工员对施工班组进行技术交底，务必使每位施工人员对其施工工艺、施工方法及规范清楚明了，并按公司质量体系文件要求，形成图纸技术交底、质量记录文件。

第七节 临时设备措施

根据施工的实际情况、业主安排及要求，现场办公室、临时材料设在施工现场内，施工人员的生活用房就近解决。

第八节　临时施工用电组织设计

一、临时施工用电工程实施依据

1. 现场电源情况查探结果；

2.《建筑施工临时用电安全技术规范》(JGJ46-88)；

3.《民用建筑电气设计规范》(JGJ/T16-92)。

二、临时用电系统

1. 用电器具特征

(1)动力负荷电以Ⅱ类手持式及移动式小型电动工具为主。

(2)照明:以白炽灯作为临时施工现场的照明光源。

2. 临时施工配电原则

采用总配电箱(AL)和分配电箱(AL_1-AL_n)二级配电。配电系统为 TN-S 制。专用 PE 保护接地线。

动力配电采用一机一闸,并加配自动脱扣漏电保护开关。照明由专用回路供电。

3. 临时用电总量约 45 kW(包括照明机施工机具用量)。

三、安全技术措施

1. 分配电箱至开关箱线段采用双重聚氯乙烯绝缘型(BVV)铜芯导线穿 PVC 保护架空铺设。对地高度不下于 2.5 m。

2. 总箱 AL 外壳及零线应重复接地(与现有的接地干线网可靠连接),接地电阻应不大于 10 欧姆。

3. 分电箱底边距地 1.5 m。周边不得堆放足以妨碍操作、维修的杂物。

4. 进出箱体的电气线路口必须设在箱体的下底面。

5. 手持式或移动式电动工具电线采用 YZ-1000V 橡套软电缆。

第二章　主要施工方法

第一节　地面工程

1. 中心入口广场、水池、花池、下沉式小广场地面石材(图 3-1、图 3-2、图 3-3)

图 3-1

图 3-2

图 3-3

(1)工艺流程:基层清理→弹线→试排→试拼→扫浆铺水泥砂浆结合层→铺板→灌缝→擦缝→养护。

(2)根据标高水平基准线,在四周路面上弹出面层标高线和水泥砂浆结合层线。同时按照板材大小尺寸、纹理、图案、缝隙在干净的找平层上弹控制线,由路面中心向进行。

(3)试拼、试排:一般方法是在地面纵、横两个方向铺两略宽于板块的干砂带(砂厚 30 mm),根据施工大样图拉线,矫正方正度并排列好。检查接缝宽度不得大于 1 mm。有拼花图案的应编号。对于较复杂部位的整块面板,应确定相应尺寸,以便于切割。以控制线为基准进行石材板块预排,控制板缝≤0.5 mm,相邻高差≤0.3 mm。

(4)砂浆应采用干硬性的,相应的砂浆强度为不低于 M15。实际铺设时,首先进行基层

清扫，淋水作业，基本干燥洁净后淋一遍水泥砂浆，然后铺 30～50 mm 厚干硬性水泥砂浆，铺板采用砂浆初平→安板→敲实→翻板→淋水泥浆→安板敲实是否空鼓等项目的检查，合格后方可铺安下一块板，当天铺设的板第二天应进行养护。

(5)铺板：镶贴面板一般从中间向边缘展开，有镶边的面板则应先铺，必须将预拼、预排、对花和已编号的板材对号入座。

铺镶时，板块应预先用水浸湿，晾干无明水方可铺设。

拉通线将板块跟线平稳铺下，用木锤或橡皮锤垫木块轻击，使砂浆振实，缝隙平整满足要求后，揭开板块，进行找平，再浇一层水灰比为 0.45 的水泥素浆正式铺贴，轻轻锤击，找直找平。铺好一条及时用靠尺或拉线检查各项实测数据。如不合要求，应揭开重铺。大面积板块铺完，且各项指标均能满足要求后，开始铺设波打线圈边石材，采用控制线向两边铺设的流向施工。

(6)灌缝、擦缝：板块铺完养护 2 天后，在缝隙内灌水泥砂浆擦缝，有颜色要求的应用白水泥加颜料调制，灌浆 1～2 小时后，用棉纱蘸色浆擦缝，粘附在板面上的浆液随手用湿纱头擦拭干净。铺上干净湿润的锯末养护。喷水养护不少于 7 天(3 天内不得上人)。

(7)拼花石材施工前先在平铺层板上放 1∶1 大样，然后按大样把层板锯出样品，再把样品放在地面上拼装，认为满意后，再按样板加工石块。加工石块时要选择质量好、无缺陷的石材，加工时严格按样板用手动云石切割机切割，并用磨光机磨光切割面。切割后进行实拼，合格后再运至现场铺贴。

(8)施工完成后进行封闭、养护。

(9)材料：水泥标号不低 425 号。块材：技术等级、光泽度、外观等质量符合现行国家标准《天然大理石建筑板材》、《天然花岗岩建筑板材》等有关规定，同时应符合块料允许偏差。

(10)成品、半成品的保护

①存放石材板块，不得长期受雨淋和水泡，要采取立放，光面相对，板块下应垫木方，现场搬运时也应按上述要求。

②施工人员应穿软底鞋，并要做到随砌随擦净。

③石板因供货不到位，地面铺面尚未完成，其边沿的石为了防止被碰撞松落，应在边面前加铺一排边料石(报废无用的)加以保护。

④铺砌好地面的房间应临时封闭，当必须进入施工时，应在地面上作必要的铺垫保护，要避免重物铁器碰伤或划痕。

2. 宅间花园、入户小路地面砖的施工

(1)工艺流程：基层清理→贴灰饼→标筋→铺结合层砂浆→弹线→铺砖→压平拔缝→嵌缝→养护。

(2)铺砖形式一般有“直行”、“人字形”和“对角线”等铺法。按施工大样图要求弹控制线，弹线时在地面纵横或对角两个方向排好砖，其接缝宽度不大于 2 mm，当排至两端边缘不合整砖时(或特殊部位)，量出尺寸将整砖切割或镶边砖。排砖确定后，用方尺规方。每隔 3～5 块砖在结合层上弹纵横或对角控制线。

(3)将选配好的砖清洗干净后，放入清水中浸泡 2～3 小时后取出晾干备用。

结合层做完弹线后，接着按顺序铺砖。铺砖时应抹垫水泥湿浆，按线先铺纵横定位带，定位带各相隔 15～20 块砖，然后从里往外退着铺定位带内地砖，将地面砖铺贴平整密实。

图 3-4

(4)压平、拔缝:每铺完一个段落,用喷壶略洒水,15 分钟左右用木锤和硬木拍板,按铺砖顺序锤拍一遍,不得遗漏。边压实边用水平尺找平,压实后拉通线,先纵缝后横缝,并进行拔缝调直,使缝口平直、贯通,调缝后再用木锤拍板砸平,即将缝内余浆或砖面上的灰浆擦去。上述工序必须连续作业。

(5)嵌缝,养护:铺完地面砖两天后,将缝口清理干净,洒水润湿,用水泥浆抹缝、嵌实、压光,用棉纱将地面擦拭干净。勾缝砂浆终凝后,宜铺锯末洒水养护,不得少于 7 天。

(6)材料要求:水泥标号不低于 425 号,砂浆强度不低于 M15,稠度 2.5～3.5 cm,块材符合现行国家产品标准及规范规定的允许偏差。

(7)施工要点

①基层充分清理,清水冲洗,防止找平层起壳、空鼓。

②找平层施工前做好标高控制塌饼,找平层采用 1∶2 水泥砂浆,表面抹光,平整度不大于 5 mm。

③在墙面内粉时应"捉方",保证地面阴角为直角。

④块体地面施工前先要弹线分块,按弹线粘贴。

⑤粘贴材料应按设计要求,建议采用专用粘贴剂(如 JCTA 粘结剂)。

⑥做好保护、养护工作。

(8)施工注意事项

①铺装地砖前应注意剔选,凡外形歪斜、缺角、脱边、敲曲和裂缝的不得使用。颜色和规格不一的应分类堆放。

②事先预排,使得砖缝均匀。遇到突出的管线、支架等物体部位应用整砖套割吻合,不能用碎瓷砖凑合使用。

③为了防止空鼓和脱落,地面基层必须清理干净,泼水湿透。

④水池要求设置防水层,并采用高效防水涂料或行之有效的防水材料。材料必须有出

厂合格证和相应的试验证明。

第三章　水体、木栈道

1. 水池水体造型

为水池溪流的一种形式，特点是水池的曲线变化，是水在流动过程中形成溪流而成景。其效果主要体现在水池本身的变化上。溪流水体装饰关键在卵石的布置要大小错落得体，施工上要防止太规则化。

2. 木栈道景观

水泥基座上铺12槽钢，楞木采用100＊200菠萝格木，上铺120＊30＊400芬兰木地板，木栏杆立柱采用180＊180芬兰木，栏杆为200＊60、40＊100菠萝格木，采用榫头连接。

第四章　对图纸与现场不相符的地方，提出解决的方案

对图纸与现场不相符的地方通过现场施工经验和设计意图与业主沟通，制定好施工方案，并画图备案。

第五章　园林铺装、中心广场的二次创作要点

1. 园林铺装表现的形式多样，主要通过形状、色彩、质感和尺度四个要素的组合产生变化。铺装在二次加工时要考虑整体与细部施工工艺，特别是边角过渡区域的施工。

2. 在施工中先测量观察现场施工条件，根据施工图纸放出施工起点线和控制标高，结合以往施工经验安排各道工序的先后进行施工。

3. 材料准备

(1)大理石板块：可按设计施工，常用规格500 mm＊500 mm＊200 mm。质量符合验收标准。

(2)水泥：425号普通硅酸盐水泥。

(3)砂：粗砂或中砂或中粗砂混合使用，泥含量小于3%。

(4)花岗岩板块：可按设计加工所需尺寸。要求规格尺寸方正，表面平整光滑，无缺棱掉角、污染、裂纹大等缺陷。颜色应与样板相符。

(5)预制水磨石板：按设计要求加工。地面铺水磨石板常用规格为400 mm＊400 mm＊25 mm，踢脚线常用规格为500 mm＊120 mm＊20 mm，300 mm＊150 mm＊50 mm。有裂纹、缺棱掉角、表面不平整和不方正等缺陷者不能使用。

4. 机具准备

墨斗线、水平尺、直角尺、小线、木抹子、橡皮锤或木锤、靠尺、石材切割机、磨石机及常用楼地面施工工具。

5. 操作程序

大理石、花岗石、预制水磨石楼地面操作程序：清理基层→弹线→安装标准块→铺贴→灌缝→清洁→养护。

(1)大理石、花岗岩、预制水磨石板块铺贴前先浸水润湿，阴干后擦干净板背的浮尘方可使用。

(2)大理石、花岗岩板块以30厚1∶4干硬性水泥砂浆作找平、结合层。铺贴前应试摆

一下确认板块间隙、标高等都符合要求后，端起板块，在干硬砂浆找平层上洒素水泥面，随即洒适量清水，随后安放时四角同时往下落，并用橡皮锤或木锤敲实，击平整。

铺贴顺序：一般从房间中部向四侧退步铺贴。凡有柱子的大厅，宜先铺柱子与柱子中间部分，然后再向两边展开，踢脚板可先安装，也可后安装。先装踢脚线板要低于地面 5 mm，后安装踢脚板则应注意地面成品保护。

安装踢脚板时在板背面抹 2～3 素水泥浆，贴于墙根并用木锤或橡皮锤敲实，找平找直。次日用同色水泥浆擦缝。

灌缝：板块铺贴后次日，用素水泥浆灌 2/3 高度，再用与板面同色水泥浆擦缝，然后用木锯木擦拭擦亮。

养护：在拭净的石材楼地面上覆盖锯木保护，24 h 后洒水养护，养护 2～3D 内禁止上人。

第六章　做好每个环节上的衔接，采取措施确保工作落实到位

公司全力以赴，及时协调好内部各横向配合单位，供应部门为保证工地施工需求，限期满足施工计划中所应承担的施工任务，确保周材、物资的供应满足施工进度的要求。

1. 严格控制工程质量，以技术方案为先导，预控为手段，确保每分项一次成优，防止返工延误工期。

2. 对特殊关键工序，抓住关键的管理点，最大限度地缩短各工序的施工周期。

3. 加强机械设备的日常维修、保养，确保机械设备始终处于完好的运行状态，提高机械设备的利用率，确保施工顺利进行。

4. 调度及搭配好劳动力的来源，保证有足够的劳动力，确保施工顺利进行。

5. 狠抓现场文明施工及成品保护工作，减少修复工作量，尽可能地缩短竣工收尾的工作时间。

第七章　避免施工过程中前后工序互相交叉污染、破坏，做好本工程的产品保护措施

按规定要求控制噪音，交通按甲方指定路线并保持其畅通；加强现场文明施工，绿化材料、垃圾不得随意堆放，杜绝施工垃圾对河流的污染；做好成品保护、道路清洁工作，保证施工现场清洁、卫生，文明施工。加强对施工场地周围建筑物和地下管线的观测，采取措施保护现场周围建筑物和地下管线不受损坏。

一、具体保护措施

1. 在重点保护的构造物和设施周围设置围栏，围栏外挂上“禁止通行”、“危险”等明显标志，夜间设红灯警示。

2. 保护建筑半径 20 米范围，不允许堆物，不允许行驶卡车、小平车等，搅拌机、砂浆机应远离 50 米以上。

3. 如果保护成品的地势较低，则应在其周围开挖适当的排水沟，避免施工中的污水、废水流入成品附近。

4. 如果施工地点距成品较近，则应在保护成品接近处，严禁振动较大的施工作业。

5. 根据工程施工情况，经常观察保护成品，以及建筑周围的情况，看是否有开裂、变形、

沉降、移位等，如果有异常，则应及时整改。

6. 教育施工人员爱护成品，保护成品，不允许破坏，损坏成品，如果有意破坏，则严加处理。

工程投入的主要材料情况描述及进场计划

表 3-2 主要材料情况描述及进场计划

序号	材料名称	规格	单位	数量	最迟进场时间
1	复合砖	230＊115＊53	m^2	127.78	开工第 2 天
2	青石板	300＊200＊20	m^2	44.32	开工第 5 天
3	福鼎黑花岗岩		m^2	6.04	开工第 5 天
4	锈石板花岗岩	500＊500＊20	m^2	60.01	开工第 5 天
5	水洗石	30 厚∅3～5	m^2	55.00	开工第 5 天
6	芬兰木坐凳	120＊30	m^2	24.22	开工第 5 天
7	锈石板、花岗岩	500＊500＊20	m^2	44.80	开工第 5 天
8	青石板	1200～1400＊400～500＊30	m^2	16.00	开工第 10 天
9	芬兰木坐凳	120＊30	m^2	10.00	开工第 10 天
10	福建锈花岗岩	20 厚碎拼	m^2	23.58	开工第 6 天
11	芬兰木	120＊50	m^2	93.17	开工第 6 天
12	方钢	方钢 30＊20，40＊30，30＊50；钢字；3 厚钢板	m^2	3.80	开工第 6 天
13	芬兰木坐凳	120＊30（圆形）	m^2	4.77	开工第 6 天
14	碎拼黄木纹	20 厚	m^2	6.50	开工第 2 天
15	水洗石	30 厚∅3～5（圆形）	个	33.79	开工第 10 天
16	锈石板花岗岩	500＊500＊20	m^2	75.17	开工第 2 天
17	菠萝格		m	30.70	开工第 10 天
18	芬兰木	120＊30（留缝 20）	m^2	4.72	开工第 10 天
19	碎拼黄木纹	20 厚	m^2	12.06	开工第 10 天
20	水洗石	30 厚∅3～5	m^2	92.92	开工第 10 天
21	不锈钢条	3 厚	m	55.49	开工第 10 天
22	芬兰木	80＊30 防腐木，50＊5 角钢，80＊50 防腐木龙骨	m^2	61.65	开工第 10 天
23	复合砖	230＊115＊53	m^2	4.84	开工第 10 天
24	芬兰木	120＊30	m^2	13.28	开工第 10 天
25	碎拼黄木纹	20 厚	m^2	28.20	开工第 10 天
26	芬兰木	80＊30 防腐木，50＊5 角钢，80＊50 防腐木龙骨	m^2	121.09	开工第 10 天
27	碎拼黄木纹	20 厚	m^2	124.00	开工第 2 天
28	PU 塑胶		m^2	169.00	开工第 10 天

续表

序号	材料名称	规格	单位	数量	最迟进场时间
29	芬兰木坐凳	120＊30(圆形)	m^2	4.77	开工第10天
30	碎拼黄木纹	20厚	m^2	6.50	开工第10天
31	花岗岩	300＊300＊30	m^2	9.14	开工第10天
32	水洗石	30厚∅3～5	m^2	62.30	开工第10天
33	碎拼黄木纹	20厚	m^2	3.73	开工第10天
34	芬兰木	120＊30	m^2	3.32	开工第10天
35	不锈钢条	3厚	m	162.06	开工第10天
36	复合砖	230＊115＊53	m^2	177.16	开工第10天
37	复合砖	230＊115＊53	m^2	181.74	开工第10天
38	青石板	300＊200＊20	m^2	41.09	开工第10天
39	福鼎黑花岗岩	300＊120＊50	m^2	5.60	开工第10天
40	塑料植草板	320＊320＊35	m^2	186.37	开工第10天
41	碎拼黄木纹	20厚	m^2	139.94	开工第10天
42	复合砖	230＊115＊53	m^2	149.72	开工第10天
43	锈石板花岗岩	600＊450＊25	m^2	131.67	开工第10天
44	福鼎黑花岗岩	300＊120＊50	m^2	31.07	开工第10天
45	花岗岩	600＊100＊50	m^2	19.91	开工第10天
46	水泥植草砖	成品200＊400＊8	m^2	250.00	开工第10天
47	河卵石	∅30～50	m^2	167.12	开工第10天
48	芬兰木	120＊30	m^2	15.60	开工第10天
49	水洗石	30厚∅3～5	m^2	15.39	开工第10天
50	保安亭		座	1.00	开工第10天
51	碎拼黄木纹	20厚	m^2	43.90	开工第2天
52	水景墙钢构		项	1.00	开工第10天
53	塑料植草板	320＊320＊35	m^2	84.25	开工第10天
54	卵石	∅20～30	m^2	75.96	开工第10天
55	福鼎黑花岗岩	400＊400＊20	m^2	16.80	开工第10天
56	福鼎黑压面	300＊600＊50	m^2	5.64	开工第10天
57	福鼎黑		m^2	30.84	开工第10天
58	雕塑		座	1.00	开工第10天
59	芬兰木	120＊50	m^2	106.32	开工第10天
60	花岗岩	300＊300＊30	m^2	29.82	开工第10天

续表

序号	材料名称	规格	单位	数量	最迟进场时间
61	料石	100＊100＊100	m^2	123.14	开工第10天
62	福鼎黑花岗岩	300＊120＊50	m^2	3.33	开工第10天
63	水洗石	30厚∅3～5	m^2	45.26	开工第10天
64	芬兰木	120＊30	m^2	3.87	开工第10天
65	碎拼黄木纹	20厚	m^2	8.13	开工第10天
66	芬兰木		m	30.43	开工第10天
67	锈石板花岗岩	20厚	m^2	199.89	开工第10天
68	雨花石	∅30～50	m^2	88.14	开工第10天
69	青石板	30厚	块	17.00	开工第10天
70	青石板	20厚	m^2	42.89	开工第10天
71	福鼎黑花岗岩	300＊120＊50	m^2	4.29	开工第10天
72	塑料植草板	320＊320＊35	m^2	215.41	开工第10天
73	芬兰木	120＊50	m^2	188.53	开工第10天
74	水洗石	30厚∅3～5	m^2	137.37	开工第10天
75	芬兰木	120＊30	m^2	14.32	开工第10天
76	碎拼黄木纹	20厚	m^2	19.50	开工第10天
77	青石板	900＊500＊30	块	66.00	开工第10天
78	雨花石	∅30～50	m^2	252.49	开工第10天
79	围墙		m	850.13	开工第10天
80	芬兰木	120＊50	m^2	106.32	开工第10天
81	青石板	20厚	m^2	10.56	开工第10天
82	福鼎黑花岗岩	300＊120＊50	m^2	1.44	开工第10天

工程投入的主要施工机械设备情况描述及进场计划

表3-3　工程投入的主要施工机械设备情况描述及进场计划

序号	机械名称	型号及功率	数量	最迟进场时间
1	履带式推土机	75 kW	1	开工后第1天
2	履带式液压单斗挖掘机	1.0	1	开工后第1天
3	电动夯实机	20～62 nm	1	开工后第1天
4	载重汽车	6 t	5	开工后第1天
5	单筒慢速电动卷扬机	5 t	1	开工后第1天
6	电动滚筒式混凝土搅拌机	400 L	1	开工后第1天
7	灰浆搅拌机	200 L	1	开工后第1天

续表

序号	机械名称	型号及功率	数量	最迟进场时间
8	混凝土振捣器平板式	—	1	开工后第1天
9	混凝土振捣器插入式	—	1	开工后第1天
10	钢筋调直机	∅14	1	开工后第1天
11	钢筋切断机	∅40	1	开工后第1天
12	钢筋弯曲机	∅40	1	开工后第1天
13	电锤	520 kW	3	开工后第1天
14	木工圆锯	∅500	2	开工后第1天
15	石料切断机	—	4	开工后第1天
16	交流电焊机	30 kW·a	2	开工后第1天

确保工程质量的技术组织措施

（详见本书有关章节）

确保安全生产的技术措施

（详见本书有关章节）

确保文明施工的技术组织措施

（详见本书有关章节）

确保工期的技术组织措施

第一节　施工进度计划

我们拟定工期为75天，工程涉及施工内容较多，还需要几个工种配合，工期较为紧张。根据施工现场实际情况及使用功能分布情况，本工程分为两个阶段进行管理和施工，分别进场施工。最高作业人数控制在200人左右，完工时间控制在75天之内。

第二节　保证工期的具体措施

1. 做好各工种各作业层的计划，不断调整和完善计划。

(1)制定涵盖整个工程各项内容的网络计划，明确各主导工序的完成时间，从总体上把握工程的进度。

(2)将整体工程划分为若干个工程段，规定各工程段的完成时间，并针对各工程段的特

点，分工种制定详细的作业计划。

(3)严格按照计划安排生产并随时检查进展情况。

(4)每周定时召开项目生产会，对一周的生产情况进行总结汇报，对进度完成情况进行综合分析，找出原因并针对情况整改。

(5)根据工程的实际情况不断调整和完善各层次计划，使计划能切实指导施工的开展。

2. 落实后勤保障工作，避免因材料、人力或其他原因对工程进度造成不可挽回的影响。

(1)材料采购工作必须走在施工的前面，要求各专业工长在拿到施工图纸后的最短时间内提出材料计划报公司予以安排。

(2)公司物资部收到项目部提出的材料计划后，应立即对计划进行分析分类，确定各类材料的性质和最后采购日期，并向采购人员下达采购计划。对于常用的小批量材料可临时采购；对于大批量材料须马上组织资源；对进口材料或石材须考虑进货周期和加工周期，须在总体材料计划提出后立即采购。

(3)对于甲方提供材料，我方将尽可能早地提出材料计划以供业主采购和供应。公司劳资部门组织足够数量的劳动力投入施工现场。

(4)关心工人生活，急工人之所急，解除工人的后顾之忧，使其放心工作。

3. 调度措施

(1)定期对工人进行教育，加强工人的时间观念。

(2)灵活机动的安排人力，采取阵地战与游击战相结合的策略指导施工。

(3)划分施工区域，采取分片包干的办法组织施工，提倡打歼灭战，不给后续工序留尾巴。

(4)进行立体施工，天花板、墙面、地面及其他作业面，数条战线同时展开，大胆穿插。

(5)安排加班，使工程自始至终处于高峰作业时间。

4. 工程进度控制流程

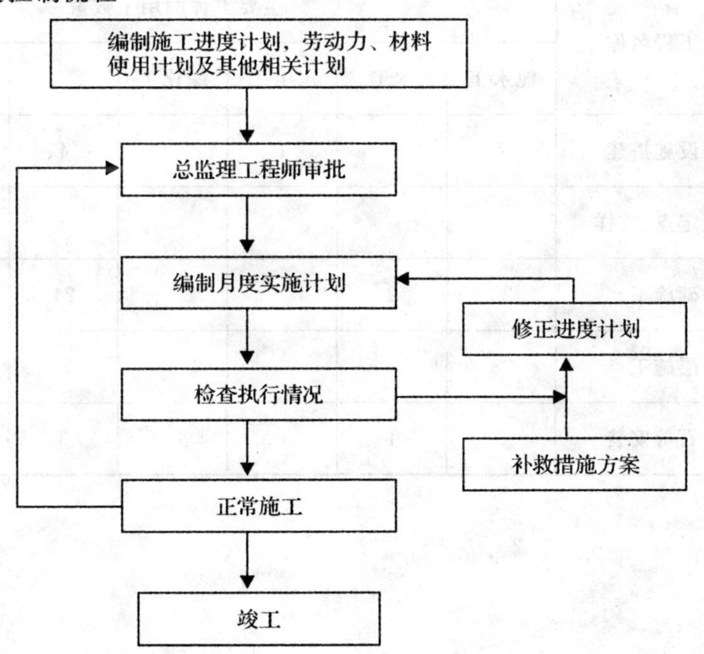

图 3-5　工程进度控制流程

5. 进度控制流程及重点

(1)工程施工单位提交施工进度计划,由业主或监理单位审核后确认。

(2)在确定工程进度计划后,为确保其实现而编制下述大量的辅助计划是非常有必要的。如果这一系列辅助计划已作为工程进度计划的组成部分而得到同意,则可省去,但每月的详细进度计划仍是需要编制的。辅助计划包括:

①工程施工每月进度实施计划;

②材料采购计划;

③分部工程施工计划;

④分项工程施工计划;

⑤施工机具调配计划。

(3)检查工程进展情况,进行实际进度与计划进度的比较。分析工程延误(或提前)的原因,及时采取补救措施。

(4)修订进度计划。工程施工单位综合考虑修订计划之前已获得延期索赔的批准,则可以相应地在新竣工期的基础上修订进度计划。

在工程整个施工过程中,编制修正进度计划往往要进行多次。

劳动计划表

表 3-4 劳动力计划表

序号	分项工程名称	主要工种的用工数量						
		泥水工	木工	水电工	绿化工	普工	测量工	总数
1	临时设施搭建	2	1	1		4	0	8
2	测量、定点、放样						5	5
3	基础施工	22	2			24	1	49
4	面层施工	28				15	1	34
5	路沿石等安装	5	1			3		9

施工进度表

表 3-5　施工进度表

工　期 项　目	1—30	31—60	61—75	备注
水池				1. 开始、结束时间以开工后的第几天计算； 2. 施工过程中可进行适当调整； 3. 各分项工程交替施工
宅间花园铺砖				
廊架				
成人健身步道				
木栈道				
下沉广场、草亭				
弧形水池				
坐登花池				
中心入口广场				
停车场				
围墙				
小区入口				

案例分析：

该施工组织设计比较全面，内容清晰；从法律的角度上来评论，语言非常妥当。但是也存在着如下的问题：

①施工进度表不够完整。

②本施工组织设计只注重施工效益，较少考虑经济效益。

模块三

施工现场工作

相关知识

施工现场工作主要包括现场施工准备、正式施工、竣工验收和养护管理几个阶段。园林工程土方测量与土方量计算、种植工程及水景工程材料识别与施工均是正式施工阶段的工作。

1. 园林工程土方测量

园林工程土方测量按园林工程进程的不同阶段分为园林设计测量、施工前测量、施工过程中的测量及竣工测量。在园林工程施工前及设计阶段,往往是对园林工程所涉及地面范围的地形进行测绘,即测绘地形图。在地形图基础上以设计地面标高及实际地面高程的差量为依据进行土方量计算。地形图的测绘是以控制点为测站,测定其周围地貌点和地物点(碎部点)的平面位置与高程,并按规定的图式符号绘制成图的过程。

1.1 选择碎部点

碎部测量的精度、速度与司(立)尺员能否合理地选择碎部点有着密切的关系,司尺员必须了解地形图测绘的有关技术要求,熟悉测区地形的变化规律,并能根据测图比例尺的大小和用图目的等,对碎部点进行综合取舍,然后立尺,如图 3-1 所示。

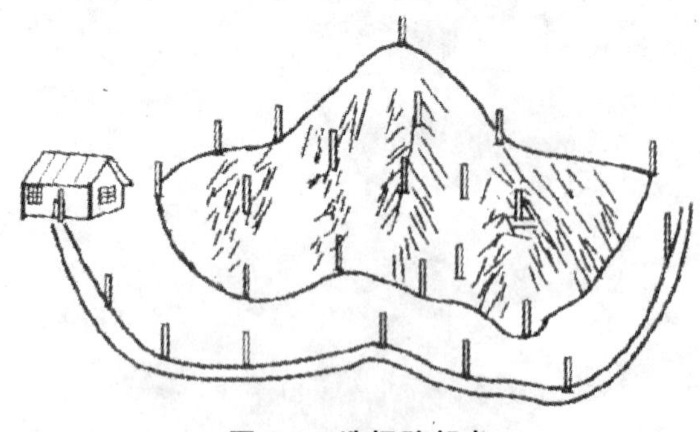

图 3-1 选择碎部点

1.1.1　地貌点的选择

地貌虽然千姿百态，错综复杂，但其基本形态可以归纳为山地、丘陵地、盆地、平地。地貌可近似地看作由许多形状、大小、坡度、方向不同的斜面组成，这些斜面的交线称为地貌特征线，通常叫地性线，如山脊线、山谷线是主要的地性线。地性线上的坡度变化点和方向改变点、峰顶、鞍部的中心、盆地的最低点等都是地貌特征点，简称地貌点。

为了能详尽地表示地貌形态，除对明显的地貌特征点必须选测外，还需在其间保持一定的立尺密度，使相邻立尺点间的最大间距不超过表 3-1 的规定。

表 3-1　地貌点间距表

测图比例尺	立尺点最大间隔/m	测图比例尺	立尺点最大间隔/m
1∶500	15	1∶2000	50
1∶1000	30	1∶5000	100

1.1.2　地物点的选择

反映地物轮廓和几何位置的点称为地物特征点，简称地物点。如独立地物的中心点，线状和带状地物的中心线或边线，块状地物边界线上的起点、终点、转折(弯)点、交(分)叉点等，都是地物特征点。在地形图测绘中，应根据地物轮廓线的情况，做到“直稀、曲密”，正确合理地选择地物点。

1.2　经纬仪测图

经纬仪测图是将经纬仪安置在测站上，测算测站至碎部点连线与导线边之间的夹角，以及测站到碎部点的水平距离和高差。该方法简单灵活，不受地形限制，边测边绘，适用于各类测区。具体施测步骤如下：

1.2.1　安置仪器

如图 3-2 所示，首先安置经纬仪于测站(控制点)A 上，量取仪器高 i，记入表 3-2 所示碎部测量记录手簿，然后将绘图板安置在仪器旁边。

表 3-2　碎部测量记录手簿

班组________天气______日期________观测者________记录者__________

仪器高<u>1.41 m</u>定向点<u>　B　</u>测站高<u>78.93 m</u>

测点	碎部点	视距尺读数/m				竖盘读数	竖角 θ	高差 h/m	水平角 β	水平距离 D/m	高程 H/m	备注
		中丝	下丝	上丝	尺间隔 l							
A	P_1	1.35	1.768	0.932	0.836	90°24′	−0°24′	−0.52	45°23′	83.60	78.41	
	P_2	1.52	1.627	1.413	0.214	89°39′	+0°21′	+0.02	47°34′	21.40	78.95	
	P_3	1.65	1.810	1.490	0.320	90°01′	−0°01′	−0.25	56°25′	32.00	78.68	

1.2.2　调“零方向”

经纬仪对中、整平后，用盘左瞄准另一控制点 B，并调整水平度盘读数为 0°00′00″，以此作为起始方向即零方向。

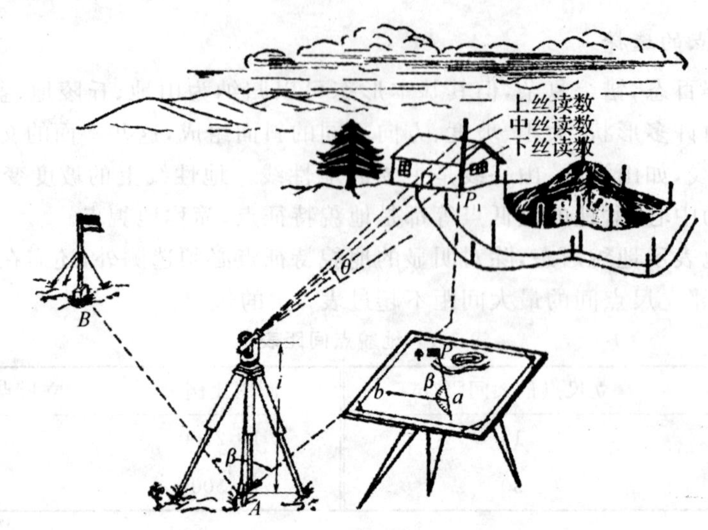

图 3-2 经纬仪测图

1.2.3 立视距尺

在地形特征点(碎部点)上立尺的工作通称为跑尺,跑尺前,司(立)尺员应弄清测区范围和实地情况,并与观测员、绘图员共同商定跑尺路线,然后依次将视距尺立置于地貌、地物特征点上。

1.2.4 外业观测

如图 3-2 所示,转动照准部,用盘左瞄准碎部点 P_1 上的视距尺,读取上、中、下三丝的读数;然后转动竖盘指标水准管微动螺旋,使竖盘指标水准管气泡居中,读取竖盘读数;最后读取水平度盘读数,并将测量数据分别记入表 3-2。

1.2.5 数据计算

根据上、下丝读数算得视距尺间隔 l。若仪器的竖盘注记形式为顺时针,由竖盘读数算得竖角θ;利用视距测量公式计算水平距离 D 和高差 h(式 3-1),并依据测站的高程算出碎部点的高程 H,将计算结果分别记入表 3-2。

$$D=kl\times\cos^2\theta$$

$$h=\frac{1}{2}kl\times\sin2\theta+i-v \tag{3-1}$$

式中,k—视距乘常数,通常为 100;

v—中丝读数。

1.2.6 展绘碎部

用大头针将量角器的圆心插在测站点 A 的图上位置 a 处,如图 3-2 所示,转动量角器,将量角器上等于水平角值β的刻画线对准起始方向 b,此时量角器的底边便是碎部点 P 的方向;然后用测图比例尺按测得的水平距离 D 在该方向上定出碎部点的位置 p。当水平角值小于 180°时,应沿量角器底边右面定点;水平角大于 180°时,应沿量角器底边左面定点,并在点的右侧注明其高程,字头朝北。

同法，测出其余各碎部点的平面位置和高程，并展绘于图上，做到随测随绘。为了检查测图质量，仪器搬到下一测站时，应先观测上一测站所测的某些明显碎部点，以检查两个测站观测同一点的平面位置和高程是否相同，如相差较大，应纠正错误，然后再继续进行测绘。

1.3　勾绘地貌

碎部测量中，当图纸上有足够数量的地貌特征点时，要及时将山脊线、山谷线勾绘出来，用细实线表示山脊线，用细虚线表示山谷线，如图 3-3 所示。等高线是根据所测得的地貌特征点高程进行勾绘的，等高线的高程必须是等高距的整数倍，而地貌点的高程不一定恰好符合等高线的要求，所以勾绘等高线时，首先必须根据这些标注高程的地貌点，按内插法求出符合等高线高程的点位，最后再将高程相等的相邻点用平滑的曲线连接起来。内插等高线高程点位的方法有以下三种。

1.3.1　解析法

因地貌特征点选择在坡度变化处，故相邻两点间的坡度一定是均匀的，即两点间的平距和高差成正比例。根据这个原理，可定出两相邻地貌特征点间各条等高线通过点的位置。如图 3-3 所示，已知数个地貌点的平面位置和高程，欲在图上绘出等高距为 1 m 的等高线，首先用解析法确定各相邻两地貌点间的等高线通过点。

［例 3-1］　如图 3-3 所示，已知 A、B 两相邻地貌特征点间为一均匀山坡，且 A、B 两点的高程分别为 67.30 m 和 62.9 m，欲在其间绘出等高距为 1 m 的等高线，如何在 A、B 连线上找出 67 m、66 m、65 m、64 m 和 63 m 的等高线通过点？

解：经量测，A、B 两点间的图上长度为 30.8 mm，因此，可按比例求出 67 m 和 63 m 等高线通过点的位置，如图 3-3 中的 a、b 点。

$$Aa=\frac{67.3\text{ m}-67\text{ m}}{67.30\text{ m}-62.9\text{ m}}\times 30.8\text{ mm}=2.1\text{ mm}$$

$$bB=\frac{63\text{ m}-62.9\text{ m}}{67.30\text{ m}-62.9\text{ m}}\times 30.8\text{ mm}=0.7\text{ mm}$$

在图 3-3 中，首先用直尺自 A 点沿 AB 方向量出 2.1 mm，即得到 67 m 等高线的通过点 a；用直尺自 B 点沿 BA 方向量出 0.7 mm，可得到 63 m 等高线的通过点 b。然后在 a、b 两点间，将 ab 进行四等分，便得到 66 m、65 m、64 m 等高线通过点 c、d、e。

同法，能解析内插出其他相邻两地貌点间的等高线通过点。最后根据实际地貌情况，把高程相同的相邻点用圆滑的曲线连接起来，便勾绘出等高线图，如图 3-4 所示。

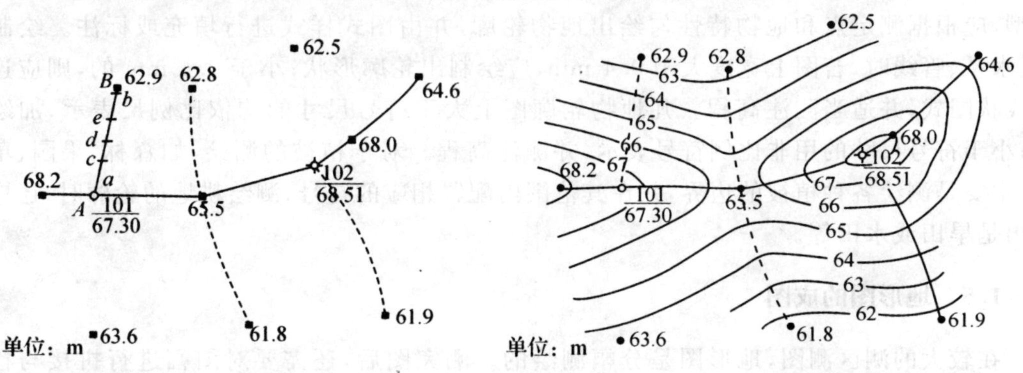

图 3-3　内插等高线通过点　　　图 3-4　勾绘等高线

1.3.2 图解法

现仍以求取图 3-3 中 A、B 两相邻地貌特征点间等高线通过点为例。取一张透明纸，如图 3-5 所示，在透明纸上绘出等间隔若干条平行线，平行线间距和数目视地形坡度而定，陡坡地区可增加根数和缩小间距。将透明纸蒙在等待内插等高线的 A、B 上，移动透明纸，使 A、B 两点分别位于所在两平行线间间距的 0.3 和 0.1 位置上，则直线 AB 和 5 条平行线的交点 a、c、d、e、b 便是高程为 67 m、66 m、65 m、64 m、63 m 的等高线通过位置。

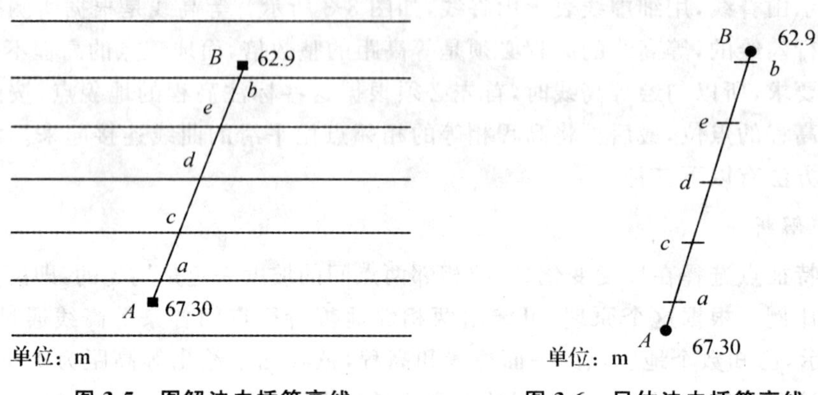

图 3-5 图解法内插等高线　　图 3-6 目估法内插等高线

1.3.3 目估法

根据解析法的原理，用目估法来确定等高线的通过位置，其要领为“取头定尾，中间等分”。现继续以求取图 3-3 中 A、B 两相邻地貌特征点间等高线通过点为例。如图 3-6 所示，A、B 两点的高程分别为 67.30 m 和 62.9 m，若勾绘等高距为 1 m 的等高线，则 A、B 两点间有 67 m、66 m、65 m、64 m、63 m 共 5 条基本等高线通过。A 点的高程为 67.30 m，与 67 m 等高线的高差为 0.3 m，从 AB 线段上估计出 0.3 m 高差相应在图上的位置，这就确定了临近 A 点的 67 m 等高线的通过点 a，此过程称“取头”；B 点的高程为 62.9 m，与 63 m 等高线的高差为 0.1 m，同样可把临近 B 点的 63 m 等高线的通过点 b 确定出来，称为“定尾”；最后对 a、b 两点进行“中间等分”，即可确定出 66 m、65 m、64 m 等高线的通过点 c、d、e。

1.4 绘制地物

当图纸上展绘出多个地物点后，要及时将有关的点连接起来，绘出地物图形。绘制时要依据《地形图图式》。如居民点的绘制，这类地物都具有一定的几何形状，外轮廓一般都呈折线型，应根据测定点和地物特性勾绘出地物轮廓，并由图式样式进行填充或标注。绘制道路、水系、管线时，若图上宽度大于 0.4 mm，应绘制出轮廓形状；小于 0.4 mm 的，则应连接成线状图式，并适当测注高程。凡地物轮廓图上大于符号尺寸的均依比例尺表示，加绘符号；小于符号尺寸的用非比例符号表示，并测注高程。对于植被的测绘，如森林、果园、草地等，主要是测绘各种植被的边界，并在其范围内配置相应的符号；测绘耕地的轮廓时，还应区分出是旱田或水田等。

1.5 地形图的成图

在较大的测区测图，地形图是分幅测绘的。测完图后，还需要对图幅进行拼接与检查

等，方能获得符合要求的地形图，为园林规划设计、园林工程施工等服务。

1.5.1　聚酯薄膜测图的拼接

当采用聚酯薄膜测图时，利用薄膜的透明性，可将相邻图幅直接叠合起来进行拼接。首先让公共图廓线严格地重合，并使两图幅同值坐标线严密对齐，然后仔细观察拼接线上两边各地物轮廓线是否相接，地形的总貌和等高线的走向是否一致，等高线是否接合，各种符号、注记名称、高程注记是否一致等。若图边拼接误差不大于表 3-3 和表 3-4 规定值的 $2\sqrt{2}$ 倍时，可将接边误差平均配赋在相邻两幅图内，即两图幅各改正一半。改正直线地物时，应将相邻图幅中直线的转折点或直线两端的地物点以直线连接之；改正等高线位置时，应顾及连接后的平滑性和协调性，这样才能使地物轮廓线或等高线自然流畅地接合，且合乎实地形状。

表 3-3　地物点的点位中误差

测区类别	图上平面位置中误差/mm		备注
	主要地物	次要地物	
一般地区	±0.6	±0.8	①平面位置中误差指地物点相对于邻近解析图根点的点位中误差； ②隐蔽或施测困难的地区，可放宽 50%。
城镇居住区、工矿区	±0.4	±0.6	

表 3-4　等高线内插点的高程中误差

测区类别	等高线高程中误差	备注
平地	$1/3H_d$	①H_d 为等高距(单位：m)； ②隐蔽或施测困难的地区，可放宽 50%。
丘陵	$1/2H_d$	
山地	$2/3H_d$	
高山地	$1H_d$	

1.5.2　裱糊图纸的拼接

如图 3-7 所示，当测图用的是裱糊图纸时，则需用一条宽 4～5 cm，长度与图边相应的透明纸条，先蒙在西图幅的东拼接边上，用铅笔把坐标网线、地物、等高线描在透明纸上，然后把透明纸条按网格对准蒙在东图幅的西拼接边上，并将其等高线和地物也描绘上去，就可看出相应等高线和地物的偏差情况。接下来同聚酯薄膜测图拼接方法一样进行拼接，若接边误差不超限，在接图边上进行误差配赋，再依其改正原图。接图时，若接合误差超限时，则应分析原因并到超限处实地进行检查和重测。

为了保证相邻图幅的拼接，每一幅图的各边均应测出图廓线外 5 mm。线状地物若图幅外附近有转弯点(或交叉点)时，则应测至图外的转弯点(或交叉点)；图边上具有轮廓的地物，若范围不太大时，则应完整地测绘出其轮廓。

1.6　地形图的应用

1.6.1　求算点的高程

根据地形图上的等高线，可确定任一地面点的高程。如果地面点恰好位于某一等高线

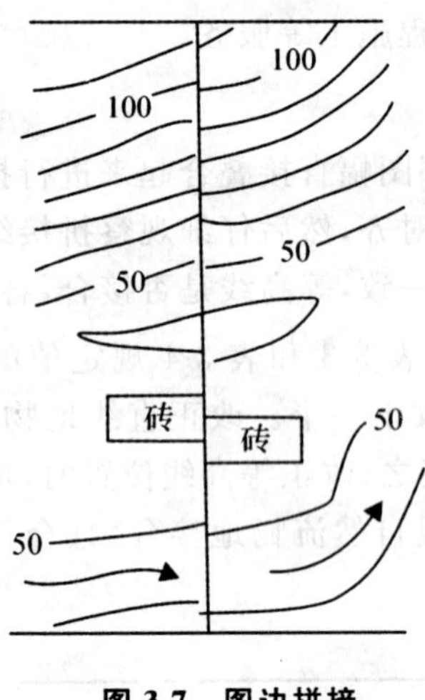

图 3-7　图边拼接

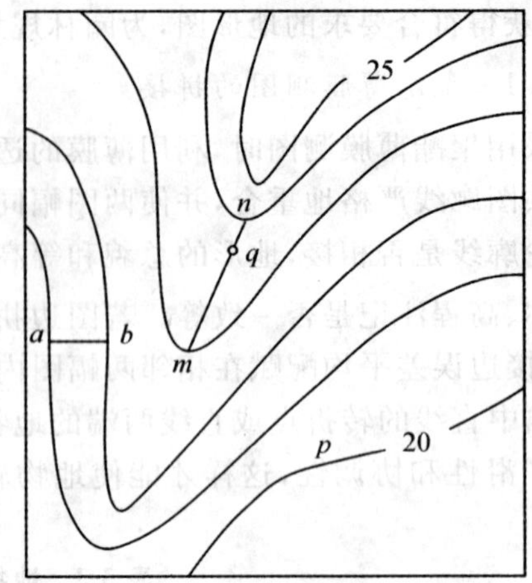

图 3-8　求图上一点的高程

上，则根据等高线的高程注记或基本等高距，便可直接确定该点高程。如图 3-8 所示，p 点的高程为 20 m。

在图 3-8 中，当确定位于相邻两等高线之间的地面点 q 的高程时，可以采用目估的方法确定。更精确的方法是，先过 q 点作一条直线，与相邻两等高线相交于 m、n 两点，再依高差和平距成比例的关系求解。若图 3-8 中的等高线基本等高距 h 为 1 m，线段 mn、mq 的长度分别为 20 mm 和 16 mm，则 q 点高程 H_q 为

$$H_q = H_m + \frac{mq}{mn} \times h = 23\ \mathrm{m} + \frac{16\ \mathrm{m}}{20\ \mathrm{m}} \times 1\ \mathrm{m} = 23.8\ \mathrm{m}$$

如果要确定图上任意两点间的高差，则可采用该方法确定出两点的高程后相减即得。

1.6.2　绘制指定方向的断面图

如图 3-9 所示，若沿地形图上 MN 方向绘制纵断面图，其操作步骤如下所述。

(1)连接 M、N 分别与等高线相交于 a、b、c、d、e、f、h、i、k 点，然后根据等高线上的高程注记，得到 M、N 两点以及各交点处的高程分别为 28.4 m、29 m、30 m、31 m、32 m、33 m、34 m、34 m、33 m、33 m、33 m。为了更好地反映地形的特征，纵断面所经过的山脊、山顶、山谷等地貌特征点也应标示在图上，如图 3-9 中的 g、j、l 点，并经过内插法计算，得到这些特征点的高程分别为 34.7 m、32.8 m、33.9 m。

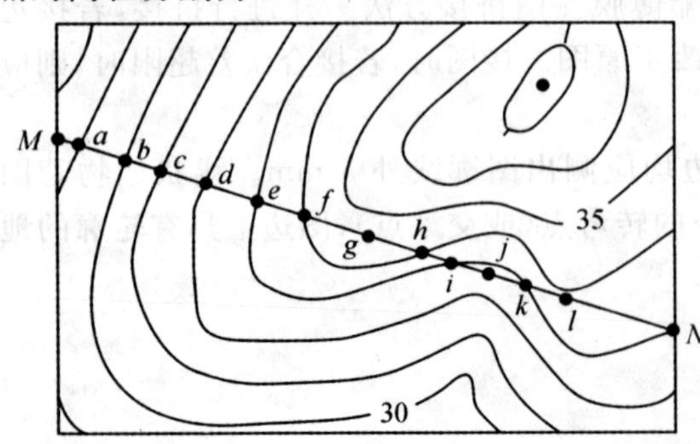

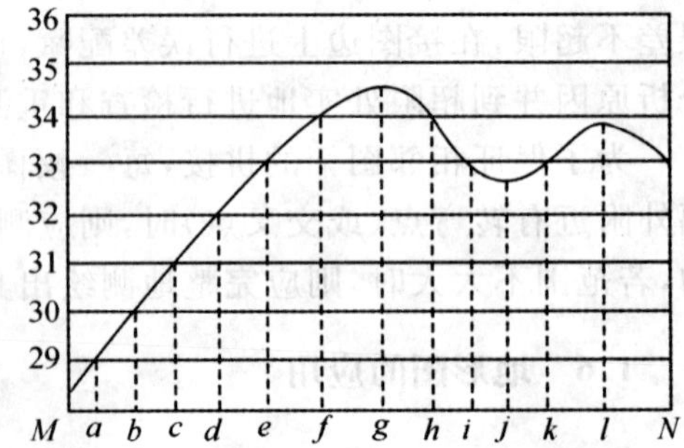

图 3-9　绘制地形断面图

(2)在绘图纸(或毫米方格纸)上绘出两条相互垂直的线段作为坐标轴,建立坐标系,其中横轴表示水平距离,纵轴表示高程,单位均为米。为突显线路 MN 方向的地形起伏程度,高程所用比例尺一般比水平距离所用比例尺大 10 倍或 20 倍。

(3)在地形图上,从 M 点开始,沿线路 MN 方向分别量取两相邻点间的水平距离,并按一定比例尺将 $M,a,b,\cdots,N$ 各点依次展绘在坐标横轴上,然后再根据 $M,a,b,\cdots,N$ 各点的高程,按给定的比例尺分别在平面直角坐标系中展点。

(4)将所展绘的相邻各坐标点用平滑的曲线连接起来,即得线路 MN 方向的纵断面图。

1.6.3　求算地面坡度

(1)计算法

如图 3-8 所示,欲求 a、b 两点之间的地面坡度,可先分别求出这两点的高程 H_a、H_b,计算出高差 $h_{ab}=H_b-H_a$,然后再求出 a、b 两点间的水平距离 D_{ab},按下式(3-2)即可计算地面坡度

$$i=\frac{h_{ab}}{D_{ab}}\times 100\%$$

或

$$a_{ab}=\arctan\frac{h_{ab}}{D_{ab}}\times 100\% \tag{3-2}$$

(2)坡度尺法

使用坡度尺,可在地形图上分别测定 2～6 条相邻等高线间任意方向的坡度。在图上量测时,先用两脚规量取相邻 2～6 条等高线上两点间的宽度,然后到坡度尺上比对,在相应垂线下面就可读出它的坡度值。此时要注意,量测几条等高线就要在坡度尺上相应比对几条。如图 3-10 所示,所量两条等高线处的地面坡度为 2°。当地面两点间穿过的等高线平距不等时,量测所得坡度则为地面两点间的平均坡度。

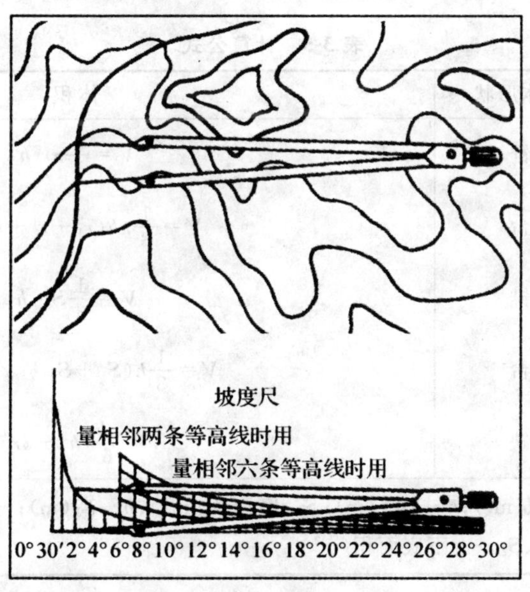

图 3-10　坡度尺法量测坡度

2. 园林工程土方量计算

园林工程土方量计算一般根据附有原地形等高线的设计地形图来进行。通过计算，有时反过来又可以修订设计图中的不足，使图纸更完善。土方量的计算在规划阶段无需过分精确，常采用估算，而在作施工图时，则土方工程量就需要较精确地计算。

2.1 常用土方计算方法

计算土方工程量的方法很多，常用的有以下 3 种：估算法、断面法、方格网法。

2.1.1 估算法

估算法也称体积法。图 3-11 中所示的山丘、池塘等其形状比较规则，可套用相应的几何公式来求体积，用相近的几何体体积公式来快速计算，表 3-5 中所列公式可供选用。此法简便，但精度较差，多用于估算。

图 3-11 套用近似的规则图形估算土方量

表 3-5 计算公式

序号	几何体形状	体积
1	圆锥	$V=\frac{1}{3}\pi r^2 h$
2	圆台	$V=\frac{1}{3}\pi h(r_1^2+r_2^1+r_1 r_2)$
3	棱锥	$V=\frac{1}{3}S\cdot h$
4	棱台	$V=\frac{1}{3}h(S_1+S_2+\sqrt{S_1 S_2})$
5	球缺	$V=\frac{\pi h}{6}(h^2+3r^2)$
式中	V—体积(m³)；r—半径(m)；S—底面积(m²)；h—高(m)；r_1、r_2—分别为上下底半径(m)；S_1、S_2—上下底面积(m²)	

2.1.2　断面法

断面法是以一组等距(或不等距)的相互平行的截面将拟计算的地块、地形单体(如山、溪涧、池、岛、堤、沟渠、路槽等)分截成“段”，分别计算这些“段”的体积。再将各段体积累加，以求得该计算对象的总土方量。

断面法根据其截取断面的方向不同可分为垂直断面法和水平断面法(或等高面法)两种。

2.1.3　方格网法

方格网法把平整场地的设计工作和土方量计算工作结合在一起进行，适于停车场、集散广场、体育场、露天演出场等的土方量的计算。如图 3-12 所示，其计算程序如下：

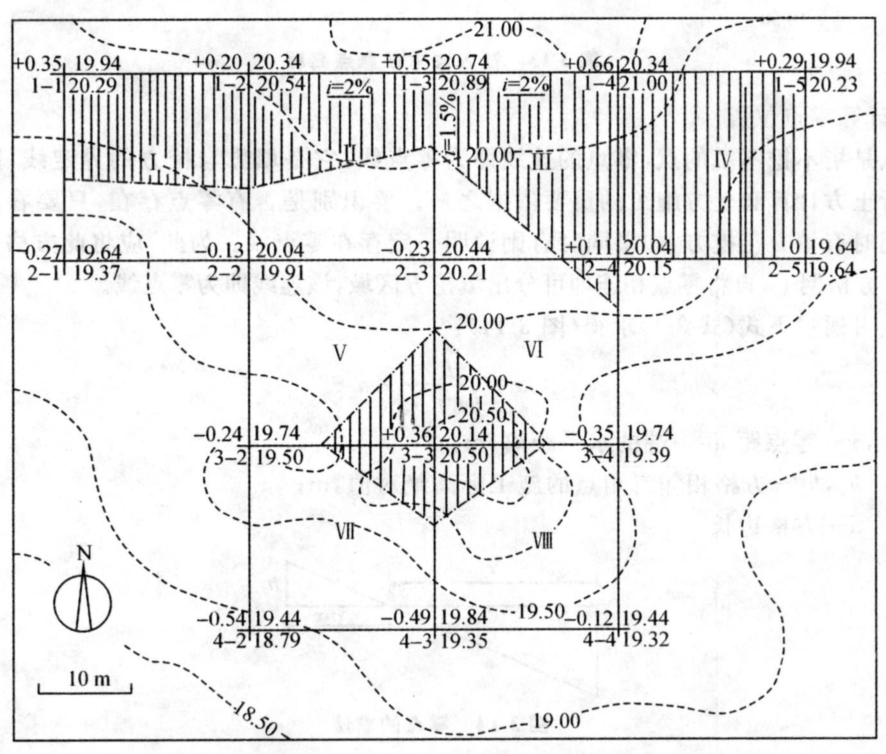

图 3-12　某公园广场挖填方区划图

(1)划分方格网

在附有等高线的地形图(图纸常用比例为 1∶500)上作方格网，方格各边最好与测量的纵、横坐标系统对应，并对方格及各角点进行编号。方格边长在园林工程中一般用 20 m×20 m 或 40 m×40 m。然后将各点设计标高和原地形标高分别标注于方格桩点的右上角和右下角，再将原地形标高与设计地面标高的差值(也即各角点的施工标高)填于方格点的左上角，挖方为“+”，填方为“－”。其中原地形标高用插入法求得。方法为：

设 H_x 为欲求角点的原地面高程(图 3-13)，过此点作相邻两等高线间最小距离 L。

$$H_x = H_a \pm \frac{x \cdot h}{L} \tag{3-3}$$

式中，H_a—低边等高线的高程；

x—角点至低边等高线的距离；

h—等高差。

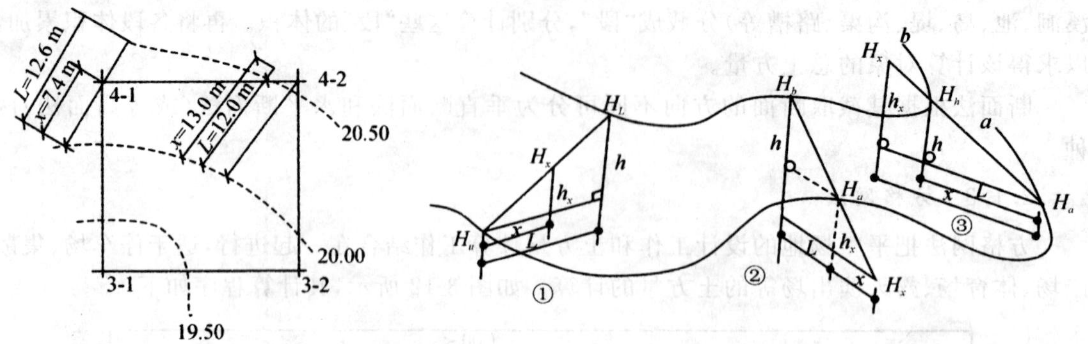

图 3-13　插入法求任意点高程

(2)计算零点位置

零点是指不挖不填的点，零点的连线即为零点线，它是填方与挖方的界定线，因而零点线是进行土方计算和土方施工的重要依据之一。要识别是否有零点存在，只要看一个方格内是否同时有填方与挖方，如果同时有则说明一定存在零点线。为此，应将此方格的零点求出并标于方格网上，再将零点相连即可分出填挖方区域，该连线即为零点线。

零点可通过下式(式 3-4)求得(图 3-14)：

$$x=\frac{h_1}{h_1+h_2}\times a \tag{3-4}$$

式中，x—零点距 h_1 一端的水平距离，m；

h_1，h_2—方格相邻二角点的施工标高绝对值，m；

a—方格边长。

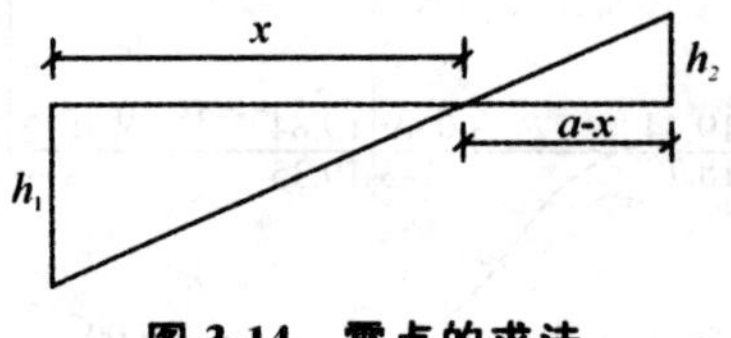

图 3-14　零点的求法

(3)计算土方工程量

根据各方格网底面积图形以及相应的体积计算公式(表 3-6)来逐一求出方格内的挖方量或填方量。

表 3-6　方格网计算土方量公式

序号	挖填情况	平面图式	立体图式	计算公式
1	零点线	$+h_1$ $+h_2$ b_1 O c_1 a O $-h_3$ b_2 $-h_4$ c_2		$b_1=a\cdot\frac{h_1}{h_1+h_3}$　$b_2=a\cdot\frac{h_3}{h_3+h_1}$ $c_1=a\cdot\frac{h_2}{h_2+h_4}$　$c_2=a\cdot\frac{h_4}{h_4+h_2}$

续表

序号	挖填情况	平面图式	立体图式	计算公式
2	四点全为填方（或挖方）时			$\pm V=\dfrac{a^2\times\sum h}{4}$
3	两点填方，两点挖方时			$\pm V=\dfrac{a(b+c)\times\sum h}{8}$
4	三点填方（或挖方），一点挖方（或填方）时			$\pm V=\dfrac{(b\times c)\times\sum h}{6}$ $\pm V=\dfrac{(2a^2-b\times c)\times\sum h}{10}$
5	相对两点为填方（或挖方）。其余两点为挖方（或填方）时			$\pm V=\dfrac{b\times c\times\sum h}{6}$ $\pm V=\dfrac{d\times e\times\sum h}{6}$ $\pm V=\dfrac{(2a^2-b\times c-d\times c)\times\sum h}{12}$

注：计算公式中的“+”表示挖方，“-”表示填方。

(4)计算土方总量

将填方区所有方格的土方量（或挖方区所有方格的土方量）累加汇总，即得到该场地填方和挖方的总土方量，最后填入汇总表。

(5)由土方计算所得之填、挖方量，均需乘以土的可松系数，才得到实际的填、挖方工程量。这是因为土经过挖掘，孔隙增大，体积增加，即使挖方用作回填土，夯实后仍不能回复到原来体积。此时其体积与原土体积之比称之为松土系数（表 3-7）。

表 3-7　土的松土系数表

土质类别	松土系数	
	K_1	K_2
沙土、亚沙土	1.08～1.17	1.01～1.03
种植土、淤泥、淤泥质土	1.20～1.30	1.03～1.04
亚黏土、潮湿黄土、砂石混碎石、亚砂石混碎石、素填土	1.14～1.28	1.02～1.05
老黏土、重亚黏土、砾石土、干黄土、黄土混碎石、亚黏土混碎石、压实素填土	1.24～1.30	1.04～1.07

续表

土质类别	松土系数	
	K_1	K_2
重黏、黏土混碎石、卵石土、密实黄土、砂岩	1.26～1.32	1.06～1.09
软泥岩	1.33～1.37	1.11～1.15
软质岩石、次硬质岩石(爆破法开挖之石方)	1.30～1.45	1.10～1.20
硬质岩石	1.45～1.50	1.20～1.30

注：K_1 为最初松土系数，计算挖方工程量及装运车辆数用；K_2 为最后松土系数，用于计算填方时需要的挖方工程量。

2.2 土方调配基本原理

挖填土方量计算后，在考虑了挖方时因土壤松散而引起填方中填土体积的增加，地下构筑物施工余土和各种填方工程的需土之后，整个工程的填方量和挖方量应当平衡。如果发现挖、填方数量相差较大时，则需研究余土或缺土的处理方法，甚至可能修改设计标高。若修改设计标高，则需重新计算土方工程量。

2.2.1 土方平衡与调配的原则

土方平衡基本要求就是要使设计的挖方工程量和填方工程量基本平衡。土方平衡的方法很简单，就是将已经求出的挖方总量和填方总量相互比较，若二者数值接近，则可认为达到了土方平衡的要求。若二者差距太大，则是土方不平衡，就应当调整设计地形，将地面再垫高些或再挖深些，一直达到土方平衡要求为止。

在进行土方平衡时，除了考虑地面施工的土方量以外，还要考虑各种园林设施，如园路、管线工程的土方开挖，各种地下构筑物、地下建筑物及有关设备的基础工程开挖的土方量等。由于在初步土方平衡时还不可能取得其他工程有关土方的较准确的资料，所以，其他工程的土方工程量可采取估算的方法取得。例如，园林建筑物的地下工程挖方量可用每平方米建筑占地面积估算；园路、场地的土方量可根据路堑、路堤、放坡等具体情况来估算等。在初步平衡土方时，管线工程的土方量可以暂时不考虑。

园林工程施工中全部土方量的平衡，可以采取列表的方式进行。表格的格式见表 3-8。

表 3-8 土方平衡表

序号	土方工程名称	单位	填方量	挖方量
1	挖湖、挖水池及沟渠	m^3		
2	堆土山	m^3		
3	建筑物、构筑物基础	m^3		
4	园路、园景广场	m^3		
5	…			
合计				
土壤松散系数增减量				
总计				

在土方调配工作中,应注意掌握以下几项原则:

第一,充分考虑填土的适用性,如种植区、道路广场区、建筑基础等。

第二,充分尊重设计,不可在园林施工场地基础内随意借土或弃土。

第三,分区调配应与全场调配相协调,避免只顾局部平衡,任意挖填。

第四,土方调配应与地下构筑物的施工相结合。

第五,选择合理的调配方向、运输路线、施工顺序,避免土方运输出现混乱现象,同时要求便于机具调配和机械化施工。

2.2.2 土方平衡与调配的步骤和方法

第一,划分土方调配区。在平面图上先划出挖、填方区的分界线,并在挖、填区分别划出若干个调配区,确定调配区的大小和位置。在划分调配区时应注意以下几点:一是调配区应考虑填方区拟建设施的种类和位置,以及开工顺序和分期施工顺序;二是调配区的大小应满足土方施工主导机械(如铲运机、挖土机等)技术要求(如行驶操作尺寸等),调配区的面积最好与施工段的大小相适应,调配区的范围要与土方工程量计算用的方格网协调,通常可由若干个方格组成一个调配区;三是当土方运距较大或场地范围内土方调配不能达到平衡时,可根据附近地区地形情况,考虑就近借土或弃土,此时一个借土区或弃土区都可作为一个独立的调配区。

第二,计算各调配区的土方量并标于图上。

第三,计算各挖方调配区和各填方调配区之间的平均运距,亦即各挖方调配区重心至填方调配区重心之间的距离。一般当填、挖方调配区之间的距离较远或运土工具沿工地道路或规定线路运土时,其运距按实际计算。

第四,确定土方最优调配方案。

第五,绘出土方调配图。根据上述计算结果,标出调配方向、土方量及运距。

3. 园林工程场地平整土方测量与计算

在园林工程建设过程中,常常需要对一些园林场地进行平整。场地平整是将原来高低起伏不平的地形,按照设计要求改造为平坦或具有一定坡度的地面,以用于广场、停车场、运动场、苗圃地、草坪用地、建筑用地等。

3.1 平整成水平地面

3.1.1 布设方格网

方格网法适用于平整地貌起伏不大或地貌变化比较有规律的场地,其首要工作是在待平整的园林场地上布设方格网,方格的边长取决于地形的复杂程度和土方量要求估算的精度,地面起伏程度越大,布设的方格越小。为了便于计算,方格的边长一般取 10 m、20 m 或 50 m。

如图 3-15 所示,测设方格网时,通常先在待平整园林场地的边缘选择一点 A,安置经纬仪于 A 点,并沿地块边缘方向确定一条基线 Ax;然后从 A 点开始,按基线方向进行钢尺量距,且在地面每隔一定距离(如 20 m)钉立一个木桩,依次编号为 B、C、D、E。将经纬仪照准部向右水平转动 90°得视线 Ay,并沿该视线方向每隔一定距离(如 20 m)钉一木桩,依次编号为 A_1、A_2。同法,将经纬仪分别安置于 B,C,D,E 点,并均以 Ax 为基线,在其垂直方向上每隔 20 m 钉立木桩，得 B_1，B_2，B_3，…，E_1，E_2，E_3 各点，这样便组成了方格网。

在布设的方格网中，四周只有一个方格的方格点称为角点，如图 3-15 中的 A、E、E_3、B_3、A_2 点；四周有两个方格的方格点称为边点，如图 3-15 中的 B、C、D、E_1、E_2、D_3、C_3、A_1 点；四周有三个方格的方格点称为拐点，如图 3-15 中的 B_2 点；四周有四个方格的方格点称为中点，如图 3-15 中的 D_1、D_2、C_1、C_2、B_1 点。

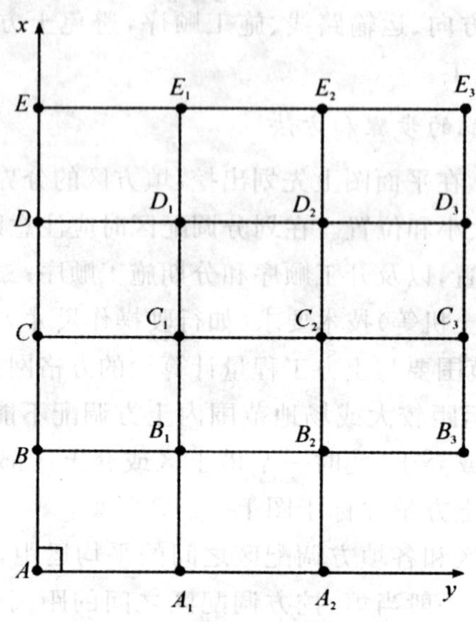

图 3-15 布设场地平整方格网

3.1.2 测量各方格网点的高程

如图 3-16 所示，在待平整场地中的 O 点安置水准仪，后视已知水准点 BM_1，前视转点 TP_1（为防止施工时受到破坏，转点应选在需平整园林场地之外），利用水准测量观测两者之间的高差，计算出 TP_1 点的高程；然后将各方格网点作为“间视点”，分别读取其点位上的水准尺读数（读数至厘米即可），并按视线高程法计算出各方格网点的地面高程。

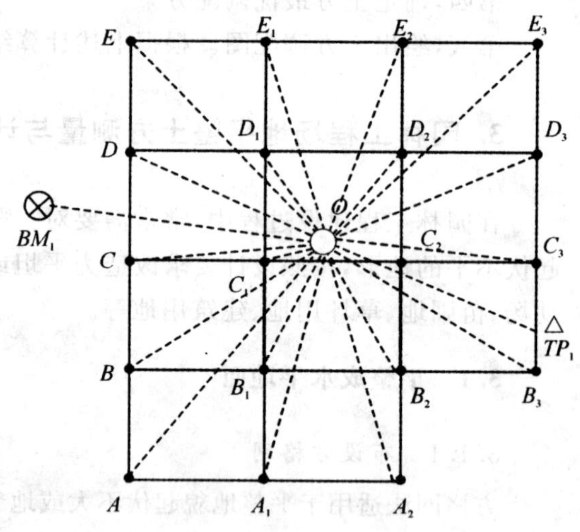

图 3-16 测量各方格网点的高程

3.1.3 计算设计高程

在园林场地平整中，设计高程虽然可以人为规定，但考虑到整个工程填、挖土方量的平衡，通常用地面平均高程代之，即每一方格的平均高程等于该方格四个方格点的高程相加再除以 4，设计高程等于各方格平均高程的算术平均值。

如图 3-17 所示，方格网上所标注的数据为测量后各方格点的地面高程（为举例计算方便，所标高程数值较小，单位为米），那么，在图 3-16 中，方格 EE_1D_1D 的平均高程为

$$\overline{H_1}=\frac{E+E_1+D_1+D}{4}=\frac{2.40\ \text{m}+2.48\ \text{m}+2.50\ \text{m}+2.40\ \text{m}}{4}=2.45\ \text{m}$$

经分析可知，在设计高程的计算中，角点的高程数据只被采用一次，边点的高程数据被采用两次，拐点的高程数据被采用三次，而中点的高程数据则被采用四次，因此，设计高程计算公式为

$$\overline{H_0}=\frac{\sum H_{角}+2\sum H_{边}+3\sum H_{拐}+4\sum H_{中}}{4n} \tag{3-5}$$

式中，$\overline{H_0}$为设计高程；$\sum H_{角}$、$\sum H_{边}$、$\sum H_{拐}$、$\sum H_{中}$ 分别为各角点、边点、拐点、中点的高程累计之和；n 为方格总数。

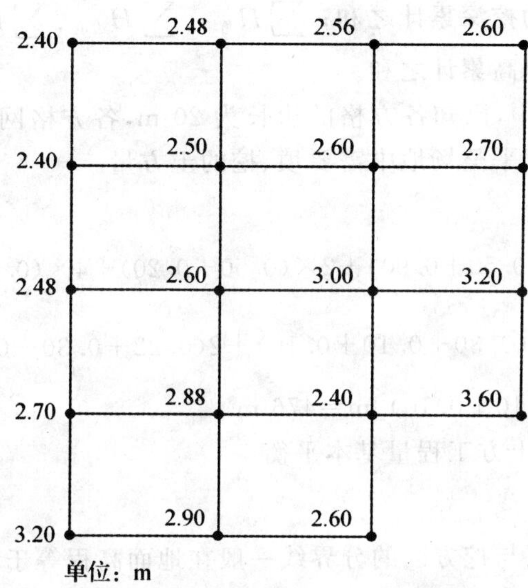

图 3-17　各方格网点的高程值

[例 3-2]　根据图 3-17 中所标注的高程数据，求算平整场地的设计高程。

解：由式(3-5)可得

$$H_{设}=\frac{\sum H_{角}+2\sum H_{边}+3\sum H_{拐}+4\sum H_{中}}{4n}$$

$$=\frac{1}{4\times 11}\times[(3.20+2.40+2.60+3.60+2.60)+2\times(2.70+2.48+2.40+2.48+2.56+2.70+3.20+2.90)+3\times 2.40+4\times(2.50+2.60+2.60+3.00+2.88)]$$

$$=2.70(\mathrm{m})$$

3.1.4　计算填高或挖深

各方格网点的填高或挖深数量等于设计高程减去该方格点的地面高程

$$h=H_{设}-H_{地} \tag{3-6}$$

式(3-6)中，h 为填高或挖深数量，当 $h>0$ 时表示填高，当 $h<0$ 表示挖深；$H_{设}$ 为平整场地的设计高程；$H_{地}$ 为各方格网点的地面高程。

将平整场地的设计高程、各方格网点的地面高程以及填高或挖深数量标注在一起，可得到图 3-18。

3.1.5 计算土方量

在园林场地平整中，填、挖土方工程量可按下式(3-7)计算

$$V_{挖}=\frac{S}{4}\times\left(\sum H_{角挖}+2\sum H_{边挖}+3\sum H_{拐挖}+4\sum H_{中挖}\right)$$

$$V_{填}=\frac{S}{4}\times\left(\sum H_{角填}+2\sum H_{边填}+3\sum H_{拐填}+4\sum H_{中填}\right) \tag{3-7}$$

式中，S 为在方格网中一个方格的面积；$\sum H_{角挖}$、$\sum H_{边挖}$、$\sum H_{拐挖}$、$\sum H_{中挖}$ 分别为各角点、边点、拐点、中点的挖深累计之和；$\sum H_{角填}$、$\sum H_{边填}$、$\sum H_{拐填}$、$\sum H_{中填}$ 分别为各角点、边点、拐点、中点的填高累计之和。

[例 3-3] 在图 3-18 中，已知各方格的边长为 20 m，各方格网点的填高或挖深数据已标注于图中括号内，试求算平整场地中需要填、挖的土方量。

解：由公式(3-7)可得

$$V_{挖}=\frac{20\ \text{m}\times 20\ \text{m}}{4}\times[(0.50+0.90)+2\times(0.50+0.20)+4\times(0.30+0.18)]\text{m}=472\ \text{m}^3$$

$$V_{填}=\frac{20\ \text{m}\times 20\ \text{m}}{4}\times[(0.30+0.10+0.10)+2(0.22+0.30+0.22+0.14)+3\times 0.30+4\times(0.20+0.10+0.10)]\text{m}=476\ \text{m}^3$$

计算结果表明，填、挖土方工程量基本平衡。

3.1.6 决定开挖边界线

在园林场地中，填方区与挖方区的分界线一般在地面高程等于设计高程之处，即填高或挖深为零的位置(零点)，将这些填、挖为零的各点连接起来便是开挖边界线，如图 3-19 中的虚线。为便于开挖施工，还应在开挖边界线上撒白石灰进行标记。

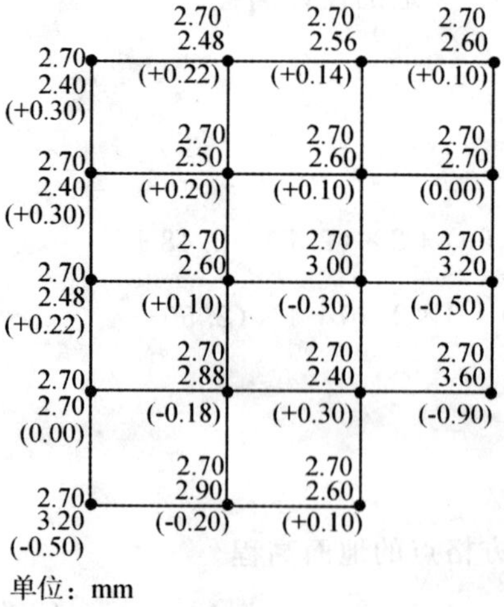

单位：mm

图 3-18 填高或挖深结果

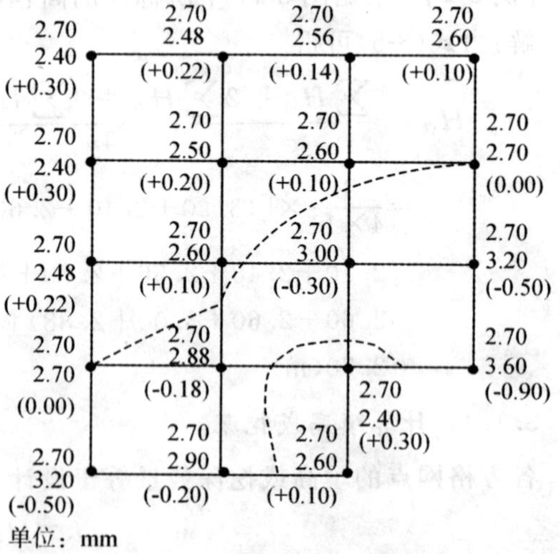

单位：mm

图 3-19 决定开挖线的位置

填高或挖深为零的位置常采用图解法、目估法确定，也可按比例计算求出，其公式为

$$x=\frac{|h_{挖}|}{|h_{挖}|+|h_{填}|}\times a \tag{3-8}$$

式(3-8)中，x 为某一方格边的零点离挖方点的距离；$|h_{填}|$、$|h_{挖}|$ 为某一方格中，相邻两方格点填高、挖深的绝对值；a 为在方格网中，一个方格的边长。

3.2 平整成具有坡度的地面

为了节省土方工程和满足场地排水等需要，在填、挖土方平衡的原则下，往往要将图 3-17 所示园林场地平整成具有坡度的地面。在平整工作中，坡度大小应视灌溉方式和土质情况而定，横向坡度一般为零，如有坡度，以不超过纵坡（水流方向）的一半为宜；另外，为防止水土流失，无论纵坡还是横坡，都不宜超过 0.5%。

3.2.1 计算各方格点的设计高程

若将场地平整成具有坡度的地面，首先应选择"零点"，其位置一般选在场地中央的桩点上（如图 3-20 中的 C_1 点）；然后以地面的平均高程作为"零点"的设计高程，并以该点为中心，沿纵、横方向并按照坡降值，逐一计算出各方格点的设计高程。

［**例 3-4**］ 如图 3-20 所示，纵向坡降为 0.2%，横向坡降为 0.1%，每个方格的边长均为 20 m；且经计算可知，"零点"C_1 的设计高程为 2.70 m，试根据图中所标注的地面高程等数据，求算 B_1、D_1、C、C_2 点以及其他各方格点的设计高程。

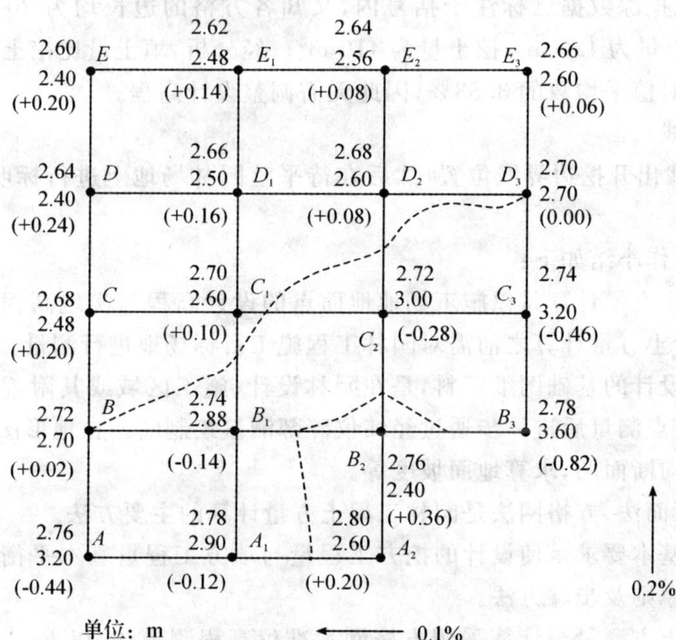

图 3-20 平整成具有坡度的地面

解：由题意，并根据图 3-20 中所标注的有关数据可得

纵向每 20 m 长的坡降值为

$$20\ \text{m}\times0.2\%=0.04\ \text{m}$$

横向每 20 m 长的坡降值为

$$20\ \text{m}\times0.1\%=0.02\ \text{m}$$

因此，B_1 点的设计高程为

$$2.70\ \text{m}+0.04\ \text{m}=2.74\ \text{m}$$

D_1 点的设计高程为

$$2.70\ \text{m}-0.04\ \text{m}=2.66\ \text{m}$$

C 点的设计高程为

$$2.70\ \text{m}-0.02\ \text{m}=2.68\ \text{m}$$

C_2 点的设计高程为

$$2.70\ \text{m}+0.02\ \text{m}=2.72\ \text{m}$$

同理,可计算出其他各个方格点的设计高程,一并标注于图 3-20 中。

3.2.2 计算各方格点的填高或挖深

在图 3-20 中,根据公式(3-6),"零点"C_1 的填高为 0.10 m(即 2.70 m－2.60 m＝＋0.10 m);同理,可计算出其他各个方格点的填高或挖深数据。

3.2.3 计算土方量,标明开挖线

(1)计算填、挖土方量

在平整园林场地中,当总填方量与总挖方量相差较多,并超过填、挖方量绝对值平均数的 10%时,需要对设计高程进行修正,直至填、挖土方量基本平衡为止。如图 3-20 所示,各方格网点的填高或挖深数据已标注于括号内,又知各方格的边长均为 20 m,此时,根据式(3-7)可计算出填土量为 426 m^3,挖土量为 410 m^3。经分析,填土量比挖土量多 16 m^3,该数值为填、挖方量绝对值平均数的 3.83%,因此无需调整设计高程。

(2)标明开挖线

在图 3-20 上找出开挖边界线位置,然后在待平整园林场地上进行标明,作为施工时的填、挖边界。

以上知识点可作小结如下:

(1)园林工程土方量计算是以施工场地地面点的设计高程与实地高程的高差为依据进行计算的。在进行土方量计算之前需对园林工程施工目标场地进行测量。地形图是园林工程规划方案、工程设计的基础图纸资料,是在园林设计、施工区域或其附近的控制点为基准点基础上进行图根点测量后进一步通过经纬仪碎部测量绘制的。在地形图上可求算任意点高程,绘制指定方向断面图,求算地面坡度等。

(2)估算法、断面法、方格网法是园林工程土方量计算的主要方法。

(3)土方平衡基本要求是使设计的挖方工程量与填方工程量基本平衡。在土方调配工作中,应掌握相应原则及步骤方法。

(4)场地平整土方测量与计算采用方格网水准仪高程测量法,以 $h=h_{设}-h_{地}$ 计算各网点的填或挖高程计算土方量。

4. 园林树木种植工程施工前的准备工作

园林树木种植工程即植树工程,包括种植乔木、灌木、藤木。植树工程是城市绿化工程的重要组成部分。包括施工前的准备、种植两部分工作内容。

植树工程施工前必须做好各项施工的准备工作,以确保工程顺利进行。准备工作内容包括:掌握资料,熟悉设计,勘查现场,制定方案,编制预算,材料供应及现场准备。

4.1 掌握资料

开工前应了解掌握工程的有关资料，如用地手续、上级批示、工程投资来源、工程要求等。

4.2 熟悉设计

施工前必须熟悉设计的指导思想、设计意图、图纸、质量、艺术水平的要求，并由设计人员向施工单位进行设计交底。

4.3 现场勘查

施工人员了解设计意图，组织有关人员到现场勘查，一般包括现场周围环境、施工条件、电源、水源、土源、交通道路、堆料场地、生活暂设的位置，以及市政、电信应配合的部门和定点放线的依据。

4.4 制定施工方案

工程开工前应制定施工方案（施工组织设计或组织施工计划），包括以下内容：

(1)工程概况：工程项目、工程量、工程特点、工程的有利和不利条件。

(2)确定施工方法：采用人工还是机械施工，劳动力的来源，是否有社会义务劳动参加。

(3)编制施工程序和进度计划。

(4)施工组织的建立，指挥系统、部门分工、职责范围、施工队伍的建立和任务的分工等。

(5)制定安全、技术、质量、成活率指标和技术措施。

(6)现场平面布置图：包括水、电源、交通道路、料场、库房、生活设施等具体位置图。

(7)施工方案应附有计划表格，包括：劳动力计划、作业计划、苗木、材料机械运输等。

4.5 编制施工预算

应根据设计概算、工程定额、现场施工条件及采取的施工方法等编制施工预算。

4.6 材料供应

主要是重点材料的准备。如特殊需要的苗木、材料应事先了解来源、材料质量、价格、可供应情况等。

4.7 现场准备

施工前，应做好现场准备工作，主要包括：三通一平，搭建暂设房屋，准备生活设施、库房。事先与市政、电信、公用、交通等有关单位配合好，并办理有关手续。

4.8 其他

关于劳动力、机械、运输力应事先由专人负责联系安排好。

5. 园林树木种植工程的种植工作

种植工作主要工序有定点放线、地形整理、挖种植穴（槽）、土壤处理、苗木准备、修剪、定植、竣工验收等。

5.1 定点放线

定点放线要以设计提供的标准点或固定建筑物、构筑物等为依据，应符合设计图纸要求，位置要准确，标记要明显。骨架大规格乔灌木可用插杆法标志点，群植小灌木及地被可用白灰画线标志确定种植面及林缘线。种植穴定点时应标明中心点位置。种植槽应标明边线，标线要直。定点标志应标明树种名称(或代号)、规格。定点遇有障碍物影响株距时，应与设计单位取得联系，进行适当调整。定点放线后应由设计或有关人员验点，合格后方可施工。

5.2 地形整理

种植前应按设计要求构筑地形。平整度和坡度应符合设计要求。

5.3 挖种植穴(槽)

种植穴、槽挖掘前，应向有关单位了解地下管线和隐蔽物埋设情况。

挖种植穴、槽的位置应准确，严格以定点放线的标记为依据。应按设计要求的穴、槽的规格，做好穴(槽)的挖掘工作。

种植穴、槽应垂直下挖，穴槽壁要平滑，上下口径大小要一致，挖出的表土和底土、好土、坏土分别置放。底部应留一土堆或一层活土。在新垫土方地区应将穴、槽底部踏实。遇障碍物，如市政设施、电信、电缆等应先停止操作，请示有关部门解决。

5.4 土壤处理

对不宜树木生长的建筑弃土，或含有害成分的土壤，以及强酸性土、强碱土、盐土、盐碱土、重黏土、沙土等，均应根据设计规定，采用客土或采取改良土壤的技术措施，并按设计要求采取施肥措施。

5.5 苗木准备

苗木质量的好坏是直接影响成活的重要因素之一。在选苗时，除根据设计要求的树木种类(品种)、规格、树形外，还要选择根系发达、生长健壮、无病虫害、无机械损伤和树形端正的苗木，并尽量在附近的专业苗木基地采购苗木，做到“随掘、随运、随栽”。

起掘后应根据树木大小、种类、土壤坚松、运距远近确定包扎的形式。包扎要求结实，草绳紧实，确保泥团不松碎。

装车前应检查树种、规格、质量，凡不符合要求的，应及时更换。装运时，乔木和灌木宜搭配上车，根部朝行进方向倾斜放置，必要时盖以防水物。

树木运到现场指定的地点后，需随手将根部用稻草等物盖好，以防失水。

5.6 修剪

为平衡树势，提高植树成活率，应进行适度的修剪。修剪时应在保证树木成活的前提下，尽量照顾不同品种树木自然生长规律和树形。修剪的剪口必须平滑，不得劈裂并注意留芽的方位。超过 2 cm 以上的剪口，应用刀削平，涂抹防腐剂。修剪的方法一般采取疏枝和短截。

树木的根部和高大落叶乔木树冠的修剪均应在散苗后种植前进行，一般剪去劈、裂、断根、断枝、过长根、徒长枝和病虫根、枝。

灌木、绿篱、花篱或需造型修剪的树木，除根部修剪在种植前进行外，树冠部分应在种植二遍水扶直后进行。

常绿乔木一般可不修剪，仅剪去病虫、枯死、劈、裂、断枝条和疏剪过密、重叠、轮生枝。

5.7　定植

5.7.1　种植的注意事项

种植的苗木品种、规格、位置、树种搭配应严格按设计施工。

种植苗木的本身应保持与地面垂直，不得倾斜。

种植时注意苗木的丰满一面或主要观赏面应朝主要视线方面。

种植要横平竖直，树木应在一条直线上，不得相差半树干，遇有树弯时方向应一致，行道树一般顺路与路平行。树木高矮，相邻两株不得相差超过 30 cm。

种植苗木深浅应适合。一般乔灌木应与原土痕持平。个别快长、易成活的树种可较原土痕栽深 5～10 cm，常绿树栽时土球应与地面平或略高于地面 5 cm。

种植带包装的土球树木时，必须保持土球完好，包装物应取出。

5.7.2　种植的程序和方法

5.7.2.1　散苗

将苗木按定点的标记放至穴内或穴边，路树应与道路平行散放。散苗后再与设计图核对，无误后方可进行下道工序。

5.7.2.2　还土

核对根系、土球与种植穴的规格是否符合规范的标准。合格后向种植穴内还土至合适的高度并踏实。

5.7.2.3　种植

(1)裸根树木种植时，应将根部舒展、铺平，不得窝根，随后填土至 1/2 时，将树干向上提动，但不得错位，使根与土壤密接，沿穴壁踏实，再将土填至地平。

(2)种植带土球苗木、树木入穴后，土球放稳，树干直立，随后拆除并取出包装物，如取出包装物确有困难时，应将包装物尽量压至穴的底部，随填土随踏实。种植绿篱时，土球完好的应在入槽前拆除包装物，再置于槽内。

(3)开堰：种植后应在树木四周筑成高 15～20 cm 的灌水土堰，土堰内边应略大于树穴、槽 10 cm 左右。筑堰应用细土筑实，不得漏水。

(4)立支柱：种植后需要支撑的树木，可采取单支柱法、双支柱法、三支柱法，支撑应牢固，一般支柱立于土堰以外，深埋 30 cm 以上，将土夯实，支柱的方向一般均迎风。树木绑扎处应垫软物，严禁支柱与树干直接接触，以免磨坏树皮。支柱立好后树木必须保持直立。

(5)浇水：新植树木栽后 24 小时内浇第一遍水，此次水量不宜过大、过急，三日内浇第二遍水，十日内浇第三遍水，此两次水量要大，应浇透，以后转入后期养护。每次浇水后均应整堰、堵漏、培土、扶直树干，第三遍水后可封堰。

(6)非种植季节种植，应采取以下措施：

①苗木应提前采取修枝、断根或用容器假植处理。

②对移植的落叶树必须采取强修剪和摘叶措施。

③选择当日气温较低时或小阴雨天进行移植，一般可在下午五点以后移植。

④应采取带土球移植。

⑤各工序必须紧凑，尽量缩短暴露时间，随掘、随运、随栽、随浇水。

⑥夏季移植后可采取搭荫棚、喷雾、降温等措施。

5.7.2.4　后期养护

一般时间为一年，即新植的浇灌三遍水后转入后期养护，应指定专人负责。主要项目包括浇水、中耕、修剪、去蘖、防治病虫、施肥、防寒和看管维护。

5.8　工程验收

植树工程验收包括施工中间环节的验收和竣工验收，应遵照相关技术规范的各项规定和设计的要求进行。工程中间验收按工程顺序进行，验收后要分别写出验收记录。竣工验收一般分两次进行，即植树、竣工后和后期养护结束时。验收合格后由验收单位出具验收合格证，双方签字盖章并办理移交手续。

验收前施工单位应准备以下资料：

(1)填写申请验收报告。

(2)工程中间验收记录。

(3)设计图纸及变更、洽商资料。

(4)竣工图纸。

(5)施工过程有关大事记和需说明的情况。

(6)外地来苗检验报告以及其他化验资料。

(7)工程决算。

(8)施工总结报告。

6. 水景工程材料

6.1　驳岸、护坡工程材料

6.1.1　驳岸

驳岸的类型主要有浆砌块石驳岸、桩基驳岸和混合驳岸等。

园林中常见的驳岸材料有花岗石、虎皮石、青石、浆砌块石、毛竹、混凝土、木材、碎石、钢筋、碎砖、碎混凝土块、大城砖等。

桩基材料有木桩、石桩、灰土桩和混凝土桩、竹桩、板桩等。

(1)木桩：要求耐腐、耐湿，坚固，无虫蛀，如柏木、松木、橡树、榆树、杉木等。桩木的规格取决于驳岸的要求和地基的土质情况，一般直径 10～15 cm，长 1～2 m，弯曲度小于 1%。

(2)灰土桩：适用于驳岸水淹频繁而木桩又容易腐蚀的地方。混凝土桩坚固耐久，但投资成本比木桩大。

(3)竹桩、板桩：竹篱驳岸造价低廉，取材容易，如有毛竹、大头竹的地方均可采用。

6.1.2　护坡

在园林中常用的护坡材料有柳条、块石、草皮等。

6.1.2.1　编柳抛石护坡

采用新截取的柳条成十字交叉编织。编柳空格内抛填厚 0.2～0.4 m 的块石,块石下设厚 10～20 cm 的砾石层以利于排水和减少土壤流失。柳格平面尺寸为 1 m×1 m 或 0.3 m×0.3 m。

6.1.2.2　块石护坡

护坡石料要求密度大、吸水率小及较强的抗冻性,如花岗石、砂岩、砾岩、板岩等石料。其中以块径 18～25 cm,边长为 1∶2 的长方形石料最好。

6.1.2.3　草皮护坡

护坡用的草种要求耐水湿,根系发达,生长快,生存能力强,如假俭草、狗牙根等。

6.2　喷泉工程材料

喷泉也称喷水,是将压力水喷出后所形成的各种喷水姿态用于观赏的动态水景,起装饰点缀园景的作用。近年来随着电子工业的发展,新技术、新材料的广泛应用,喷泉设计更是丰富多彩,新型喷泉层出不穷,成为城市主要景观之一。

6.2.1　喷头的类型

常见喷头类型:目前国内经常使用的喷头式样很多,可以归纳为以下几种类型。

6.2.1.1　单射流喷头

它是喷泉造景中应用最广的一种喷头。一般垂直射程在 15 m 以下,喷水线条清晰,可单独使用,也可组合造型。当承托底部装有球形接头时,可作一定角度方向的调整。国内的产品一般有可调直流喷头、多分支直流喷头、可调式中心喷头等。

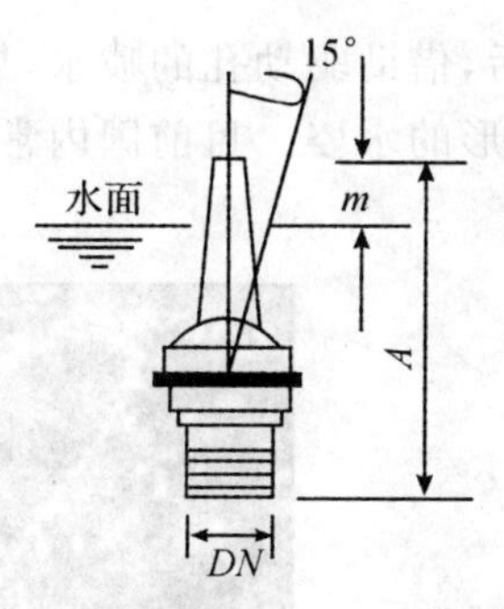

图 3-21　单射流喷头

6.2.1.2　喷雾喷头

这种喷头的内部装有一个螺旋状导流板,使水具有圆周运动,水喷出后,形成细细的水流弥漫的雾状水滴。

图 3-22　喷雾喷头

6.2.1.3　环形喷头

又称环隙喷头。这种喷头的出水口为环状断面，即外实中空，使水形成集中而不分散的环形水柱，以雄伟、粗犷的气势跃出水面，给人一种向上激进的感觉。

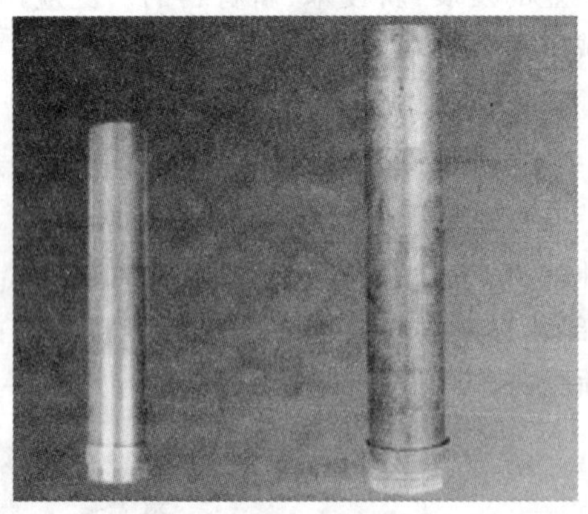
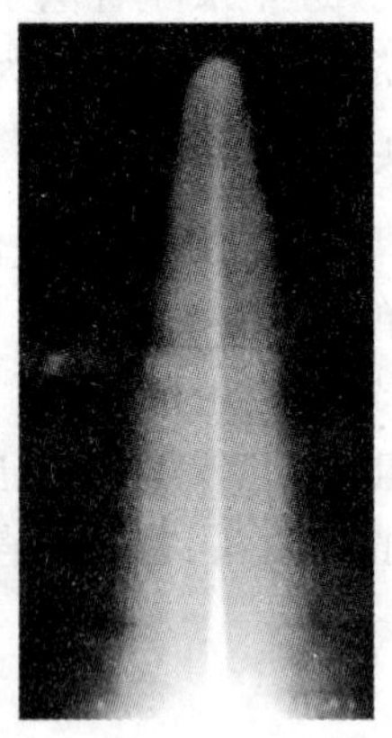

图 3-23　环形喷头

6.2.1.4　旋转喷头

此种喷头是利用压力将水送至喷头后，借助驱动孔的喷水，靠水的反推力带动回转器转动，使喷头不断地转动而形成各种扭曲线形的水姿。目前国内常用的有蟹爪喷头、旋转式礼花喷头、旋转舞蹈喷头及旋转凤凰喷头。

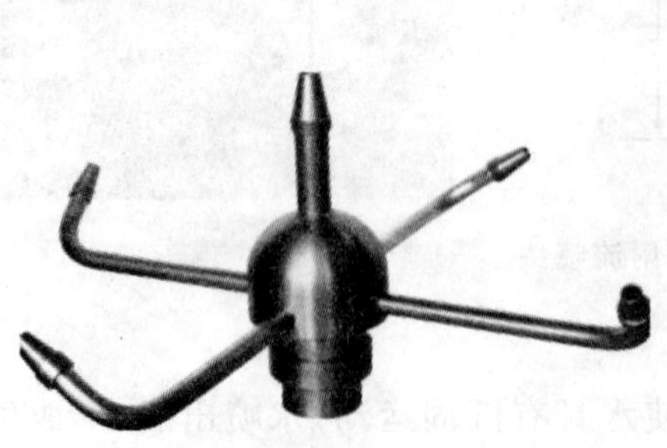
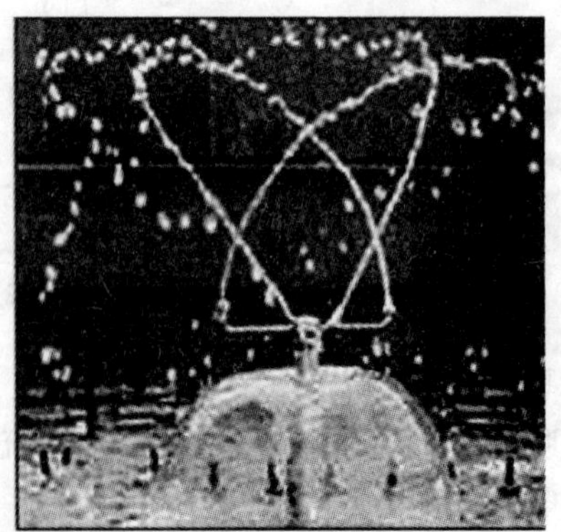

图 3-24　旋转喷头

6.2.1.5 扇形喷头

这种喷头的外形很像扁扁的鸭嘴。它能喷出扇形的水膜或像孔雀开屏一样美丽的水花。

图 3-25 扇形喷头

6.2.1.6 多孔喷头

这种喷头可以由多个单射流喷嘴组成一个大喷头，也可以由平面、曲面或半球形的带有很多细小孔眼的壳体构成喷头。它能呈现出造型各异的盛开的水花。

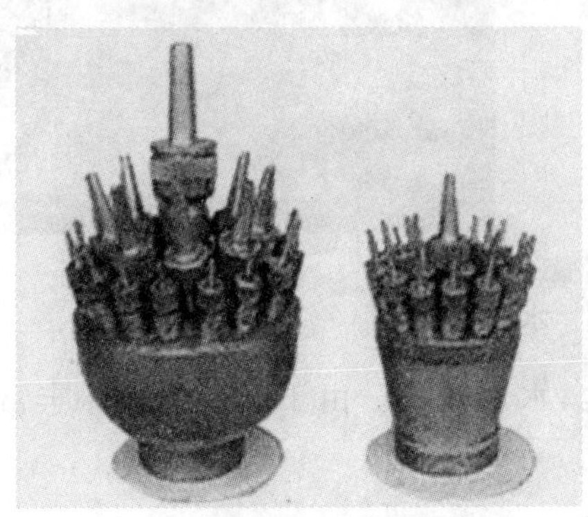

图 3-26 多孔喷头

6.2.1.7 变形喷头

这种喷头的种类很多，它们的共同特点是在出水口的前面，有一个可以调节的形状各异的反射器，使射流通过反射器，起到使水花造型的作用，从而形成各式各样、均匀的水膜，如牵牛花形、半球形、扶桑花形等。

图 3-27 变形喷头

6.2.1.8　吸力喷头

此种喷头是利用压力水喷出时，在喷嘴的喷口处附近形成负压区，由于压差的作用，能把空气和水吸入喷嘴外的套筒内，与喷嘴内喷出的水混合后一并喷出。这时水柱的体积膨胀，同时因为混入大量细小的空气泡，形成白色不透明度水柱。夜晚如有彩色灯光照明则更为光彩夺目。吸力喷头又可分为吸水喷头、加气喷头和吸水加气喷头。

目前国内吸水喷头主要有以下几种类型。

(1)水松柏喷头。能喷出雄伟挺拔、气势壮观的巨大水柱。因喷头底部有可调机关，适用于不同角度喷射的需要。

图 3-28　水松柏喷头

(2)涌泉喷头。可应用于室内外喷水池，水声较大。由于乳白色泡沫丰富，在阳光下反射强烈，抗风力强，但对水位有一定的要求。

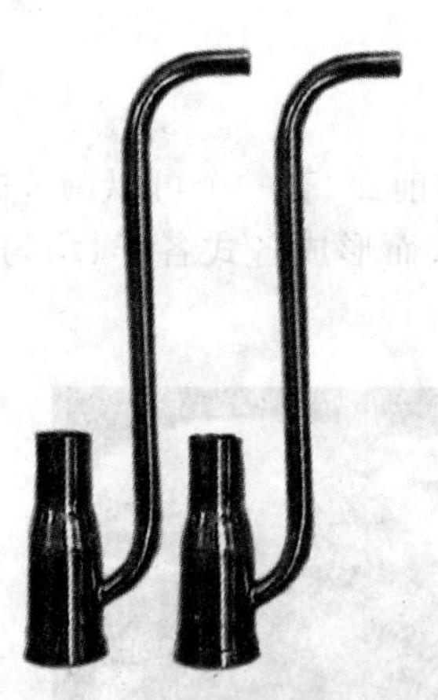

图 3-29　涌泉喷头

(3)加气水柱喷头。通过喷嘴口外高速水流形成的负压，吸入空气而产生白玉色的水柱。抗风力强，造型壮观，灯光配合效果更好，可广泛用于各种室外喷泉中。

图 3-30　加气水柱喷头

(4)造浪喷头。这类喷头能产生一定形状的浪花,扁平流畅,由于在喷水池中安装一排此喷头,即能产生一大片浪花,从池中涌出,产生浩大声势。如经过组合,可形成各种造型,配合灯光效果更佳。另外在水浪中加气,泡沫丰富,在阳光下反光强烈,也可形成海浪一样的效果,适用于广场公园及公共场所的各种喷水池中。

图 3-31　造浪喷头

6.2.1.9　蒲公英喷头

这种喷头通过一个圆球形外壳安装多个同心放射状短喷管,并在每个管端安置半球形喷头,喷水时,能形成球状水花。此种喷头可单独、对称或高低错落组合使用,在自控或大型喷泉中应用,效果较好。喷水花样的连续程度可通过调节每个小喷盖而获得,该喷头对水质要求较高,水源上应加装过滤网箱,主要适用于室外的各种喷水池中。同类还有半球形蒲公英喷头,也叫水晶绣球,喷水形状优美文静,广泛应用于室内外喷水池中。

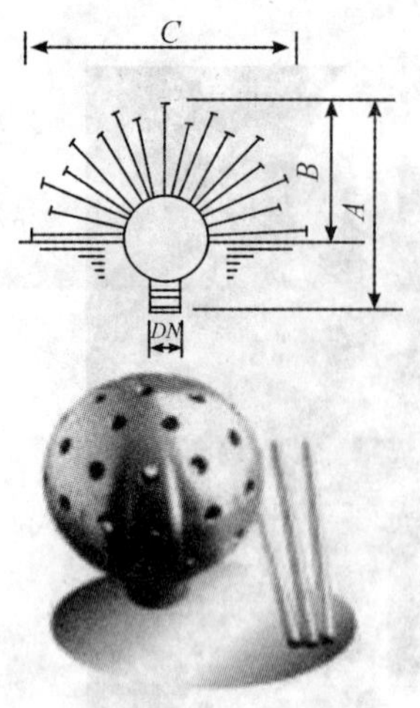

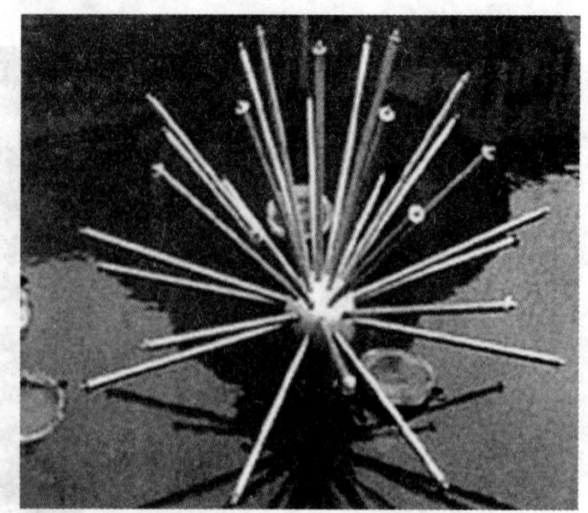

图 3-32　蒲公英喷头

6.2.1.10　组合式喷头

组合喷头也称复合型喷头，是由两种或两种以上喷水型各异的喷嘴，按造型需要组合成一个大喷头。它能形成较为复杂、富于变化的花形。各种喷头经过艺术组合、有机搭配，能组成多种多样的组合变化。

图 3-33　组合式喷头

图 3-33 所示由三个直流花蕊喷头及五个鸭嘴形喷头组合而成，喷水时犹如春花怒放，特别是经过组合后其造型更加优雅，适合各种喷水池使用。

6.2.1.11　灯光喷头

是将水景照明灯，加卤素灯结合于喷头中，在夜间突显出喷泉的效果。

6.2.2　喷水池材料

6.2.2.1　结构材料

喷水池的结构与人工水景池相同，也由基础、防水层、池底、压顶等部分组成。

(1)基础材料。基础是水池的承重部分，由灰土和混凝土层组成。

(2)防水层材料。目前，水池防水材料种类较多，按其主要原料分为 4 类：①沥青类防水

材料。以天然沥青、石油沥青和煤沥青为主要原材料，制成的沥青油毡、纸胎沥青油毡、溶剂型和水乳型沥青类或沥青橡胶类涂料、油膏，具有良好的粘结性、塑性、抗水性、防腐性和耐久性。②橡胶塑料类防水材料。以氯丁橡胶、丁基橡胶、三元乙丙橡胶、聚氯乙烯、聚异丁烯和聚氨酯等为原材料，可制成弹性无胎防水卷材、防水薄膜、防水涂料、涂膜材料及油膏、胶泥、止水带等密封材料，具有抗拉强度高，弹性和延伸率大，粘结性、抗水性和耐气候性好等特点，可以冷用，使用年限较长。③水泥类防水材料。对水泥有促凝密实作用的外加剂，如防水剂、加气剂和膨胀剂等，可增强水泥砂浆和混凝土的憎水性和抗渗性；以水泥和硅酸钠为基料配置的促凝灰浆，可用于地下工程的堵漏防水。④金属类防水材料。薄钢板、镀锌钢板、压型钢板、涂层钢板等可直接作为屋面板，用以防水。薄钢板用于地下室或地下构筑物的金属防水层。薄铜板、薄铝板、不锈钢板可制成建筑物变形缝的止水带。金属防水层的连接处要焊接，并涂刷防锈保护漆。

钢筋混凝土水池还可采用抹5层防水砂浆（水泥中加入防水粉）的做法。临时性水池则可将吹塑纸、塑料布、聚苯板组合使用，均有很好的防水效果。

(3)池底材料。多用现浇钢筋混凝土池底，厚度应大于20 cm，如果水池容积大，要配双层钢筋网。

(4)池壁材料。池壁一般有砖砌池壁、块石池壁和钢筋混凝土池壁三种。池壁厚度视水池大小而定，砖砌池壁采用标准砖、M7.5水泥砂浆砌筑，壁厚≥240 mm。钢筋混凝土池壁宜配直径8 mm、12 mm钢筋和C20混凝土。

(5)压顶材料。压顶材料常用混凝土及块石。

(6)管网材料。喷水池中还必须配套有供水管、补给水管、泄水管和溢流管等管网。一般常用的管材是镀锌钢管、非镀锌钢管、铸铁管以及聚氯乙烯(PVC)管等。

6.2.2.2　衬砌材料

衬砌材料的常见种类有聚乙烯、聚氯乙烯(PVC)、丁基衬料、三元乙丙橡胶薄膜、底层衬垫等。

6.2.2.3　预制模材料

预制模是较为常用的小型水池制造方法，通常用高强度塑料制成。预制模水池的材料有高密度聚乙烯塑料(HDP)、ABS工程塑料、玻璃纤维等。

(1)玻璃纤维（聚酯强化的玻璃纤维）。可浇筑成任意形状，用来建造规则或不规则水池。这种由几层玻璃纤维和聚酯树脂铸成的水池可以有不同的颜色，但需注意的是其造价较高。

(2)纤维混凝土。纤维混凝土由有机纤维、水泥组成，有时候再加少量的石棉混合组成，它比水泥要轻，但比纤维玻璃重。纤维混凝土和纤维玻璃一样可以被浇筑成各种形状，但用这种材料建造的水池的样式并不多。

(3)热塑材料。热塑材料外壳是由各种化学原料制成的，如聚氯乙烯、聚丙乙烯，应用较广，但寿命有限。

(4)玻璃筋混凝土(GRC)。这种材料将玻璃纤维与水泥混合，使其更为坚硬。它替代以前用树脂与玻璃纤维或水泥与天然纤维混合来制造纤维玻璃外壳，是一种应用很广的新型建材，不仅可用以建自然式水池、流水道、预制瀑布等，而且还可用于人造岩石。浇筑成板石后，可用于支撑乙烯基的里衬。

6.2.3 喷泉设备、管道材料

6.2.3.1 喷头

(1)喷头材质。喷头是喷泉的一个主要组成部分。喷头的作用是把具有一定压力的水,经过喷嘴的造型,喷出理想的水流形态。外形需美观,耗能小,噪声低。材质便于精加工,并能长期使用。在可能的情况下,喷头优先采用钢制材料,其表面应光洁、匀称,以保证喷头的造型效果。

喷头还可采用不锈钢和铝合金材料,也有采用陶瓷和玻璃的。用于室内时也可采用工程塑料和尼龙等材料。尼龙材料主要用于低压喷头。

(2)喷头类型选择。喷头类型的选择应考虑造型要求、组合形式、控制方法、环境条件、水质状况等因素。喷头的选用应使其造成水头损失最小,在最少射流水量条件下,保证最佳造型效果,并结合经济因素确定。

(3)喷头的直径。在选择喷头的直径时,必须与连接管的内径相配合,喷嘴前应有不少于 20 倍喷嘴口直径的直线管道长度或设整流装置,管径相接不能有急剧变化,以保证喷水的设计水姿造型。

6.2.3.2 管材

对于室外喷水景观工程,我国常用的管材是镀锌钢管(白铁管)和非镀锌钢管(黑铁管)。一般埋地管道管径在 70 mm 以上时用铸铁管。对于屋内工程和小型移动式水景,可采用塑料管(硬聚氯乙烯)。

在采用非镀锌钢管时,必须做防腐处理。防腐的方法最简单的为刷油法,即先将管道表面除锈,刷防锈漆两遍(如红丹漆等),再刷银粉。如管道需要装饰或标志时,可刷调和漆打底,再加涂所需的色彩油漆。埋于地下的铸铁管,外管一律要刷沥青防腐,明露部分可刷红丹漆及银粉。

6.2.3.3 控制附件

控制附件用来调节水量、水压、关断水流或改变水流方向。在喷水景观工程管路中常用的控制附件主要有闸阀、截止阀、逆止阀、电磁阀、电动阀、气动阀等。

(1)闸阀。用来隔断水流,控制水流道路的启、闭之用。

(2)截止阀。起调节和隔断管中的水流的作用。

(3)逆止阀。又称单向阀,用来限制水流方向,以防止水的倒流。

(4)电磁阀。是由电信号来控制管道通断的阀门,作为喷水工程的自控装置。另外,也可以选择电动阀、气动阀来控制管路的开闭。

6.2.3.4 水泵种类

喷水景观工程中从水源到喷头射流过程中水的输送由水泵来完成(除小型喷泉外),水泵是喷水工程给水系统的重要组成部分。

喷水景观工程系统中使用较多的是卧式或立式离心泵和潜水泵。小型的移动式喷水的供水系统可用管道泵、微型泵等。

(1)离心泵。离心泵又分为单级离心泵、多级离心泵。具有结构简单、体积小、效率高、运转平稳、送水高程可达百米等特点,在喷水工程供水系统中广泛应用。离心泵是通过利用叶片轮高速旋转时所产生的离心力的作用,将轮中心水甩出而形成真空,使水在大气作用下自动进入水泵,并将水压向出水管。离心泵在使用时要先向泵体及吸水管内灌满水排除空

气，然后才可开泵抽水，在使用时也要防止漏气和堵塞。

(2)潜水泵。潜水泵是由水泵、密封体、电动机三大部分组成。潜水泵分为立式和卧式两种。潜水泵的泵体和电机在工作时都浸入水中，水泵叶轮可制成离心式或螺旋式，这种水泵的电机必须有良好的密封防水装置。潜水泵具有体积小、质量轻、移动方便、安装简便等特点。开泵时不需灌水，成本低廉，节省大量管材，不装底阀和逆止阀，也不需另设泵房，效率高，机泵合一，既减少了机械损失，又减少了水力损失，提高了水泵效率。理想的是卧式潜水泵，它可使水池所需水深度降至最小值，节省成本。

(3)管道泵。管道泵可以用于移动式喷泉或小型喷泉，将泵体与循环水的管道直接相连。另外，还可以用自来水管路加压，以提高喷水的扬程。管道泵具有结构简单、质量轻、安装维修方便等特点。泵的出入口在一条直线上，能直接安装在管道之中，占地面积小，不需要安装基础。

6.2.4 水的净化装置

在喷泉的过滤系统中，一般在水泵底阀外设网式过滤器和在水泵进水口前装除污器。当水中混有泥沙时，用网式过滤器容易淤塞，这时采用砾料层式过滤器较为合适。

6.2.5 喷泉的控制

(1)手阀控制。手阀是最常见和最简单的控制方式，在喷泉的供水管上安装手控调节阀，用来调节各管段中水的压力和流量，形成固定的喷水姿。

(2)时间继电器控制。通常利用时间继电器按照设计的时间程序控制水泵、电磁阀、彩色灯等的启闭，从而实现可以自动变换的喷水姿。

(3)音响控制。声控喷泉是用声音来控制喷泉喷水形变化的一种自控喷泉。通常是由电子线路或数字电路、计算机、电磁阀、水泵、管路、过滤器及喷头等组成。

6.3 人工瀑布材料

6.3.1 水源

现代庭园中多用水泵(离心泵和潜水泵)加压供水，或直接采用自来水蓄水作水源。瀑布用水要求较好的水质，一般都应配备过滤设备。

6.3.2 落水口(堰口)

(1)自然式瀑布落水口：可以用一块光滑的石板、混凝土板作为落水口。落水口应与周围山石融为一体，并以树木或山石加以隐蔽或装饰，使之浑然天成。

(2)规则式落水口：最好在落水口的抹灰面上包裹不锈钢板、杜邦板、铝合金板、复合钢板等新型平滑的材料，并在板的接缝处仔细打磨、上胶至光滑平整，使落水口呈现出一种平整的镜面效果。

(3)瀑布面：瀑布面应以石材装饰其表面，内壁面可用混凝土，高度及宽度较大时，则应配加钢筋。瀑身墙体一般不宜采用白色材料作装饰面，如白色花岗岩等。利用料石或花砖铺砌墙体时，必须密封勾缝，避免墙体渗水后变色。

(4)瀑道和承水潭：瀑道和承水潭进行必要的点缀，如装饰卵石、水草，铺上净砂、散石，必要时安上灯光系统。如在落水处放块“承水石”会增加水花的效果和声音效果，也可放入雕塑等来丰富承水潭的景观。

(5)预制瀑布:预制瀑布造景成品数量多,选择面广,有些生产商还可以专门为业主设计。还有一些装有小型瀑中袋,可供培植水生植物。

①预制瀑布造景的材料:有玻璃纤维、水泥、塑料和人造石材等。玻璃纤维预制模是最为普通的,质地轻且强度高,而且表面可以上色以模仿自然岩石,还可以涂抹上一层沙砾或石子进行遮饰。

②塑料预制件:其优点是有许多规格可供选择,质地轻,容易安装,造价便宜。但其光滑的表面和单一的颜色难以进行遮饰,水下部分较容易覆盖上水苔,与露出水面的部分形成不自然的反差。当然,如果塑料的颜色与周围石头的颜色不协调的话,可以在其表面铺上色泽自然的石头,或者再粘涂一层颜色合适的沙砾。且这一层的保护能减轻阳光对预制模的直接照射所造成的伤害,从而大大延长预制件的使用寿命。

③水泥和人造石材:其预制模瀑布造景相对玻璃纤维和坝料材料等会重些,但强度好,结实耐用。但由于自身重量的影响,能选择的规格较为有限。人造石材预制模瀑布色泽自然,容易与周围环境协调统一。不过这些预制模材料的表面容易产生一些气孔,容易附着水中的沉淀物。若出现这些情况,可以用处理石灰石的酸溶液清除。

尽管预制模瀑布群造景既容易处理又便于安装,它们的规格种类和设计式样却并不周全。在大型的园林中,尤其在周围壮观景物的反衬下,规格过小的瀑布常常显得全无风采。而且一长串的水池和瀑布也会使造价过于昂贵。在这种情况下,便可以考虑铺设柔性防水材料的瀑布。

6.4 柔性衬里砌筑瀑布

有衬里的瀑布群在水池规格的大小以及瀑布的落差上有很大的选择余地,可以适用于所有风格的水池,包括规则式的水景。柔性衬里砌筑的作用相当于防水衬垫。

瀑布大部分的衬里上还要铺上一层装饰物,衬里就不会因阳光直射而过早老化。可以选用较为经济的塑料材料。如果采用质量较好的橡胶衬则更为理想,可以与复杂的瀑布和溪流造型相协调。如果计划把岩石铺在衬里上,要防止岩石划破衬里,在衬里上还要铺上一层保护层。但绝对不能用纤维类材料,因为虹吸作用会让水渗流到周围的土壤里。

6.5 跌水材料

跌水的构筑方法和瀑布基本一样,只是它所使用的落水材料更加规则,如砖块、混凝土、厚石板、条形石板或铺路石板,目的是为了取得设计中严格要求的几何形结构。

6.6 溢流材料

材料既有大理石等石制品,也有不锈钢等金属制品。

6.7 管流材料

日式水景中的管流主要有“蹲踞”与“逐鹿”两类,两者对东西方园林水景影响较大,并已成为一种较为普遍的庭园装饰水景。

6.7.1 *蹲踞*

一般由一个中空的石钵和竹筒所制的水管组成。蹲踞的高度一般为 20～30 cm,其中

的石钵一般都是天然石材凿空而成，当然也可以有不同的风格或材质，但大多以圆形为主。

6.7.2　逐鹿

逐鹿也是一种使用竹筒作水管的水景。逐鹿需要个隐藏的水池和鹅卵石表面，最关键的一点是，带活动转轴的接水竹筒安装的位置，要正好使水可以流入隐藏的水池或流到水池上面的鹅卵石上。

7. 水池施工技术

7.1　池底施工技术

7.1.1　池底结构

目前国内较为常见的池底结构有以下几种：

(1)灰土层池底。当池底的基土为黄土时，可在池底做40～45 cm厚的3∶7灰土层，并每隔20 m留一伸缩缝。

(2)聚乙烯薄膜防水层池底。当基土微漏，可采用聚乙烯防水薄膜池底做法。

(3)混凝土池底。当水面不大，防漏要求又很高时，可以采用混凝土池底结构。这种结构的水池，如其形状比较规整，则50 m内可不做伸缩缝。如其形状变化较大，则在其长度约20 m并在其断面狭窄处，应做伸缩缝。一般池底可贴蓝色瓷砖或加入水泥，进行色彩上的变化，增加景观美感。

7.1.2　基土处理技术

池底的设计面应在霜作用线以下。当基土为排水不良的黏土，或地下水位甚高时，在池底基础下及池壁之后，应放置碎石，并埋10 cm直径的排水管，管线的倾斜度为1%～2%，将地下水导出。若池宽为1～2.5 m的狭长形水池，则池底基础下的排水管应沿水池的长轴埋于池的中心线下。池底基础下的地面，则向中心线作1%～2%倾斜，池下的碎石层厚10～20 cm，壁后的碎石层厚10～15 cm。

7.1.3　混凝土池底板施工要点

(1)依情况不同加以处理。如基土稍湿而松软时，可在其上铺以厚10 cm的砾石层，并加以夯实，然后浇灌混凝土垫层。

(2)混凝土垫层浇完隔1～2天(应视施工时的温度而定)，在垫层面测量确定底板中心，然后根据设计尺寸进行放线，定出柱基以及底板的边线，画出钢筋布线，依线绑扎钢筋，接着安装柱基和底板外围的模板。

(3)在绑扎钢筋时，应详细检查钢筋的直径、间距、位置、搭接长度、上下层钢筋的间距、保护层及埋件的位置和数量，看其是否符合设计要求。上下层钢筋均应用铁撑(铁马凳)加以固定，使之在浇捣过程中不发生变化。

(4)底板应一次连续浇完，不留施工缝。施工间歇时间不得超过混凝土的初凝时间。如混凝土在运输过程中产生初凝或离析现象，应在现场拌板上进行二次搅拌后方可入模浇捣。底板厚度在20 cm以内，可采用平板振动器，20 cm以上则采用插入式振动器。

(5)池壁为现浇混凝土时，底板与池壁连接处的施工缝可留在基础上口20 cm处。施工缝可留成台阶形、凹槽形，加金属止水片或遇水膨胀橡胶带。

7.1.4　自然式水池池底施工技术

自然式水池的池底如为非渗透性的土壤，应先敷以黏土，弄湿后捣实，其上再铺沙砾。若池底属透水性，或水源给水量不足，池底可用规则式水池的方法，用混凝土或钢筋混凝土，然后以沙土覆盖，或者用蓝色或绿色水泥加以隐蔽。

各种静水池底的结构示意图可参见图 3-34。

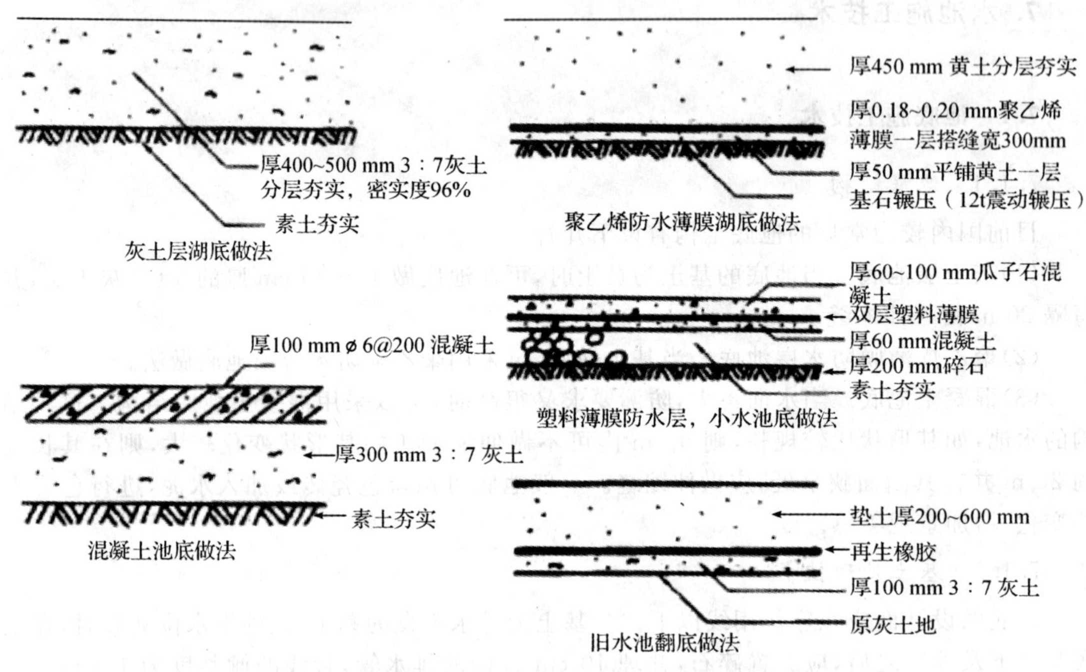

图 3-34　水池(湖、塘)底的基本做法

7.2　水池池壁施工技术

人造水池一般采用垂直形池壁。垂直形的优点是池水降落之后，不至于在池壁淤积泥土，从而使低等水生植物无从寄生，同时易于保持水面洁净。垂直形的池壁，可用砖石或水泥砌筑，以瓷砖、罗马砖等饰面，甚至做成图案加以装饰。

7.2.1　混凝土浇筑池壁的施工技术

做水泥池壁，尤其是矩形钢筋混凝生池壁时，应先做模板以固定之，池壁厚 15～25 cm，水泥成分与池底同。目前有无撑及有撑支模两种方法，有撑支模为常用的方法。当矩形池壁较厚时，内外模可在钢筋绑扎完毕后一次立好。浇捣混凝土时操作人员可进入模内振捣，并应用串筒将混凝土灌入，分层浇捣。矩形池壁拆模后，应将外露的止水螺栓头割去。池壁施工要点：

(1)水池施工时所用的水泥标号不宜低于 425 号，水泥品种应优先选用普通硅酸盐水泥，不宜采用火山灰质硅酸盐水泥和粉煤灰硅酸盐水泥。所用石子的最大粒径不宜大于 40 mm，吸水率不大于 1.5%。

(2)池壁混凝土每立方米水泥用量不少于 320 kg，含砂率宜为 35%～40%，灰砂比为

1∶2～1∶2.5，水灰比不大于0.6。

(3)固定模板用的铁丝和螺栓不宜直接穿过池壁。当螺栓或套管必须穿过池壁时，应采取止水措施。常见的止水措施有：

①螺栓上加焊止水环。止水环应满焊，环数应根据池壁厚度确定。

②套管上加焊止水环。在混凝土中预埋套管时，管外侧应加焊止水环，管中穿螺栓，拆模后将螺栓取出，套管内用膨胀水泥砂浆封堵。

③螺栓加堵头。支模时，在螺栓两边加堵头，拆模后，将螺栓沿平凹坑底割去角，用膨胀水泥砂浆封塞严密。

(4)在池壁混凝土浇筑前，应先将施工缝处的混凝土表面凿毛，清除浮粒和杂物，用水冲洗干净，保持湿润，再铺上一层厚20～25 mm的水泥砂浆。水泥砂浆所用材料的灰砂比应与混凝土材料的灰砂比相同。

(5)浇筑池壁混凝土时，应连续施工，一次浇筑完毕，不留施工缝。

(6)池壁有密集管群穿过，预埋件或钢筋稠密处浇筑混凝土有困难时，可采用相同抗渗等级的细石混凝土浇筑。

(7)池壁上有预埋大管径的套管或面积较大的金属板时，应在其底部开设浇筑振捣孔，以利排气、浇筑和振捣。

(8)池壁混凝土结合应立即进行养护，并充分保持湿润，养护时间不得少于14昼夜。拆摸时池壁表面温度与周围气温的温差不得超过15 ℃。

7.2.2　混凝土砖砌池壁施工技术

用混凝土砖砌造池壁大大简化了混凝土施工的程序。但混凝土砖一般只适用于古典风格或设计规整的池塘。混凝土砖10 cm厚，结实耐用，常用于池塘建造。也有大规格的空心砖，但使用空心砖时，中心必须用混凝土浆填塞。有时也用双层空心砖墙中间填混凝土的方法来增加池壁的强度。

用混凝土砖砌池壁的一个好处是，池壁可以在池底浇筑完工后的第二天再砌。一定要趁池底混凝土未干时将边缘处拉毛，池底与池壁相交处的钢筋要向上弯伸入池壁，以加强结合部的强度，钢筋伸到混凝土砌块池壁后或池壁中间。由于混凝土砖是预制的，所以池壁四周必须保持绝对的水平。砌混凝土砖时要特别注息保持砂浆厚度均匀。

7.2.3　池壁抹灰施工技术

抹灰在混凝土及砖结构的池塘施工中是一道十分重要的工序。它使池面平滑，不会伤及池鱼。如果池壁表面粗糙，易使鱼受伤，发生感染。此外，池面光滑也便于池塘处理。

7.2.3.1　砖壁抹灰施工要点

(1)内壁抹灰前2天应将墙面扫清，用水洗刷干净，并用铁皮将所有灰缝刮一下，要求凹进1～1.5 cm。

(2)应采用325号普通水泥配制水泥砂浆，配合比1∶2必须称量准确，可掺适量防水粉，拌合要均匀。

(3)在抹第一层底层砂浆时，应用铁板用力将砂浆挤入砖缝内，增加砂浆与砖壁的粘结力。底层灰不宜太厚，一般在5～10 mm。第二层将墙面找平，厚度5～12 mm。第三层面层进行压光，厚度2～3 mm。

(4)砖壁与钢筋混凝土底板结合处，要特别注意操作，加强转角抹灰厚度，使呈圆角，防止渗漏。

(5)外壁抹灰可采用1∶3水泥砂浆一般操作法。

7.2.3.2　钢筋混凝土池壁抹灰要点

(1)抹灰前将池内壁表面凿毛，不平处铲平，并用水冲洗干净。

(2)抹灰时可在混凝土墙面上刷一遍薄的纯水泥浆，以增加粘结力。其他做法与砖壁抹灰相同。

7.2.4　顶石

规则水池顶上应以砖、石块、石板、大理石或水泥预制板等作顶石。顶石或与地面平或高出地面。当顶石与地面平时，应注意勿使土壤流入池内，可将池周围地面稍向外倾。有时在适当的位置上，将顶石部分放宽，以便容纳盆钵或其他摆饰。

7.2.5　工程质量要求

(1)砖壁砌筑必须做到横圆竖直，灰浆饱满。不得留踏步式或马牙样。砖的强度等级不低于MU7.5。砌筑时要挑选，砂浆配合比要称量准确，搅拌均匀。

(2)钢筋混凝土壁板和壁槽灌缝之前，必须将模板内杂物清除干净，用水将模板湿润。

(3)池壁模板不论采用无支撑法还是有支撑法，都必须将模板紧固好，防止混凝土浇筑时，模板发生变形。

(4)防渗混凝土可掺用素磺酸钙减水剂，掺用减水剂配制的混凝土耐油，抗渗性好，而且节约水泥。

(5)矩形钢筋混凝土水池，由于工艺需要，长度较长，在底板、池壁上设有伸缩缝。施工中必须将止水钢板或止水胶皮正确固定好，并注意浇灌，防止止水钢板、止水胶皮移位。

(6)水池混凝土强度的好坏，养护是重要的一环。底板浇筑完后，在施工池壁时，应注意养护，保持湿润。池壁混凝土浇筑完后，在气温较高或干燥情况下，过早拆模会引起混凝土收缩产生裂缝。因此，应继续浇水养护，底板、池壁和池壁灌缝的混凝土的养护期应不少于14天。

7.2.6　试水

试水工作在水池全部施工完成后方可进行。试水的主要目的是检验结构安全度，检查施工质量。

试水时应先封闭管道孔。由池顶放水入池，一般分几次进水，根据具体情况，控制每次进水高度。从四周上下进行外观检查，做好记录，如无特殊情况，可继续灌水到储水设计标高，同时要做好沉降观察。

灌水到设计标高后，停1天，进行外观检查，并做好水面高度标记，连续观察7天，外表面无渗漏及水位无明显降落方为合格。

8. 园林水景工程施工验收标准

8.1　装饰水景施工验收

自然界的水千姿百态，它们的风韵、气势及发出的声响，能给人以美的享受，引发人们无

穷的遐想，并创造出深远的意境。因此，水景在环境艺术装饰工程中，起着不可缺少的作用。

8.1.1　装饰水景施工质量要求

水景，是通过其形状、色彩、质地、光泽、流动、声响等品性相互作用，紧密联系，形成一个整体，来渲染和烘托空间气氛与情调的。

(1)水本身没有固定的形式，而是成形于容器。因此，水容器的施工质量是水景艺术效果的前提。其基本要求是：结构牢固，表面平整，无渗漏现象。

(2)水本身清澈无色，因此，会显露出容器饰面材料的色彩和质感，且随水层厚度、动态及光照条件的变化而发生相应的变化。因此水容器的设计与施工要充分考虑到其与水共同产生的视觉作用。

(3)水景的成形效果是在承水容器及设施施工完成之后才显现出来的，因此，承水容器及设施的施工应严格按照设计要求实施。

8.1.2　装饰水景施工质量检验要点

8.1.2.1　施工前质量检验要点

(1)设计单位向施工单位交底，除结构构造要求外，主要针对水形、水的动态及声响等图纸难以表达的内容提出技术、艺术的要求。

(2)对于构成水容器的装饰材料，应按设计要求进行搭配组合试排，研究其颜色、纹理、质感是否协调统一，还要了解其吸水率、反光度等性能，以及表面是否容易被污染。

8.1.2.2　施工过程中的质量检验要点

(1)以静水为景的池水，重点应放在水池的定位，尺寸是否准确；池体表面材料是否按设计要求选材及施工；给水与排水系统是否完备等。

(2)流水水景应注意沟槽大小、坡度、材质等的精确性，并要控制好流量。

(3)水池的防水防渗应按照设计要求进行施工，并经验收。

(4)施工过程中要注意给、排水管网及供电管线的预埋(留)。

8.1.3　装饰水景的施工质量预控措施

一般来说，水池的砌筑是水景施工的重点，现以混凝土水池为例进行质量预控。

8.1.3.1　施工准备工作

(1)复核池底、侧壁的结构受力情况是否安全牢固，有无构造上的缺陷。

(2)了解饰面材料的品种、颜色、质地、吸水、防污等性能。

(3)检查防水、防渗漏材料，构造是否满足要求。

8.1.3.2　施工阶段

(1)根据设计要求及现场实际情况，对水池位置、形状及各种管线放线定位。

(2)施工时机：浇注混凝土地前，应先施工完成好各种管线，并进行试压、验收。

(3)混凝土水池应按有关施工规程进行支模、配料、浇注、振捣、养护及取样检查，经验收后，方可进行下道施工工序。

(4)防水防漏层施工前，应对水池基面抹灰层进行验收。

(5)饰面应纹理一致，色彩与块面布置均匀美观。

8.1.3.3　池体施工完成后

池体施工完成后，进行放水试验。检查安全性、平整度，有无渗漏，水形、光色与环境是否协调统一。

8.1.4　装饰水景施工过程中的质量检查

①检查池体结构混凝土配比通知书、材料试验报告，强度、刚度、稳定性是否满足要求。

②检查防水材料的产品合格证书及种类，制作时间、储存有效期及使用说明等。

③检查水质检验报告，有无污染。

④检查水、电管线的测试报告单。

⑤检查水的形状、色彩、光泽、流动等与饰面材料是否协调统一。

8.2　溪道工程试水

试水前应将溪道全面清洁，并检查管路的安装情况，而后打开水源，注意观察水流及岸壁，如达到设计要求，说明溪道施工合格。

8.3　人工湖工程试水

水池施工所有工序全部完成后，可以进行试水，试水的目的是检验水池结构的安全性及水池的施工质量。

试水时应先封闭排水孔。由池顶放水，一般要分几次进水，每次加水深度视具体情况而定。每次进水都应从水池四周观察记录，无特殊情况可继续灌水直至达到设计水位标高。达到设计水位标高后，要连续观察 7 天，做好水面升降记录，外表面无渗漏现象及水位无明显降落说明水池施工合格。

实训 4　园林工程土方测量与土方量计算

4.1　实训目标

通过实地测量和土方量的计算，使学生掌握园林工程土方量测量与土方量的计算方法。

4.2　实训材料与方法

4～6 人为一小组，每组配备 DJ_6 经纬仪 1 台，视距尺 1 根，标杆 1 根，钢尺 1 副，记录板 1 块(含记录表)，绘图板 1 块(含已展绘图根点的图纸)，三棱比例尺 1 把，量角器一个，三角板一副，以及计算器、大头针、透明胶带、铅笔、橡皮、小刀等。

在校内实训基地或园林工程施工现场，结合某项园林工程施工现场进行。

4.3　实训步骤

每班分成 4 或 6 小组，每小组 4～6 人，各小组自行选出一名组长、汇报人(角色可轮换)。以如下步骤进行：

(1)如图 3-2 所示，安置经纬仪于控制点 A，对中、整平后量取仪器高 i；在另一控制点 B 上立一根标杆，以盘左位置瞄准 B 点，并将水平度盘配置为 $0°00'00''$；将绘图板安置在控制点 A 近旁，连接 A、B 两点在绘图纸上的位置 a、b，再用大头针将量角器中心钉在图上 a 点。

(2)按事先商定路线，在已选择的碎部点上分别竖立视距尺，用经纬仪盘左位置照准目标，按视距测量方法依次观测记录上丝读数、中丝读数、下丝读数、水平角以及竖盘读数；然后计算经纬仪至碎部点间的水平距离和高差，并根据 A 点高程计算碎部点的高程，同时记录碎部点的名称。

(3)根据水平角和水平距离大小，分别用量角器和测图比例尺(1∶500)将碎部点展绘于图上，并注高程数据于碎部点旁。

(4)同法测绘其他碎部点，并随测随连地貌特征线；对照实地地形用解析法、图解法或目估法在地貌特征线上求等高线通过点(等高距为 1 m)，连接相关点即得等高线。

(5)对照实地检查无漏测、错测后，搬迁测站，同法测绘，直至测完规定的范围，最后清绘与整饰地形图。

(6)根据地形图，以断面法、方格网法等进行土方量计算。

(7)班级汇报交流、讨论，进行小组互评及组内成员自评。

4.4　实训要求及注意事项

(1)在确保准确反映测区实际情况的前提下，应根据地貌的复杂程度、测图比例尺等，综合考虑碎部点的密度。

(2)在每个测站测绘开始之前，应对测站周围地形特点、测区范围、跑尺路线和分工等问题有统一认识，以便做到既不重测，又不漏绘；对地物点一般只测其平面位置，当地物点可作为地貌点时，才应测定其高程。

(3)鉴于绘图时使用量角器和三棱比例尺，因此碎部测量时，经纬仪仅采用盘左观测，量距也只需进行往测，不需进行返测，水平角、水平距离、高程分别精确到分(′)、分米(dm)、厘米(cm)即可。

(4)立尺人员应将标尺竖直，并随时观察立尺点周围情况，弄清碎部点之间的关系，地形复杂时还需绘出草图，绘图人员要做到随测、随绘、随检查。

(5)每测站工作结束后应进行检查，在确认地貌测量无误或无漏测时方可迁站。

(6)应结合松土系数进行填、挖土方量的平衡。

4.5　实训考核

本实训考核以过程评价为主，结合实训完成的各种计划、方案进行考核，由学生自评、学生互评、教师评价三个部分组成。小组互评以各小组讨论形成班级统一标准后进行。小组成员互评应从出勤情况、创新性、团队协作、贡献度等进行。

表 4-1 评价表

序号	评价项目	分值	评价标准		得分	备注
1	学习目标性、学习主动性	10	明确学习目标和任务，立即讨论制定切实可行的学习计划。自主学习并积极探索新问题，积极提出建设性建议，主动与小组成员合作完成学习任务	8～10		
			明确学习目标和任务，制定可行学习计划。自主学习，提出自己的建议，与小组成员合作完成学习任务	5～7		
			明确学习目标或学习任务，制定的学习计划不太可行。学习积极性一般，很少提出建议，被动与小组成员合作完成学习任务	1～4		
2	独立学习、工作方法	20	学习工作过程与学习目标统一，独立完成所规定的学习任务。能够利用自己与他人的经验解决学习与工作中出现的问题。工作方法具备创新能力	17～20		
			学习工作过程与学习目标统一，在合作中完成所规定的学习任务。能够在他人帮助下解决学习与工作中出现的问题。工作方法具备一定技巧	10～16		
			学习工作过程与学习目标基本一致，在他人的帮助下完成所规定的学习任务。基本不能解决学习与工作中出现的问题。工作方法无技巧	1～9		
3	获取信息、沟通表达	20	能够开拓信息渠道，独立收集、查阅并分析、整理对完成学习任务有用的信息，并科学合理利用	17～20		
			能够从多种信息渠道收集与学习任务有关的信息，并将信息分类整理后，转化为自己的语言与他人分享	10～16		
			能够从教材和教师处获得对完成学习任务有用的信息，对获得的信息直接应用	1～9		

续表

序号	评价项目	分值	评价标准		得分	备注
4	团队能力、工作责任心	20	对团队完成任务起主导决定性的作用，工作责任心强，积极帮助其他同学。无迟到、早退、旷课现象	17～20		
			在团队中起一定作用，能帮助其他同学共同学习，责任心较强。无旷课现象	10～16		
			与团队队员合作积极性不高，责任心差。出勤表现差	1～9		
5	工作过程、工作质量	20	工作能力强，操作规范、准确、到位，工作责任心强，离开工作岗位时能积极主动做好卫生，检查结果准确性、精密度都好。质量分析报告内容完整，分析合理	17～20		
			工作能力较强，操作基本规范、准确、到位，工作责任心较强，离开工作岗位时能做好卫生，检查结果准确性、精密度都好。质量分析报告内容不够完整，分析不合理	10～16		
			工作能力较强，操作基本规范、准确、到位，工作责任心较强，离开工作岗位时没做好卫生，检查结果准确性、精密度不好。质量分析报告内容不完整，没分析、总结	1～9		
6	实训报告、总结汇报	10	按时、按要求完成学习总结报告，书写工整，能做出合理准确的报告并对其进行分析讨论，书写规范。常代表小组汇报，表达流畅	8～10		
			推迟完成学习总结报告，书写工整，能根据自己的结果做出报告。代表小组汇报，表达清晰	5～7		
			推迟完成学习总结报告，书写不工整，书写不规范，敷衍了事，随便杜撰结果，抄袭同学报告。不能代表小组汇报，表达不畅	1～4		
	评价结果（合计）					

4.6　思考题

（1）计算挖湖、堆造微地形的土方量，并制作地形模型。

根据挖土堆造微地形的园林施工图，计算土方量，写出土方施工的施工方案，然后在教师的指导下利用橡皮泥、泡沫板、吹塑纸、白卡纸、大头针、颜料、毛笔等完成地形的模型制作。

(2)拟制一个园林工程项目,针对该工程施工范围场地进行经纬仪地形图测量,并以方格网法进行土方量计算。

(3)草拟一个园林工程项目,针对该工程平整场地的土方量进行水准仪测量并计算土方量,提出土方平衡方案。

实训5 植树工程

5.1 实训目标

通过本实训,使学生掌握乔灌木栽植工程施工的程序、方法与技能;培养学生乔灌木栽植现场施工管理的技术能力。

5.2 实训材料与方法

5.2.1 实训材料

乔灌木栽植工程施工图、苗木、经纬仪、钢(皮)尺、肥料、喷壶、铲、锄头、枝剪、其他设施等。

5.2.2 方法

(1)乔灌木栽植施工现场的准备

主要包括清理障碍物、地形地势的整理、地面土壤整理、道路水源准备等。

凡地界之内,有碍施工的市政设施、农田设施、房屋、树木、堆放物、违章建筑等,一律应进行拆除和迁移。

地形整理应做好土方调度,先挖后垫,节省投资。地势整理主要是指绿地的排水问题,具体的绿化地块里,一般都不需要埋设排水管道,绿地的排水依靠地面坡度。

如果在建筑遗址、工程弃物、矿渣炉灰地修建绿地,需要清除渣土换上好土。

可根据需要,搭盖临时工棚。

(2)定点放线

采用钢(皮)尺、经纬仪等仪器设备,根据施工图设计要求进行准确的定点与放线。

(3)挖栽植穴

按照设计要求挖规范的栽植穴。必须保证上下口大小一致。

(4)栽植修剪

根据树种特性和根系情况进行合理的修剪,以保证栽植成活率。

(5)定植

散苗及栽植,栽植时应选好主要观赏面的方向,要栽正扶直,方位正确,并加强植后浇水、遮阴、立支柱等管理。

5.3 实训步骤

(1)教师给定实训项目——树木栽植工程施工图,学生复习相关知识,查找资料。

(2)教师现场讲解乔灌木栽植的相关知识与实训注意事项。

(3)学生以小组为单位进行树木种植[定点放线、地形整理、挖种植穴(槽)、土壤处理、修剪、定植]。

(4)教师讲评与小结。

(5)学生完成实训报告。

5.4 实训要求及注意事项

(1)注意实训的纪律和安全,严格按照实训计划和树木栽植工程程序和方法进行实训活动。

(2)实训前要做好各项准备,了解设计图纸。

(3)编制必要的树木栽植工程施工组织管理计划,对工程施工现场进行必要的组织管理。

(4)对乔灌木进行号苗,尽量根据原有方向进行栽植。

(5)进行合理的、必要的栽植前修剪,以提高乔灌木栽植成活率。

(6)栽植时可以结合各种促根成活措施综合应用。

(7)加强栽植后乔灌木养护管理。

(8)进一步加强乔灌木成活率及生长情况观察,注意及时进行栽植技术的总结。

(9)在施工过程中,一定要遵循操作技术规范。

(10)每位同学提交一份实训报告,主要包括实训内容、收获与体会、栽植成活率高低原因分析等。

5.5 实训考核

表 5-1 树木栽植工程实训评价考核表

姓名: 学号: 班级: 组别:

序号	考核内容	考核等级及标准				等级分值			
		A	B	C	D	A	B	C	D
1	定点放线	定点放线方法正确、完整、准确	较好	一般	较差	9~10	7~8	5~6	0~4
2	施工的规范性	施工过程完整,步骤正确,严格按施工规范进行	较好	一般	较差	27~30	21~26	15~20	0~14
3	栽植成活率	完全体现设计意图,植物生长健壮	较好	一般	较差	18~20	14~17	10~13	0~9
4	实训态度	积极主动,完成及时	较好	一般	较差	18~20	14~17	10~13	0~9
5	实训报告	报告完整、规范,文字简明,表达清楚	较好	一般	较差	18~20	14~17	10~13	0~9
合计									

教师: 年 月 日

5.6 思考题

(1)简述植树工程的主要工序

(2)简述乔灌木种植位置的定点放样的方法。

(3)在植树工程施工中,要提高树木栽植的成活率应注意哪些方面?

5.7 实训案例

(略)

实训6 水景工程材料识别与施工

6.1 实训目标

通过实训,掌握水景工程常用的材料种类以及对材料的识别,并掌握一般水景工程的施工方法和施工步骤。了解新工艺、新技术、新材料等在水景工程施工中的应用。

6.2 实训材料与方法

(1)材料、工具:大小块状石材、砂、水泥、弹性水池底衬、泥刀、软管等。

(2)场地要求:适合各工序开展的室内实训场地一处。

(3)人员要求:3~6名同学为一组合作。

6.3 实训步骤

(1)介绍几种室内水景的一般步骤和方法,介绍新工艺、新技术、新材料等在室内水景工程中的相关应用,并以跌水施工为主展开实训操作。

(2)按照需要的高度和形状搭起石块,不要搭得太陡,以保持最自然的效果。顶部做出一个蓄水池帮助水流连贯地流动。

(3)在岩石后面从头到尾用一块弹性的水池底衬铺满跌水的整个部分,固定位置藏在石头和砾石的后面,并把底衬底边重叠于底部的水池或水箱中。

(4)将水流出口安放在跌水的顶部,把供水管藏在石头的后面。

(5)将出水管和底部水池或水箱里的水泵相连,打开开关,调节水流,使之不要飞溅到两边或流速太快。

(6)验收成果。

6.4 实训要求及注意事项

6.4.1 实训要求

根据施工图,详细计划每一个施工过程和步骤,以小组为单位拟定一份施工方案,并按要求进行施工，任务完成后编写一份施工过程总结。

6.4.2 实训注意事项

(1)水池平面线形放样要与施工图相对应，线形自然。

(2)水池池底与池壁施工过程中，注意各结构层的施工质量。

(3)根据施工要求，合理选择管径，管道的连接应注意密合。

6.5 实训考核

(1)综合实训态度，10分，主要考核实训过程中的小组团结协作、吃苦耐劳等精神。

(2)实训过程，50分，主要考核学生在实训过程中的主要操作步骤和方法是否得当。

(3)实训成果，30分，主要考核学生的实训成果。

(4)实训报告，10分，主要考核学生在实习过程中的心得体会，以及对整个施工过程的总结及分析。

6.6 思考题

(1)池底的处理需要注意哪些方面？

(2)人工湖的施工要点有哪些？

(3)常见防水材料的施工技术和方法有哪些？

6.7 实训案例

实训案例4 容器水景(盆式喷泉)施工

对那些需要一个对儿童安全的小型水景观的人们来说，盆式喷泉是非常不错的选择。它是在花卉中心能买到的用标准材料最易构建的造型之一。

盆的种类很多，一些木盆以前曾用来盛放其他材料，这种情况要谨慎对待，因为木材中可能已渗透有污染物，这就需要进行防污处理，如在其内壁衬以一层防渗透的水池衬里。然而，许多花卉中心现在也提供专用于花园用途的木质澡盆，它们通常也是不透水的。当然，也有一些盆采用别的材料。塑料盆可能不是花园容器的最好选择，但它们也不能完全被忽略。

选择合适的泵也是一个必须强调指出的问题，因为泵必须有过剩的出水能力以保证可以通过旋塞将水流控制到需要的大小。切勿选择一个正好达到要求而不留任何余地的泵，这是不切实际的节约。

1. 选择一个干净不漏水的盆。确保在购买水泵的时候，它的出水量能充分调节以满足需要的水流效果。将泵放入盆中心，充分调节喷嘴的高度(图6-1)。

2. 选择合适的植物并将它植入盆中，必要时可以用砖头调节其高度(图6-2)。

3. 将一个金属护栅盖在泵上方，将植物的叶子小心地从空隙中穿过，确保它完全固定，必要时将它钉牢(图6-3)。

4. 向盆中注满干净新鲜的水(图6-4)。必须定期进行这项工作以补偿因挥发和泼溅造成的水分损失。

5. 打开泵的开关，通过流量调节器作出任何需要的调整(图 6-5)。

6. 当一切运行良好，并且植物的布置令人满意时，小心地向支撑护栅上加石块或卵石，把里面的结构隐藏起来，并为植物提供合适的点缀(图 6-6、图 6-7)。

图 6-1　图 6-2　图 6-3　图 6-4

图 6-5　图 6-6　图 6-7

实训案例 5　特殊水池施工技术

一、临时性水池

在城市生活中，经常会遇到一些临时性水池施工，尤其是在节日、庆典期间。临时水池要求结构简单，安装方便，使用完毕后能随时拆除，在可能的情况下能重复利用。临时水池的结构形式简单，如果铺设在硬质地面上，一般可以用角钢焊接水池的池壁，其高度一般比设计水池的水深高 20～25 cm，池底与池壁用塑料布铺设，并应将塑料布反卷包住池壁外侧，以素土或其他壁物固定。为了防止地面上的硬物破坏塑料布，可以先在池底部位铺厚 20 mm 的聚苯板。水池的池壁内外可以临时以盆花或其他材料遮挡，并在池底铺设 15～25 mm 厚砂石，这样，一个临时性水池就完成了。还可以在水池内根据设计安装小型的喷泉与灯光设备。

如果需要设置一个使用时间相对较长的临时性水池，可以用挖水池基坑的方法，而且可以做得相对自然一些。方法步骤如下：

1. 定点放线

按照设计的水池外形，在地面上划出水池的边缘线。

2. 挖掘水坑

按边缘线开挖。由于没有水池池壁结构层，所以一般开挖时边坡限制在自然安息角范围内，挖出的土可以随时运走。挖到预定的深度后应把池底与池壁整平拍实，剔除硬物和草根。在水池顶部边缘还需挖出压顶石的厚度，在水池中如果需要放置盆栽的水生植物，可以根据水生植物的生长需要留有土墩，土墩也要拍实整平。

3. 铺塑料布

在挖好的水池上覆盖塑料布，然后放水，利用水的重量把塑料布压实在坑壁上，并把水加到预定的深度。塑料布应有一定的强度，在放水前应摆好塑料布的位置，避免放水后塑料布覆盖不满水面。

4. 压顶

将多余的塑料布裁去，用石块或混凝土预制块将塑料布的边缘压实，并形成一个完整的水池压顶。

5. 装饰

可以把小型喷泉设备一起放在水池内，并摆上水生植物的花盆。

6. 清理

清理现场内的杂物杂土，将水池周围的草坪恢复原状。这样，一个临时性水池就形成了。

二、预制模水池

1. 预制模水池的种类及应用

预制模水池是国外较为常用的一种小型水池制造方法，通常用高强度塑料制成，易于安装，如高密度聚乙烯塑料(HDP)、ABS 工号程塑料以及玻璃纤维。预制模最大跨度可达 3.66 m，但以小型为多，一般只有 0.9～1.8 m 的跨度，0.46 m 的深度，最小的深度仅有 0.3 m。由于池小水浅，用预制模建造的池塘通常会出现水温变化大(影响池鱼生长)和池面空间过小(造成池鱼缺氧)等问题。因此，小型预制模池塘中池鱼的数量要低于该空间所允许的最大限度数量。

塑料预制模的造价一般低于玻璃纤维增强膜或玻璃纤维预制模，但使用寿命也相对较短，数年之后就会变脆、开裂和老化。

在选购预制模时，另一个需要考虑的因素是预制模上沿的强度。因为塑料模具边沿上的石块和铺路材料会使池壁变形、开裂，所以增强预制模上沿的强度十分重要，运用混凝土地基也是明智的选择。尽管玻璃纤维预制模也需做一些技术处理，但无需这么多的加固措施。为避免日后出现麻烦，选定使用塑料预制模后，一定要确保预制模上沿水平，绝对不能弯翘。

预制模有各种规格，许多预制模上都留有摆放植物的池台。在选择这类预制模时，一定要注息地台的宽度要能放得下盆栽植物。有些池台太窄，无法利用。尽管玻璃纤维预制模价格较高，但可以按要求设计制作，因此安装时相对较容易，而且也可能更适合个人品味。

2. 预制模水池的安装

专业安装预制模水池绝不仅仅是画线、挖坑和回填那么简单。首先要使预制模边缘高出周围地面 2.5～5 cm,以免地表径流流进池塘污染池水,或造成池水外溢。挖好的池底和地台表面都要铺上一层 5 cm 厚的黄沙。这一点在开挖前就必须确定下来,开挖时便可以把沙层的厚度计算在内,否则预制模池体就会高出地面。如果池沿基础较为牢固,可用一层碎石或石板来加固池沿。池塘周围用挖出的土或新鲜的表土覆盖,以遮住凸起的池沿。

施工程序可参考临时水池的步骤。破土动工之前,要平整土地。修建形状规则的池塘时可将预制模倒扣在地面上画线。而修建形状不规则的池塘时则可用拉线的方法帮助画线。

整个池塘挖好后,用水平仪测量池底和池台的水平面,清除松土、石块和植物根茎。然后在整个池底和池台上铺 5 cm 厚的沙子,夯实后再仔细测量其水平面。准备一条水管,必要时随时在沙子上洒水,因为干沙子很容易从池台上滑落下来,积在池底与池壁的边缘处,给安装预制模造成麻烦。

将预制模放入挖好的池中,测量池沿的水平面,同时往池中注入 2.5～5 cm 高的水。注水时慢慢地沿池边填入沙子。用水管接水,将沙子慢慢地冲入池边。将池水基本注满,同时用水将填沙冲入,使回填沙与池水基本处于同一水平。然后,再继续测量池沿的水平面。当回填沙达到挖好的池沿,而且预制模边也处于水平时,便可以加固池边了。加固池边材料可以是现浇混凝土、加水泥的土或一层碎石。其后也可在池塘上修瀑布或水槽,可参照相关章节进行。

三、水生植物池与养鱼池

水生植物池与养鱼池的生命是水。鱼类排泄物、空中的灰尘、雨中杂质等的沉淀腐烂,会造成池水缺氧,鱼类生病以至窒息死亡,进而成为寄生虫的温床,故要注意池底水的清洁,防止混浊,保持水中丰富的氧气。

工程上要注意:

(1)池底要设缓和的坡度。

(2)最深部分设区划,安装塑胶管吸水。

(3)给水口要安装于水面上。下部给水口仅作为预备使用,这样清扫较方便。

(4)水宜放流,以夏天一天内能更换池内全部水量的一半为宜,水温在 25℃左右最理想。

(5)养鱼时池深 30～60 cm,或有最大鱼长的深度即可。

第二篇　园林工程专项管理

模块四

园林工程成本管理

相关知识

园林工程成本管理即施工项目成本控制，包括成本预测和决策、成本计划编制、成本计划实施、成本核算、成本检查、成本分析和考核等环节。园林工程成本是指在施工项目上发生的全部费用总和，包括直接成本和间接成本。其中直接成本包括人工费、材料费、机械费和其他直接费；间接成本指施工项目经理部发生的现场管理费和临时设施费。编制工程量清单是园林工程成本管理的基础工作之一。

1. 工程量清单的计价内容

《建设工程工程量清单计价规范》(以下简称《清单规范》)中对工程量清单的格式进行了统一规定，其内容有工程量清单封面、填表须知、工程量清单总说明、分部分项工程量清单、措施项目清单、其他项目清单和零星工作项目表。工程量清单的编写应由招标人完成，除以上规定的内容以外，招标人可根据具体情况进行补充。工程量清单主要有分部分项工程量清单、措施项目清单、其他项目清单三部分，其中分部分项工程量清单是核心。

1.1　工程量清单封面

招标人需在工程量清单封面上填写拟建的工程项目名称、招标人(招标单位)法定代表人、中介机构法定代表人、造价工程师及注册证号、编制时间。

1.2　工程量清单填表须知

招标人在编写工程量清单表格时，必须按照所规定的要求完成。具体规定如下：

(1)工程量清单及其计价格式中所有要求签字、盖章的地方，必须由规定的单位和人员签字、盖章。

(2)工程量清单及其计价格式中的任何内容不得随意删除或涂改。

(3)工程量清单计价格式中列明的所有需要填报的单价和合价,投标人均应填报,未填报的单价和合价,视为此项费用已包含在工程量清单的其他单价及合价中。

1.3　工程量清单总说明

工程量清单的总说明主要是招标人用于说明招标工程的工程概况、招标范围、工程量清单的编制依据、工程质量的要求、主要材料的价格来源等。

1.4　分部分项工程量清单

分部分项工程量清单包括项目编码、项目名称、计量单位和工程数量四项内容。编制分部分项工程量清单,主要就是将设计图纸规定要实施完成的工程的全部对象、内容和任务等列成清单,列出分部分项工程的项目名称,计算出相应项目的实体工程数量,制作完成工程量清单表。

分部分项工程量清单应根据《清单规范》附录A、附录B、附录C、附录D、附录E规定的统一项目编码、统一项目名称、统一计量单位、统一工程量计算规则进行编制。

1.5　措施项目清单

措施项目是指为了完成工程项目施工,发生于工程施工前和施工过程中的技术、生活、安全等方面的非工程实体的项目。在措施项目清单中将这些非工程实体的项目逐一列出。

1.6　其他项目清单

其他项目清单是指分部分项工程清单和措施项目清单以外,该工程项目施工中可能发生的其他费用。工程建设标准的高低、工程的复杂程度、工程的工期长短、工程的组成内容等直接影响其他项目清单中的具体内容。其他项目清单分招标人部分和投标人部分。招标人部分包括预留金、材料购置费等。投标人部分包括总承包服务费、零星工作项目费等。

2. 工程量清单报价的编制

工程量清单报价是工程投标的核心。报价过高,会失去中标机会;报价过低,即使中标,也会给工程带来亏本的风险。

2.1　相关术语的定义

(1)工程量清单:是列示拟建工程的分部分项工程项目、措施项目、其他项目名称和相应数量的明细清单。

(2)措施项目:包括施工技术措施项目、施工组织措施项目。

(3)其他项目:除分部分项工程项目、措施项目外,因招标人的要求而发生的与拟建工程有关的费用项目。包括预留金、材料购置费、总承包服务费、零星工作项目费等。

(4)项目编码:采用十二位阿拉伯数字表示。一至九位为统一编码,其中,一、二位为指引分篇顺序码,三、四位为专业工程顺序码,五、六位为分部工程顺序码,七至九位为分项工程项目名称顺序码，十至十二位为专业工程顺序码。

(5)预留金：招标人为可能发生的工程量变更而预留的金额。

(6)总承包服务费：配合招标人提出的工程分包和材料采购所需的费用。

(7)零星工作项目费：是指完成招标人提出的工程量暂估的零星工作所需的费用。

(8)消耗量定额：是指各省建设行政主管部门根据合理的施工组织设计，按照正常施工条件下制定的，生产一个规定计量单位工程合格产品所需人工、材料、机械台班的社会平均消耗量。

(9)企业定额：是指施工企业根据本企业的施工技术和管理水平，以及有关工程造价资料制定的，供本企业使用的人工、材料和机械台班消耗量。

(10)规费：是指政府和有关权力部门规定必须缴纳的费用，包括工程排污费、工程定额测定费、社会保障费、住房公积金、危险作业意外伤害保险费。

(11)税金：是指国家税法规定的应计入建设工程造价内的营业税、城市维护建设税、教育费附加以及按各省规定应缴纳的其他专项资金等。

2.2　工程量清单报价的编制与策略

国家建设部发布第119号公告，批准了《建设工程工程量清单计价规范》(GB50500-2003)为国家标准，自2003年7月1日起实施。

2.2.1　工程量清单报价的编制

(1)工程量清单是表现拟建工程的分部与分项工程项目、措施项目、其他项目名称和相应数量的明细清单，是一种用来表达工程计价项目的项目编码、项目名称和描述、单位、数量、单价、合价的表格。工程量清单报价就是根据招标人提供工程量清单表格中的项目编码、项目名称和描述、单位、数量四个栏目，由投标人完成单价、合价两个栏目的报价。

(2)工程量清单报价要求投标单位根据市场行情和自身实力对工程量清单项目逐项报价，工程量清单报价采用综合单价计价，综合单价中综合了工程直接费、间接费、利润和税金等其他费用。工程量清单报价应包括清单所列项目的全部费用，包括分部分项工程费、措施项目费、其他项目费和规费、税金共五项内容。

①分部分项工程量清单报价的编制

分部分项工程费报价时采用的是综合单价法，即每个编码项目费用中包括完成工程量清单中一个规定计量单位项目所需的人工费、材料费、机械使用费、管理费和利润，并考虑风险因素。

人工费、材料费和机械使用费每一项都是由“量”和“价”两个因素组成的，即一个规定计量单位中所需要消耗的人工数量、材料数量和机械台班数量以及人工单价、材料单价和机械台班单价所组成的费用。

人、材、机消耗量的确定。每一个规定计量单位编码项目的人、材、机消耗量，采用企业定额消耗量标准，目前还没有企业定额的单位可采用地方定额的消耗量标准。

人、材、机单价的确定。人、材、机的单价是指市场价格，企业根据自己的材料供应网和平时积累的大量价格信息资料，结合市场供求关系价格变化，准确、快捷地确定人、材、机的市场价格。

企业管理费和利润率的确定。企业管理费和利润这两项费用都包括在清单的报价中，企业应当根据自己的实力、竞争的要求、以期达到的目的，并参考地方定额的标准来确定这两项的比率，高或低，由企业自主决定。

②措施项目清单报价的编制

措施项目清单包括为完成分部实体工程而必须采用的一些措施性工作，如施工排水、模板、脚手架、垂直运输等内容。由于不同施工企业将采用不同的施工方法与施工措施，措施项目清单中所列的措施项目均以“一项”为一个报价单位，即一项措施报一个总价。

《建设工程工程量清单计价规范》所列措施项目内容，在原定额中有的是属于直接费的项目，如大型机械设备进出场及垂直运输费用、模板及支架、脚手架、施工排降水等；有的是包含在各子目中，如二次搬运费、已完工程及设备保护费等；有的是属于现场管理费的内容，如临时设施等。而现在单独列项的文明施工、安全施工、环境保护原来都包含在临时设施中。

措施项目清单中的每项内容都需要根据施工组织设计的要求以及现场的实际情况进行仔细拆分、详细计算才会有结果。比如“临时设施”这一项，概括起来包括以下几方面的内容。第一是临时建筑，如临时宿舍、办公室、临时仓库等；第二是临时设施，如临水、临电、小型临时设施等；第三是临时道路，包括施工道路的铺设、硬化及塔式起重机基础等。临时设施费包括了以上建设项目的搭设、租赁、摊销、维护以及拆除的全部费用。以上各项都需要分别计算出人、材、机的费用、企业管理费和利润，然后再进行综合，形成临时设施这一项内容的总价。

③其他项目清单报价的编制

其他项目清单主要体现了招标人提出的一些与拟建工程有关的特殊要求，《建设工程工程量清单计价规范》所列其他项目清单共四项，即预留金、材料购置费、总承包服务费、零星工作项目费。其中与招标人有关的费用有预留金、材料购置费，这两部分费用由招标人事先在招标文件中说明，属于招标人的费用，不需要投标人另外报价；与投标人有关的费用有总承包配合管理费、零星工作项目计人工单价，这两部分费用由投标人自行竞争报价确定。

总承包服务费包括配合协调招标人进行的工程分包和材料采购所需要的费用，根据招标人提出的要求所需发生的费用确定；零星工作项目费应根据招标文件中的“零星工作项目计划表”确定。

④规费和税金报价的编制

规费，是指国家或地方造价管理部门规定的、允许列入工程报价内容的费用，如定额测定费等。这一项费用各地没有统一规定，报价时根据招标文件的要求填报。税金，是指我们平时所说的两税一费（营业税、城市维护建设税和教育费附加），税额根据税务部门的统一规定计取。规费和税金，虽然列入清单报价内容，但不是投标人的收入，而是收取以后需要上缴的费用。

2.2.2 工程量清单不平衡报价的策略

工程量清单报价策略，就是保证在标价具有竞争力的条件下，获取尽可能大的经济效益。常用的一种工程量清单报价策略是不平衡报价，即在总报价固定不变的前提下，提高某些分部分项工程的单价，同时降低另外一些分部分项工程的单价。不平衡报价有两个方面的目的：一个是为了早收钱，另一个是为了多收钱。采用不平衡报价策略通常有以下几种做法：

(1)适当提高早期施工的分部分项工程单价,如土方工程、基础工程的单价,降低后期施工分部分项工程的单价。

(2)对图纸不明确或有错误,估计今后工程量会有增加的项目单价可报得高一些;对工程内容说明不清楚,估计今后工程量会取消或减少的项目,单价可报得低一些,以利于将来索赔,达到多收钱的目的。

(3)对于只填单价而无工程量的项目,单价宜报高一些,因为它不会影响投标总价,而一旦项目实施就可多得利润。

(4)对暂定工程,估计今后会发生的工程项目,单价可定得高些;否则,单价可报得低些。

(5)对常见的分部分项工程项目如钢筋混凝土、砖墙、粉刷等项目的单价可报得低一些;对不常见的分部分项工程项目如刺网围墙等项目的单价可以适当提高一些。

实训7 园林工程工程量清单报价的编制

7.1 实训目标

通过组织学生进行园林工程工程量清单报价的编制,熟悉园林工程工程量清单的编制和工程量清单报价的编制。

7.2 实训材料与方法

7.2.1 实训材料

笔、纸、计算器、园林工程工程量清单计价指引、园林施工图纸与设计说明、园林工程预算定额与费用定额、造价信息等。

7.2.2 实训方法

(1)根据园林工程量清单计价指引、园林工程施工图纸、预算定额与费用定额等,编制园林工程工程量清单。

(2)根据园林工程量清单计价指引、园林工程施工图纸、预算定额与费用定额、造价信息、施工组织设计等,编制园林工程工程量清单报价。

7.3 实训步骤

(1)“封面”应按规定的内容填写并签字、盖章;

(2)“编制说明”的编制;

(3)“工程项目总价表”的编制;

(4)“单项工程费汇总表”的编制;

(5)“单位工程费汇总表”的编制;

(6)“分部分项工程量清单计价表”的编制;

(7)"措施项目清单计价表"的编制；
(8)"其他项目清单计价表"的编制；
(9)"分部分项工程量清单综合单价分析表"的编制；
(10)"主要材料价格表"的编制。

7.4 实训要求及注意事项

学生每4人一组，要求每组学生完成一份工程量清单报价。

(1)根据××园林工程施工图及设计说明，编制××园林工程工程量清单报价。
(2)各种表格要规范，计算、填写要认真。

7.5 实训考核

<table>
<tr><th rowspan="2">序号</th><th rowspan="2">考核项目</th><th colspan="4">考核标准</th><th colspan="4">等级分值</th></tr>
<tr><th>A</th><th>B</th><th>C</th><th>D</th><th>A</th><th>B</th><th>C</th><th>D</th></tr>
<tr><td>1</td><td>规范性</td><td>符合工程量清单报价的规范要求</td><td>较好</td><td>一般</td><td>较差</td><td>20</td><td>16</td><td>12</td><td>8</td></tr>
<tr><td>2</td><td>内容的完整性</td><td>工程量清单报价的内容完整</td><td>较好</td><td>一般</td><td>较差</td><td>60</td><td>48</td><td>36</td><td>24</td></tr>
<tr><td>3</td><td>熟练程度</td><td>编制工程量清单报价的熟练程度</td><td>较好</td><td>一般</td><td>较差</td><td>10</td><td>8</td><td>6</td><td>4</td></tr>
<tr><td>4</td><td>实训态度</td><td>积极主动，完成及时</td><td>较好</td><td>一般</td><td>较差</td><td>10</td><td>8</td><td>6</td><td>4</td></tr>
<tr><td colspan="6">本实训考核成绩(合计分)</td><td colspan="4"></td></tr>
</table>

7.6 思考题

(1)工程量清单有哪些内容？
(2)工程量清单的编制要求有哪些？
(3)设计一个简单实例，说明园林工程工程量清单报价的编制。

7.7 实训案例

实训案例6　××生物科技办公室外景观工程(绿化工程)工程量清单报价编制实例

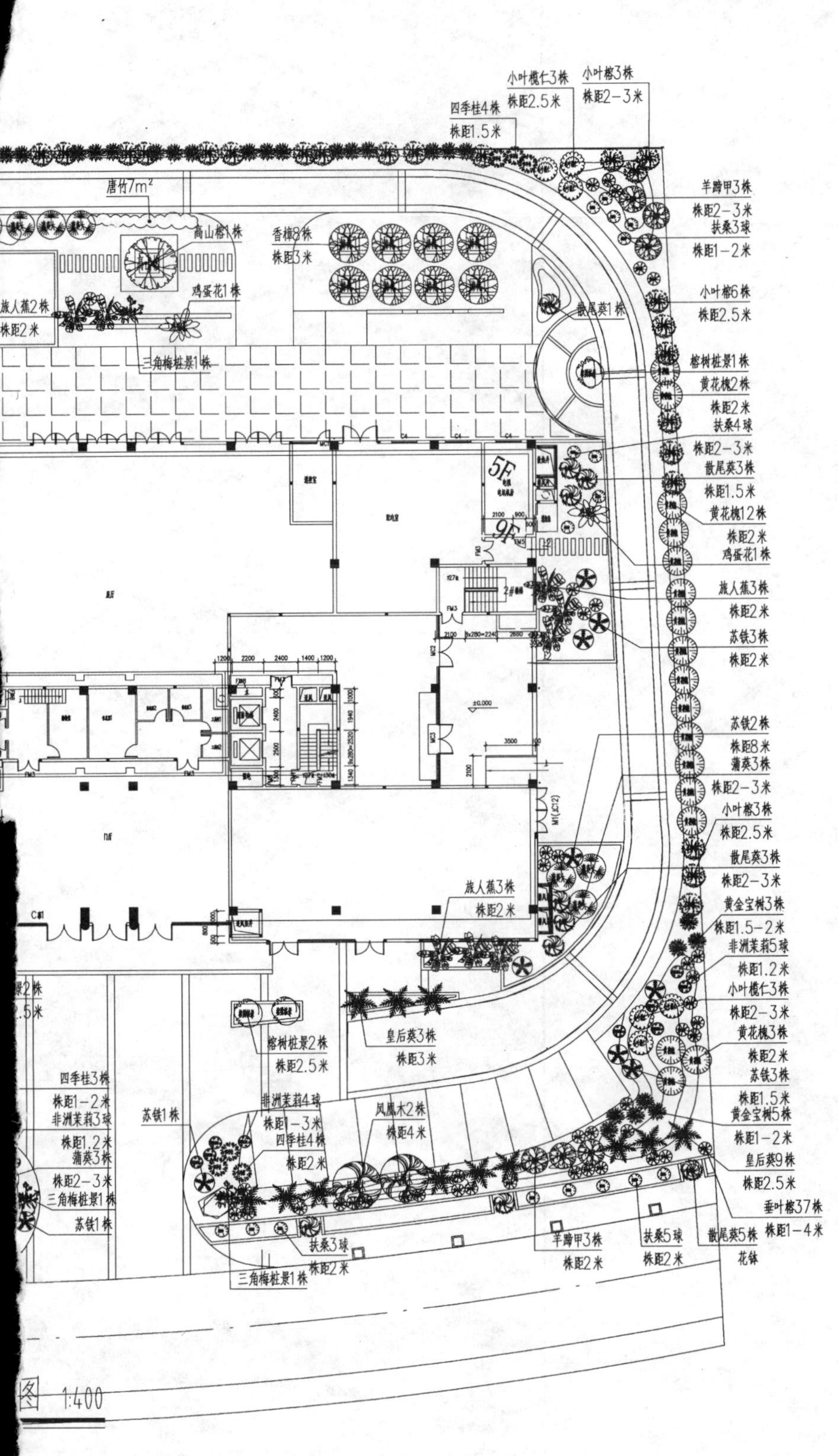

乔灌木平面图	设计		项目负责		二　审		图号	LH-01
							比例	1:400
	复核		一　审		工程编号		日期	2009.08

专业 签名 日期

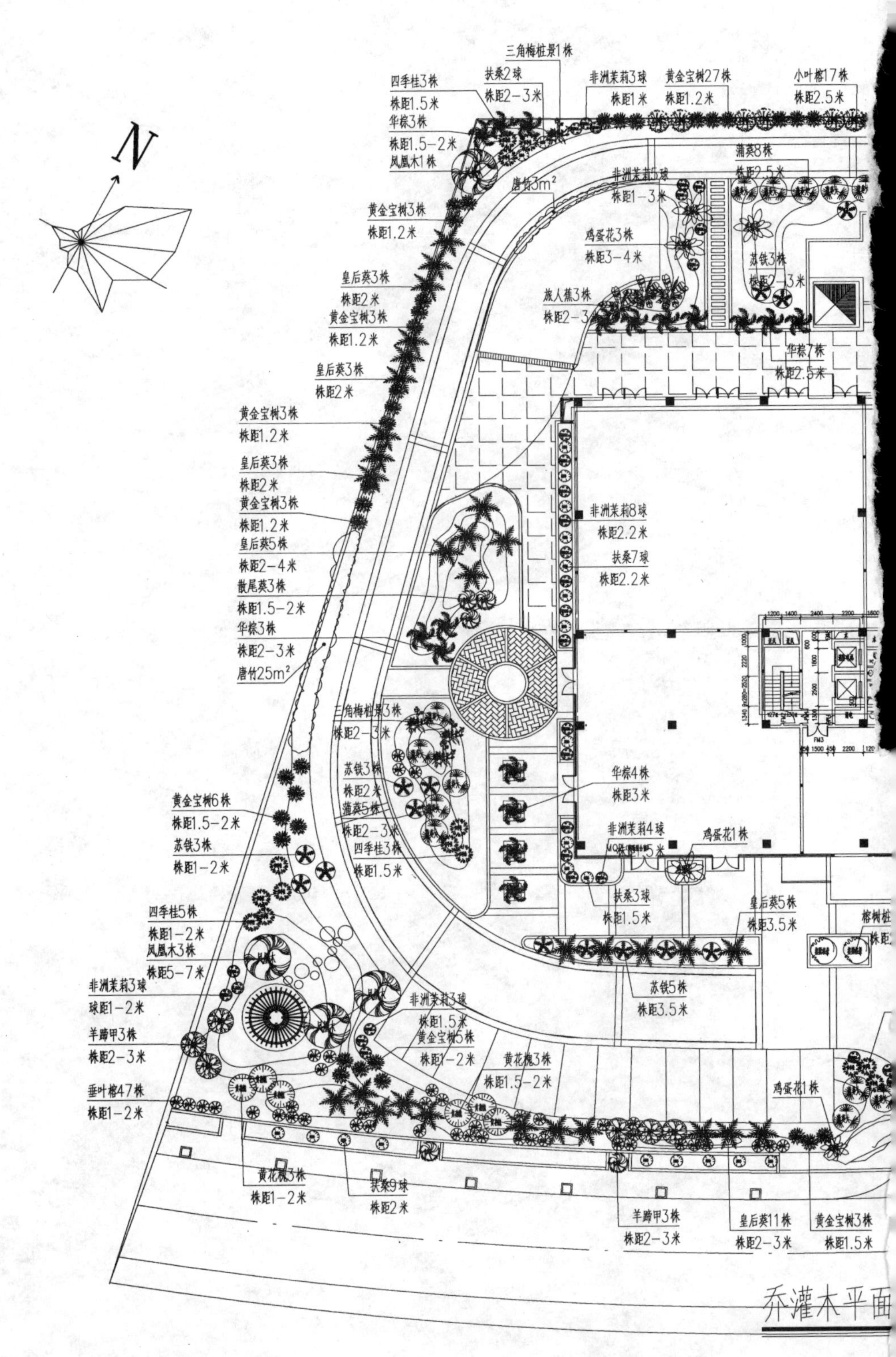

乔灌木平面

XX景观艺术有限公司	建设单位	xxx生物科技开发有限公司	图名
	工程名称	xxx生物医药科研开发中心	

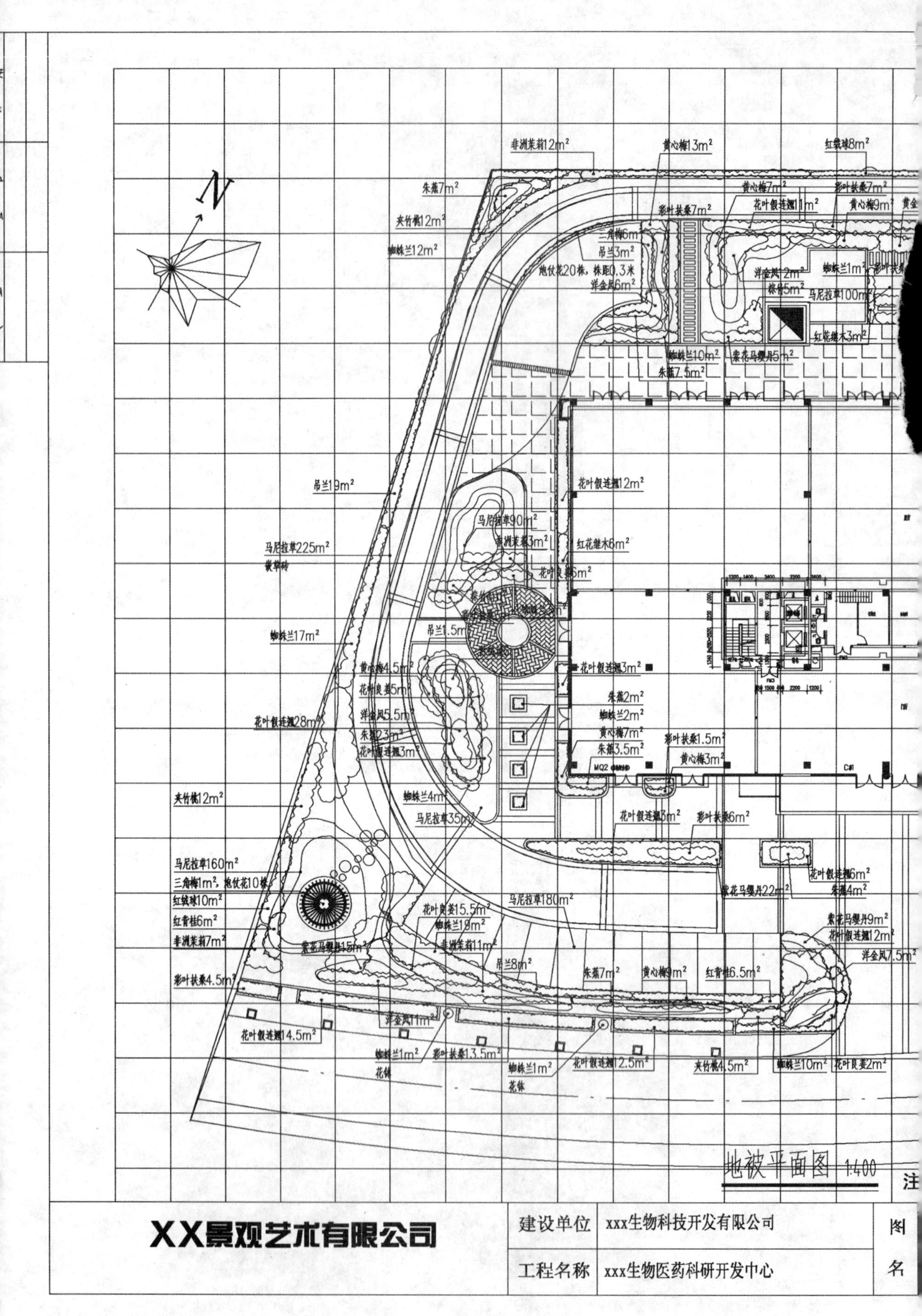
N
非洲茉莉12m^2
黄心梅13m^2
红绒球8m^2
朱蕉7m^2
黄心梅7m^2
彩叶扶桑7m^2
花叶假连翘11m^2
黄心梅9m^2
彩叶扶桑7m^2
夹竹桃12m^2
三角梅6m^2
吊兰3m^2
蜘蛛兰12m^2
炮仗花20株，株距0.3米
洋金凤6m^2
洋金凤12m^2
蜘蛛兰1m^2
棕竹5m^2
马尼拉草100m^2
红花继木3m^2
蜘蛛兰10m^2
紫花马缨丹5m^2
朱蕉7.5m^2
吊兰19m^2
花叶假连翘12m^2
马尼拉草90m^2
马尼拉草225m^2
嵌草砖
非洲茉莉3m^2
红花继木6m^2
蜘蛛兰17m^2
吊兰1.5m^2
黄心梅4.5m^2
花叶假连翘3m^2
花叶良姜5m^2
朱蕉2m^2
洋金凤5.5m^2
蜘蛛兰2m^2
花叶假连翘28m^2
朱蕉23m^2
黄心梅7m^2
花叶假连翘3m^2
朱蕉3.5m^2
彩叶扶桑1.5m^2
黄心梅3m^2
夹竹桃12m^2
蜘蛛兰4m^2
马尼拉草35m^2
花叶假连翘3m^2
彩叶扶桑6m^2
马尼拉草160m^2
三角梅1m^2，炮仗花10株
红绒球10m^2
红背桂6m^2
非洲茉莉7m^2
花叶假连翘6m^2
朱蕉4m^2
紫花马缨丹22m^2
马尼拉草180m^2
花叶良姜15.5m^2
蜘蛛兰19m^2
紫花马缨丹15m^2
非洲茉莉11m^2
紫花马缨丹9m^2
花叶假连翘12m^2
洋金凤7.5m^2
彩叶扶桑4.5m^2
吊兰8m^2
朱蕉7m^2
黄心梅9m^2
红背桂6.5m^2
洋金凤11m^2
花叶假连翘14.5m^2
蜘蛛兰1m^2
花钵
彩叶扶桑13.5m^2
蜘蛛兰1m^2
花钵
花叶假连翘12.5m^2
夹竹桃4.5m^2
蜘蛛兰10m^2
花叶良姜2m^2
地被平面图 1:400
注
XX景观艺术有限公司
建设单位 xxx生物科技开发有限公司
工程名称 xxx生物医药科研开发中心
图名

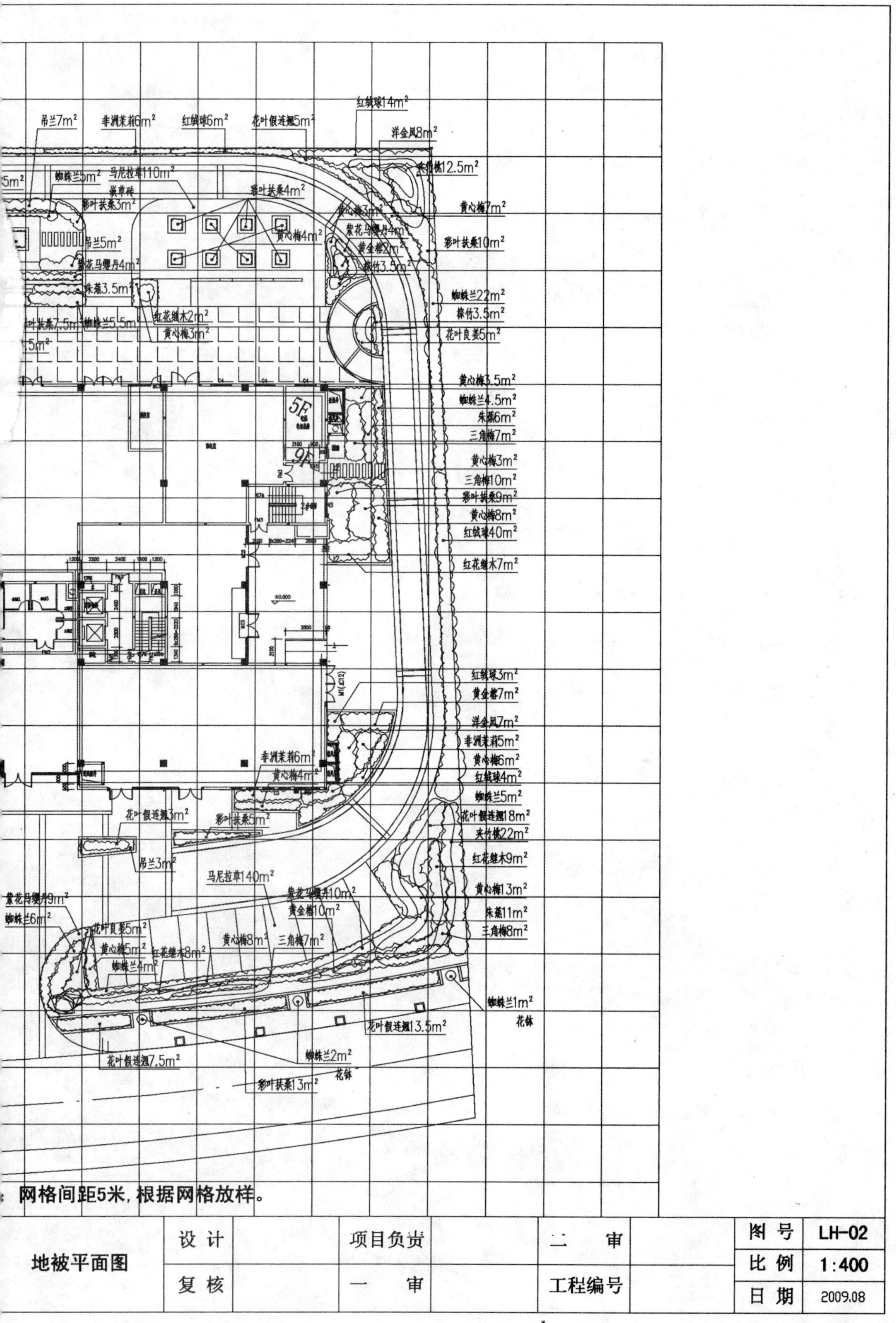

地被平面图	设计		项目负责		二　审		图号	LH-02
	复核		一　审		工程编号		比例	1:400
							日期	2009.08

工程预算书

建设单位：

工程名称：　　　　××生物科技办公楼室外景观工程

工程编号：

建筑面积：　　　　平方米

工程造价：　　　　867904.59　元

经济指标：　　　　元/平方米

编 制 人：

编制人证书编号：

审 核 人：

审核人证书编号：

审核单位：

编制日期：　　　　××××-××-××

编制依据

1.《建设工程工程量清单计价规范》(GB50500-2008)。

2.《建设工程工程量清单计价规范宣传贯彻辅导材料》。

3. 福建省建设工程造价管理总站发布的《建设工程工程量清单计价规范(GB50500-2008)学习资料》。

4. 福建省建设厅关于贯彻实施《建设工程工程量清单计价规范》(GB50500-2008)的通知(闽建筑[2009]18 号)。

5. 由××亮景观设计有限公司设计的"××生物科技办公楼室外景观工程"的施工图纸。

6. 业主提供的"××生物科技办公楼室外景观工程"CAD 图(电子版)。

7. 本表中:管理费=(人工费+机械台班费)×企业管理费率

利润=(直接工程费+企业管理费)×利润率

综合单价=人工费+材料费+机械费+管理费+利润

工程项目总价表

工程名称:××生物科技办公楼室外景观

序号	单项工程名称	金额(元)
1	单项工程 S01	867904.59
	劳保费按企业核定类别计取的工程项目总价合计	867904.59

单项工程费汇总表

工程名称:单项工程 S01

序号	单位工程名称	金额(元)
1	景观单位工程(略)	275872.56
2	安装单位工程(略)	119626.75
3	绿化单位工程	472405.28
	劳保费按企业核定类别计取的单项工程费合计	867904.59

单位工程费汇总表

工程名称:单项工程 S01_绿化单位工程

序号	项目名称	金额(元)
一	分部分项工程量清单计价合计	425077.07
二	措施项目清单计价合计	18618.38
三	工程担保费	94.46
四	规费清单计价合计(劳保费按企业核定类别计取)	12886.13
五	税金	15729.24
	单位工程费小计(劳保费按企业核定类别计取,不含担保费)	472310.82
	劳保费按企业核定类别计取的单位工程费合计	472405.28

注:措施项目清单计价合计为技术措施项目清单计价合计与其他措施项目清单计价合计之和。

分部分项工程量清单计价表

工程名称:单项工程 S01_绿化单位工程　　　　第　页,共　页

序号	项目编码	项目名称	计量单位	工程数量	金额(元)	
					综合单价	合价
1	050101006001	整理绿化用地	m^2	2165	3.08	6668.20
2	050102010001	铺种草皮马尼拉草	m^2	1040	9.72	10108.80
3	种植土回填 001	种植土回填	m^3	753	51.00	38403.00
4	050102001001	栽植乔木　大叶榕(小)∅15～16,$H\geqslant320$,$S\geqslant250$	株(株丛)	29	949.32	27530.28
5	050102001002	栽植乔木　高山榕∅40,$H\geqslant450$,$S\geqslant350$	株(株丛)	1	10046.94	10046.94
6	050102001003	栽植乔木　香樟∅13～14,$H\geqslant250$,$S\geqslant200$	株(株丛)	8	158.13	1265.04
7	050102001004	栽植乔木　凤凰木∅20,$H\geqslant400$,$S\geqslant250$	株(株丛)	6	4296.64	25779.84
8	050102001005	栽植乔木　羊蹄甲∅15～16,$H\geqslant350$,$S\geqslant250$	株(株丛)	12	2326.32	27915.84
9	050102001006	栽植乔木　三角梅桩景　地径14～15,$H\geqslant150$～200,$S\geqslant120$	株(株丛)	7	694.32	4860.24
10	050102001007	栽植乔木　榕树桩景　地径14～15,$H\geqslant180$～200,$S\geqslant150$	株(株丛)	5	592.32	2961.60
11	050102003001	栽植棕榈类　旅人蕉　$H\geqslant200$,$S\geqslant220$	株	11	454.07	4994.77
12	050102001008	栽植乔木　细叶榄仁∅11～12,$H\geqslant300$,$S\geqslant180$	株(株丛)	7	601.56	4210.92
13	050102004001	栽植灌木　鸡蛋花∅7～8,$H\geqslant200$,$S\geqslant180$	株	7	2157.65	15103.55
14	050102001009	栽植乔木　黄花槐∅7～8,$H\geqslant200$,$S\geqslant180$	株(株丛)	23	314.62	7236.26
15	050102001010	栽植乔木　四季桂∅7～8,$H\geqslant220$,$S\geqslant160$	株(株丛)	20	447.22	8944.40
16	050102001011	栽植乔木　黄金宝树∅5～6,$H\geqslant180$,$S\geqslant150$	株(株丛)	61	343.25	20938.25
17	050102001012	栽植乔木　垂叶榕∅5～6,$H\geqslant140$,$S\geqslant110$	株(株丛)	84	210.65	17694.60
18	050102003002	栽植棕榈类　皇后葵	株	42	883.11	37090.62
19	050102003003	栽植棕榈类　华棕　头径30～35	株	17	1600.13	27202.21
20	050102003004	栽植棕榈类　苏铁　头径28～30	株	24	784.13	18819.12
21	050102003005	栽植棕榈类　蒲葵　头径28～30	株	19	835.13	15867.47

续表

序号	项目编码	项目名称	计量单位	工程数量	金　额(元)	
					综合单价	合价
22	050102003006	栽植棕榈类　散尾葵　杆径 5～6	株	15	158.65	2379.75
23	050102002001	栽植竹类唐竹　杆高 180	m^2	35	376.69	13184.15
24	050102004002	栽植灌木　非洲茉莉球　*H*100	株	40	185.21	7408.40
25	050102004003	栽植灌木　扶桑球　*H*120	株	39	103.61	4040.79
26	050102007001	栽植色带　花叶良姜 40 * 30	m^2	40	97.82	3912.80
27	050102007002	栽植色带　黄金榕 40 * 30	m^2	24	78.06	1873.44
28	050102002002	栽植竹类　棕竹 40 * 30	m^2	16	110.74	1771.84
29	050102007003	栽植色带　朱蕉 50 * 35	m^2	80	67.86	5428.80
30	050102007004	栽植色带　三角梅 50 * 40	m^2	39	88.26	3442.14
31	050102007005	栽植色带　彩叶扶桑 45 * 30	m^2	86	52.56	4520.16
32	050102007006	栽植色带　假金凤 60 * 50	m^2	57	67.86	3868.02
33	050102007007	栽植色带　花叶假连翘 30 * 25	m^2	152	47.46	7213.92
34	050102007008	栽植色带　黄心梅 40 * 30	m^2	120	47.46	5695.20
35	050102007009	栽植色带　蜘蛛兰 40 * 20	m^2	116	57.66	6688.56
36	050102007010	栽植色带　红背桂 40 * 30	m^2	13	57.66	749.58
37	050102007011	栽植色带　紫花马樱丹 25 * 20	m^2	63	47.46	2989.98
38	050102007012	栽植色带　非洲茉莉 50 * 20	m^2	50	67.86	3393.00
39	050102007013	栽植色带　吊兰 25 * 20	m^2	50	57.66	2883.00
40	050102007014	栽植色带　红绒球 70 * 70	m^2	91	47.46	4318.86
41	050102007015	栽植色带　红花继木 40 * 30	m^2	35	57.66	2018.10
42	050102007016	栽植色带　夹竹桃 80 * 40	m^2	63	52.56	3311.28
43	050102006001	栽植攀缘植物　炮仗花枝长 1.2 m	株	30	7.97	239.10
44	050102006002	栽植攀缘植物　常春藤　枝长 0.5 m	株	15	6.95	104.25
		小　计				425077.07
		合　计				425077.07

其他措施项目清单计价表

工程名称：单项工程 S01_绿化单位工程

序号	项目名称	基数	费率	金额(元)
1	文明施工	425077.07	1.06%	4505.82
2	安全施工	425077.07	0.85%	3613.16
3	临时设施	425077.07	1.6%	6801.23
4	夜间施工	425077.07	0.19%	807.65
5	已完工程及设备保护费	425077.07	0.11%	467.58
6	风雨季施工增加费	425077.07	0.38%	1615.29
7	生产工具用具使用费	425077.07	0.09%	382.57
8	工程点交、场地清理费	425077.07	0.1%	425.08
	合计			18618.38

规费清单计价表

工程名称：单项工程 S01_绿化单位工程

序号	项目名称	基数	费率	金额(元)
1	两贴	903.14	2	1806.27
5	工程定额测定费	456061.67	0.114%	519.91
6	危险作业意外伤害保险	443695.45	0.19%	843.02
7	劳保费(按企业核定类别计取)	443695.45	2.19%	9716.93
8	劳保费(按招标规定)	443695.45	2.19%	9716.93
	劳保费按企业核定类别计取的规费合计			12886.13

分部分项工程量清单综合单价分析表

工程名称：单项工程 S01_绿化单位工程　　　　第　页，共　页

序号	项目编码	项目名称	单位	数量	人工费	材料费	机械费	企管费 / 企管费率	利润 / 利润率	风险费 / 风险费率	综合单价(元)	合价(元)
		专业分部 L01										
1	050101006001	整理绿化用地	m^2	2165							3.08	6668.20
(1)	50101001 换 1	整理绿化地	m^2	2165	2.70	0.00	0.00	0.32 12%	0.06 2%	0.00	3.08	6668.20
2	050102010001	铺种草皮　马尼拉草	m^2	1040							9.72	10108.80
(1)	50101142 换 1	铺植草皮满铺	m^2	1040	0.50	5.07	0.00	0.06 12%	0.11 2%	0.00	5.74	5969.60

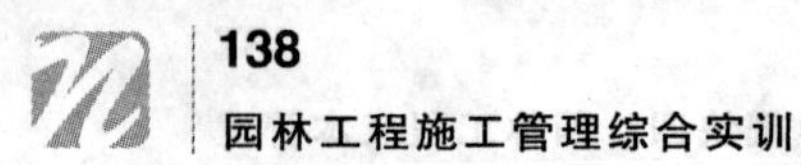

续表

序号	项目编码	项目名称	单位	数量	人工费	材料费	机械费	企管费 企管费率	利润 利润率	风险费 风险费率	综合单价(元)	合价(元)
(2)	50102091	草坪　满铺	m^2	1040	2.40	0.47	0.84	0.19 6%	0.08 2%	0.00	3.98	4139.20
3	种植土回填001	种植土回填	m^3	753							51.00	38403.00
(1)	种植土回填	优质种植土回填	m^3	753	0.00	50.00	0.00	0.00 20%	1.00 2%	0.00	51.00	38403.00
4	050102001001	栽植乔木　大叶榕(小) ∅15～16,$H\geqslant 320$,$S\geqslant 250$	株(株丛)	29							949.32	27530.28
(1)	50102003	单排、独立常绿乔木　胸径(20 cm以内)	株	29	28.34	2.70	3.03	1.88 6%	0.72 2%	0.00	36.67	1063.43
(2)	50101075	栽植乔木(带土球)　土球直径(80 cm以内)	株	29	13.86	0.35	14.64	3.42 12%	0.65 2%	0.00	32.92	954.68
(3)	50101177	毛竹桩　三脚桩	株	29	1.80	10.46	0.00	0.22 12%	0.25 2%	0.00	12.73	369.17
(4)	苗木换4	大叶榕(小)	株	29	0.00	850.00	0.00	0.00 20%	17.00 2%	0.00	867.00	25143.00
5	050102001002	栽植乔木　高山榕∅40,$H\geqslant 450$,$S\geqslant 350$	株(株丛)	1							10046.94	10046.94
(1)	50101077	栽植乔木(带土球)　土球直径(120 cm以内)	株	1	23.25	0.92	33.04	6.75 12%	1.28 2%	0.00	65.24	65.24
(2)	50102005	单排、独立常绿乔木　胸径(40 cm以内)	株	1	62.27	3.56	3.71	3.96 6%	1.47 2%	0.00	74.97	74.97
(3)	50101177	毛竹桩　三脚桩	株	1	1.80	10.46	0.00	0.22 12%	0.25 2%	0.00	12.73	12.73
(4)	苗木换5	高山榕∅40,$H\geqslant 450$,$S\geqslant 350$	株	1	0.00	9700.00	0.00	0.00 20%	194.00 2%	0.00	9894.00	9894.00

续表

序号	项目编码	项目名称	单位	数量	人工费	材料费	机械费	企管费	利润	风险费	综合单价(元)	合价(元)
								企管费率	利润率	风险费率		
6	050102001003	栽植乔木 香樟∅13～14,H≥250,S≥200	株(株丛)	8							158.13	1265.04
(1)	50101012	起挖乔木(带土球) 土球直径(80 cm以内)	株	8	14.07	4.44	14.64	3.45 12%	0.73 2%	0.00	37.33	298.64
(2)	50101177	毛竹桩 三脚桩	株	8	1.80	10.46	0.00	0.22 12%	0.25 2%	0.00	12.73	101.84
(3)	50102003	单排、独立常绿乔木 胸径(20 cm以内)	株	8	28.34	2.70	3.03	1.88 6%	0.72 2%	0.00	36.67	293.36
(4)	苗木换6	香樟	株	8	0.00	70.00	0.00	0.00 20%	1.40 2%	0.00	71.40	571.20
7	050102001004	栽植乔木 凤凰木∅20,H≥400,S≥250	株(株丛)	6							4296.64	25779.84
(1)	50101077	栽植乔木(带土球) 土球直径(120 cm以内)	株	6	23.25	0.92	33.04	6.75 12%	1.28 2%	0.00	65.24	391.44
(2)	50101177	毛竹桩 三脚桩	株	6	1.80	10.46	0.00	0.22 12%	0.25 2%	0.00	12.73	76.38
(3)	50102003	单排、独立常绿乔木 胸径(20 cm以内)	株	6	28.34	2.70	3.03	1.88 6%	0.72 2%	0.00	36.67	220.02
(4)	苗木换7	凤凰木	株	6	0.00	4100.00	0.00	0.00 20%	82.00 2%	0.00	4182.00	25092.00
8	050102001005	栽植乔木 羊蹄甲∅15～16,H≥350,S≥250	株(株丛)	12							2326.32	27915.84
(1)	50101075	栽植乔木(带土球) 土球直径(80 cm以内)	株	12	13.86	0.35	14.64	3.42 12%	0.65 2%	0.00	32.92	395.04
⋮	⋮	⋮	⋮	⋮	⋮	⋮	⋮	⋮	⋮	⋮	⋮	⋮

续表

序号	项目编码	项目名称	单位	数量	人工费	材料费	机械费	企管费 企管费率	利润 利润率	风险费 风险费率	综合单价(元)	合价(元)
(3)	苗木换42	夹竹桃	m²	63	0.00	45.00	0.00	0.00 20%	0.90 2%	0.00	45.90	2891.70
43	050102006001	栽植攀缘植物 炮仗花 枝长1.2 m	株	30							7.97	239.10
(1)	50101151	栽植攀缘植物 地径(2 cm以内)	丛	30	0.28	0.03	0.00	0.03 12%	0.01 2%	0.00	0.35	10.50
(2)	50102080	攀缘植物 地径(2 cm以内)	株	30	1.21	1.49	1.60	0.17 6%	0.09 2%	0.00	4.56	136.80
(3)	苗木换43	炮仗花	株	30	0.00	3.00	0.00	0.00 20%	0.06 2%	0.00	3.06	91.80
44	050102006002	栽植攀缘植物 常春藤 枝长0.5 m	株	15							6.95	104.25
(1)	50101151	栽植攀缘植物 地径(2 cm以内)	丛	15	0.28	0.03	0.00	0.03 12%	0.01 2%	0.00	0.35	5.25
(2)	50102080	攀缘植物 地径(2 cm以内)	株	15	1.21	1.49	1.60	0.17 6%	0.09 2%	0.00	4.56	68.40
(3)	苗木换44	常春藤	株	15	0.00	2.00	0.00	0.00 20%	0.04 2%	0.00	2.04	30.60
分部合计					27084.76	378141.53	8205.85	3311.03	8333.90	0.00		425077.07
分部分项清单合计					27084.76	378141.53	8205.85	3311.03	8333.90	0.00		425077.07

人工、材料、机械台班价格表

工程名称:单项工程 S01_绿化单位工程　　　　第　页,共　页

序号	编　码	项目名称	单位	单价(元)	用量	合价(元)
1	340116004011	其他材料费占辅材	%	0	103.5	0
2	340102001001	药剂	kg	24	41.144	987.46
3	340109008001	绑扎绳	kg	8.02	195.5	1567.91
4	080501001001	肥料	kg	0.8	879.9903	703.99
5	340104001001E	水	m³	2.3	161.864	372.29
6	340104001001	水	m³	1.45	271.61	393.83
7	020201001005	毛竹长1.2 m	根	2.15	1173	2521.95

续表

序号	编　码	项目名称	单位	单价(元)	用量	合价(元)
8	370101002002	综合工日	工日	30	708.2868	21248.6
9	370101004001	土石方工/拆除工/搬运工	工日	30	194.85	5845.5
10	370508001001	洒水车罐容量 4000 L	台班	280.75	9.6812	2718
11	370403001001	汽车式起重机提升质量 5 t	台班	346.06	3.0879	1068.6
12	370403001002	汽车式起重机提升质量 8 t	台班	474.72	9.3114	4420.31
13	080501004001_2	优质种植土	m^3	50	753	37650
14	361006001001_2	草皮-2	m^2	4.5	1144	5148
15	340109001001	草绳	kg	0.74	48	35.52
16	340116004005_71	香樟	元	70	8	560
17	340116004005_73	羊蹄甲	元	2200	12	26400
18	340116004005_74	三角梅桩景	元	600	7	4200
19	340116004005_75	榕树桩景	元	500	5	2500
20	340116004005_76	旅人蕉	元	400	11	4400
21	340116004005_77	细叶榄仁	元	520	7	3640
22	340116004005_78	鸡蛋花	元	2100	7	14700
23	340116004005_79	黄花槐	元	270	23	6210
24	340116004005_80	四季桂	元	400	20	8000
25	340116004005_81	黄金宝树	元	300	61	18300
26	340116004005_82	垂叶榕	元	170	84	14280
27	340116004005_83	皇后葵	元	700	42	29400
28	340116004005_84	华棕	元	1500	17	25500
29	340116004005_85	苏铁	元	700	24	16800
30	340116004005_86	蒲葵	元	750	19	14250
31	340116004005_87	散尾葵	元	130	15	1950
32	340116004005_88	唐竹	元	360	35	12600
33	340116004005_89	非洲茉莉球　*H*100	元	170	40	6800
34	340116004005_90	扶桑球	元	90	39	3510
35	340116004005_91	花叶良姜　40*30	元	88	40	3520
36	340116004005_92	黄金榕　40*30	元	70	24	1680
37	340116004005_93	棕竹	元	100	16	1600
38	340116004005_94	朱蕉	元	60	80	4800

续表

序号	编　码	项目名称	单位	单价(元)	用量	合价(元)
39	340116004005_95	三角梅	元	80	39	3120
40	340116004005_96	彩叶扶桑　45 * 30	元	45	86	3870
41	340116004005_97	假金凤	元	60	57	3420
42	340116004005_98	花叶假连翘	元	40	152	6080
43	340116004005_99	黄心梅　40 * 30	元	40	120	4800
44	340116004005_100	蜘蛛兰	元	50	116	5800
45	340116004005_101	红背桂　40 * 30	元	50	13	650
46	340116004005_102	紫花马樱丹	元	40	63	2520
47	340116004005_103	非洲茉莉　50 * 20	元	60	50	3000
48	340116004005_104	吊兰	元	50	50	2500
49	340116004005_105	红绒球	元	40	91	3640
50	340116004005_106	红花继木	元	50	35	1750
51	340116004005_107	夹竹桃	元	45	63	2835
52	340116004005_108	炮仗花	元	3	30	90
53	340116004005_109	常春藤	元	2	15	30
54	340116004005_116	大叶榕(小)	元	850	29	24650
55	340116004005_117	高山榕　$\varnothing 40, H \geqslant 450, S \geqslant 350$	元	9700	1	9700
56	340116004005_118	凤凰木	元	4100	6	24600

模块五

园林工程进度管理

相关知识

1. 园林工程进度管理概念

园林工程即园林施工项目,园林施工项目进度管理是指在既定的工期内,编制出最优的施工进度计划,在执行该计划的过程中,经常检查施工实际情况,并将其与计划进度相比较,若出现偏差,便分析产生的原因和对工期的影响程度,制定出必要的调整措施,修改原计划,不断地如此循环,直至工程竣工验收。

2. 园林工程项目进度计划的编制

园林工程施工进度计划常见的表达方式有横道图和网络图两种。

2.1 横道图进度计划的编制

横道图又称甘特图(Gantt),是应用广泛的进度表达方式。横道图通常在左侧垂直向下依次排列工程任务的各项工作名称,而在右边与之紧邻的时间维度中则对应各项工作逐项绘制道线,从而使每项工作的起止时间均可由横道线的两个端点来得以表示。横道图有许

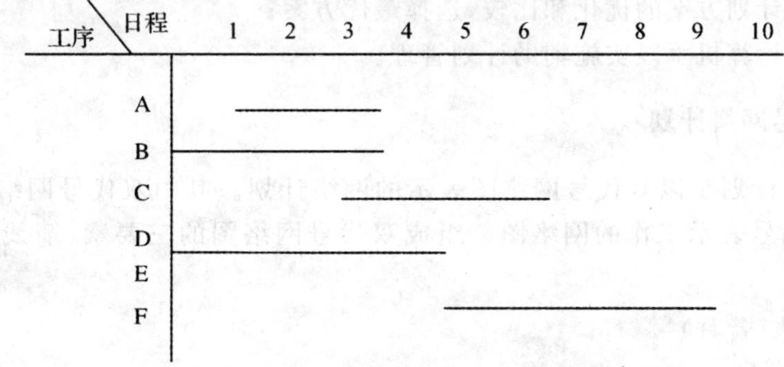

图 5-1 横道图

多缺点，但由于应用起来简单、方便、直观，仍然是目前现场管理中最常见的进度计划方法，在现场施工中被广泛应用。

用横道图编制工程项目进度计划，其特点是：

(1)直观易懂，易被接受。

(2)可形成进度计划与资源资金使用计划和各种组合，使用方便。

横道图的缺点是：

(1)不能明确表达工程任务各项工作之间的各种逻辑关系。

(2)不能表示影响计划工期的关键工作。

(3)不便于进行计划的各种时间参数计算。

(4)不便于进行计划的优化、调整。

鉴于横道图的不足之处，它一般更适用于简单、粗略的进度计划编制，或作为网络计划分析结果输出形式。

2.2 网络计划的编制

网络计划即网络图，是利用箭头和节点所组成的有向、有序的网状图形，来表示总体工程任务各项工作流程或系统安排的一种进度计划表达方式。例如：

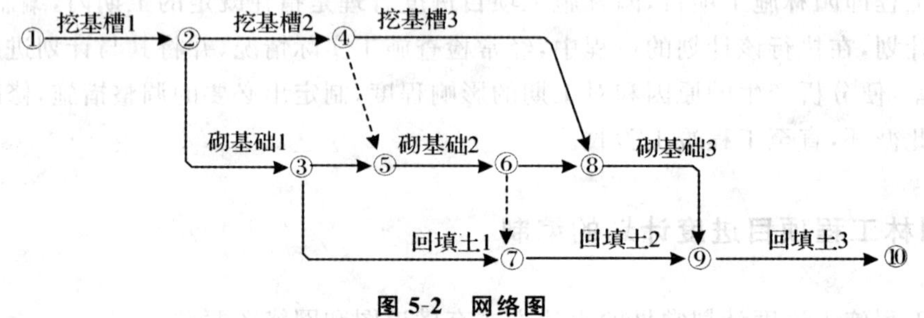

图 5-2 网络图

用网络图编制工程项目进度计划，其特点是：

- 能正确表达各工作之间相互作用、相互依存的关系；
- 通过网络分析计算能够确定哪些工作是影响工期的关键工作因而不容延误必须按时完成，哪些工作则被允许有机动时间以及有多少机动时间，从而使计划管理者充分掌握工程进度控制的主动权；
- 能够进行计划方案的优化和比较，选择最优方案；
- 能够运用计算机手段实施辅助计划管理。

2.3 双代号网络计划

双代号网络计划是以双代号网络图表示的网络计划。其中双代号网络图是以箭线及其两端节点的编号表示工作的网络图。组成双代号网络图的三要素：箭线(箭杆)、节点、线路。

2.3.1 箭线(箭杆)

箭线有实箭线和虚箭线两种。

(1)实箭线：是一端带箭头的实线。一根实箭线表示一个施工过程(或一项工作)。一根

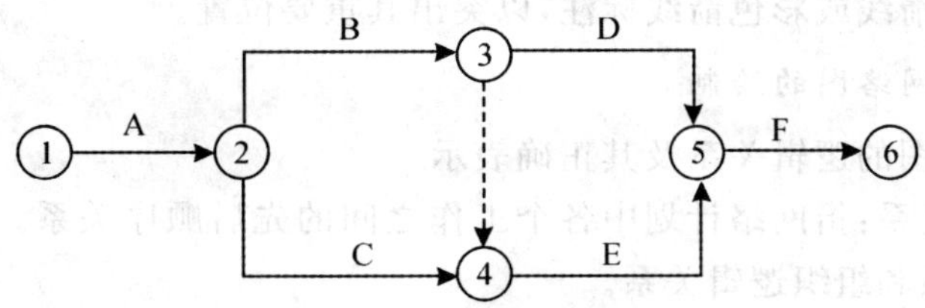

图 5-3　双代号网络图

箭线表示一项工作所消耗的时间和资源，分别用数字标注在箭线的下方和上方。在非时标网络图中，箭线的长度不代表时间的长短。

在时标网络图中，其箭线的长度必须根据完成该项工作持续时间长短按比例绘制。

箭线的方向表示工作进行的方向，应保持自左向右的总方向。

(2)虚箭线：是一端带箭头的虚线。仅表示工作之间的逻辑关系。

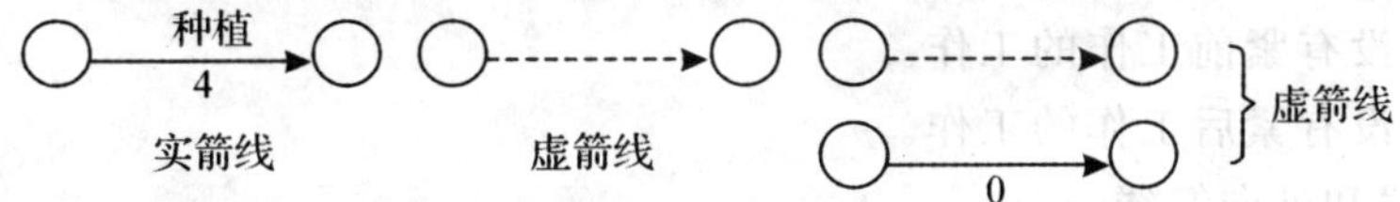

图 5-4　实箭线和虚箭线

2.3.2　节点

节点：一般表示该节点前工作的结束，同时也表示该节点后工作的开始。

节点分类：起点节点(开始节点)、中间节点、终点节点(结束节点)。

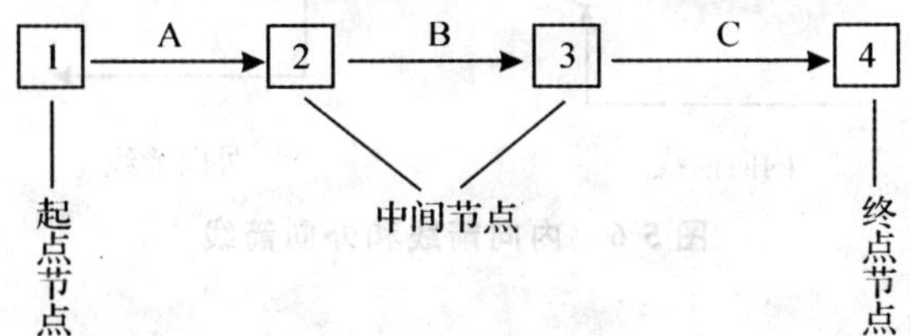

图 5-5　节点分类

节点编号：

- 节点编号的规则：箭头节点编号始终大于箭尾节点编号。
- 节点编号的顺序：从起始节点开始，依次向终点节点进行。
- 在一个网络图中，所有节点不能出现重复编号，编号的号码可以按自然顺序进行，也可以非连续编号。

2.3.3　线路与关键线路

网络图中从起始节点开始，沿箭线方向连续通过一系列箭线和节点，最后到达终点节点的通路称为线路。线路上所有工作持续时间之总和称为该线路的计算工期，在网络图多条线路中时间最长的线路为关键线路。网络图中除了关键线路以外的线路为非关键线路。非关键线路上都有若干机动时间，称为时差。

关键工作：一般指位于关键线路上的工作。关键工作也不一定只在关键线路上。一个网络中关键线路至少有一条，也可能有几条。关键线路和非关键线路可以相互转化。关键线路适宜用箭线、双箭线或彩色箭线标注，以突出其重要位置。

2.3.4　双代号网络图的绘制

2.3.4.1　网络图的逻辑关系及其正确表示

网络图的逻辑关系：指网络计划中各个工作之间的先后顺序关系。工作之间的逻辑关系包括工艺逻辑关系和组织逻辑关系。

- 工艺逻辑关系：由施工工艺所决定的各施工过程之间客观上存在的先后顺序关系。工艺逻辑关系是客观存在的，不能随意改变。
- 组织逻辑关系：在不违反工艺关系的前提下，主观上安排的工作先后顺序关系。

工作—工作的逻辑关系，本工作：如 i-j 工作。

紧前工作：紧排在本工作之前的工作称为本工作的紧前工作，如 h-i。

紧后工作：紧排在本工作之后的工作称为本工作的紧后工作，如 j-k。

平行工作：与本工作同时进行的工作称为平行工作。

起始工作：没有紧前工作的工作。

结束工作：没有紧后工作的工作。

- 内向箭线和外向箭线

内向箭线：指向某个节点的箭线称为该节点的内向箭线。

外向箭线：从某节点引出的箭线称为该节点的外向箭线

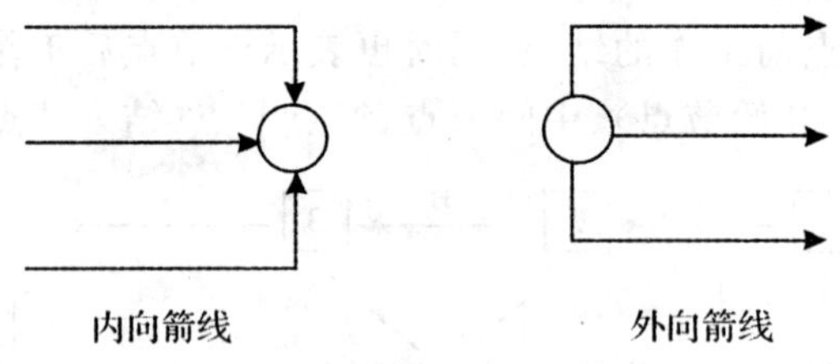

图 5-6　内向箭线和外向箭线

- 虚工作及其应用

虚工作：双代号网络图中，只表示前后相邻工作之间的逻辑关系，既不占用时间，也不耗用资源的虚拟的工作。

2.3.4.2　双代号网络图绘制的方法

当已知每一项工作的紧前工作时，可按以下步骤绘制双代号网络图。

(1)首先根据每一项工作的紧前工作找出紧后工作。

(2)绘制与起点节点相连的工作。

(3)根据各项工作的紧后工作从左至右依次进行绘制其他各项工作，直至终点节点。

(4)合并没有紧后工作的节点，即为终点节点。

(5)确认无误后进行节点编号。

2.4　双代号时标网络计划

双代号时标网络计划(时标网络计划)是以时间坐标为尺度编制的网络计划，时标网络计划中应以实箭线表示工作，以虚箭线表示虚工作，以波形线表示工作的自由时差。

在时标网络计划中，以实箭线表示工作，实箭线的水平投影长度表示该工作的持续时

间；以虚箭线表示虚工作，由于虚工作的持续时间为零，故虚箭线只能垂直画；以波形线表示工作与其紧后工作之间的时间间隔（以终点节点为完成节点的工作除外，当计划工期等于计算工期时，这些工作箭线中波形线的水平投影长度表示其自由时差）。

时标网络计划既具有网络计划的优点，又具有横道计划直观易懂的优点，它将网络计划的时间参数直观地表达出来。

2.5　单代号网络计划

单代号网络图是以节点及其编号表示工作，以箭线表示工作之间逻辑关系的网络图，并在节点中加注工作代号、名称和持续时间，以形成单代号网络计划。

用一个节点表示一项工作，其代号、名称和时间都写在节点内，用箭线表示施工过程（工作）之间的逻辑关系，这就是单代号网络图表示方法，如图 5-7 所示。单代号网络图也由节点、箭线和线路组成。

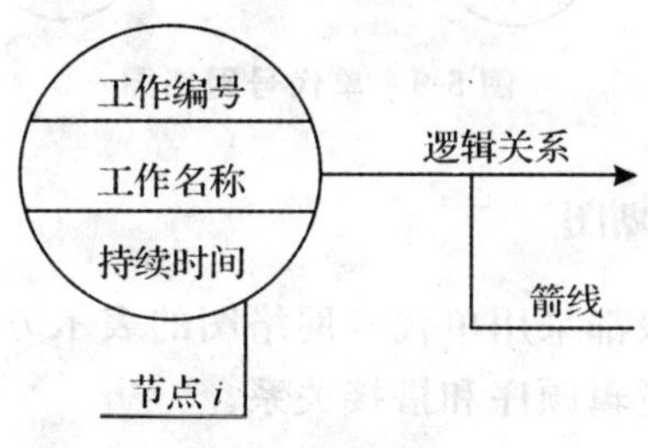

图 5-7　单代号网络图

2.5.1　单代号网络图的特点

单代号网络图与双代号网络图相比，具有以下特点：

- 工作之间的逻辑关系容易表达，且不用虚箭线，故绘图较简单。
- 网络图便于检查和修改。
- 由于工作持续时间表示在节点之中，没有长度，故不够直观。
- 表示工作之间逻辑关系的箭线可能产生较多的纵横交叉现象。
- 单代号网络图中的每一个节点表示一项工作，节点宜用圆圈或矩形表示。节点所表示的工作名称、持续时间和工作代号等应标注在节点内。单代号网络图中的节点必须编号，编号标注在节点内，其号码可间断，但严禁重复。箭线的箭尾节点编号应小于箭头节点的编号。一项工作必须有唯一的一个节点及相应的一个编号箭线。

单代号网络图中的箭线表示紧邻工作之间的逻辑关系，既不占用时间，也不消耗资源。箭线应画成水平直线、折线或斜线。箭线水平投影的方向应自左向右，表示工作的行进方向。工作之间的逻辑关系包括工艺关系和组织关系，在网络图中均表现为工作之间的先后顺序。

2.5.2　线路

单代号网络图中，各条线路应用该线路上的节点编号从小到大依次表述。

单代号网络图的绘图规则：

- 单代号网络图必须正确表达已确定的逻辑关系。
- 单代号网络图中，不允许出现循环回路。

- 单代号网络图中，不能出现双向箭头或无箭头的连线。
- 单代号网络图中，不能出现没有箭尾节点的箭线和没有箭头节点的箭线。
- 绘制网络图时，箭线不宜交叉，当交叉不可避免时，可采用过桥法或指向法绘制。
- 单代号网络图中只应有一个起点节点和一个终点节点。当网络图中有多项起点节点或多项终点节点时，应在网络图的两端分别设置下项虚工作，作为该网络图的起点节点(St)和终点节点(Fin)。

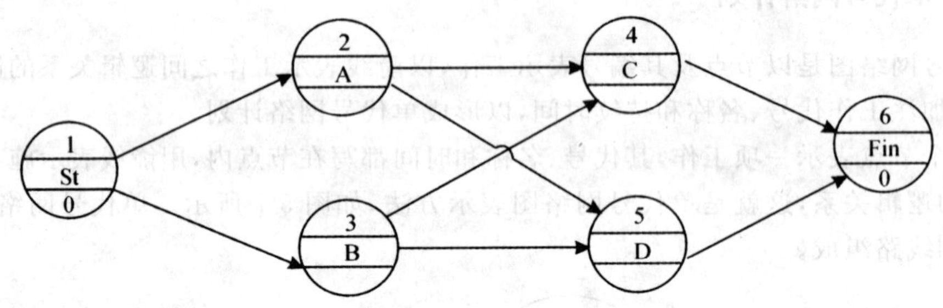

图 5-8　单代号网络图

2.6　单代号搭接网络计划图

单代号搭接网络计划一般都采用单代号网络图的表示方法，即以节点表示工作，以节点之间的箭线表示工作之间的逻辑顺序和搭接关系。

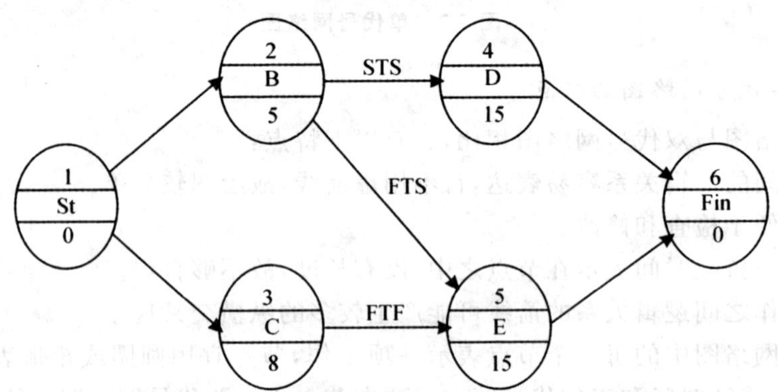

图 5-9　单代号搭接网络计划图

2.6.1　单代号搭接网络计划的基本搭接关系

在搭接网络计划中，工作之间的搭接关系是由相邻两项工作之间的不同时距决定的。所谓时距，就是在搭接网络计划中相邻两项工作之间的时间差值。

- FTS(结束到开始)的搭接关系；
- STS(开始到开始)的搭接关系；
- FTF(结束到结束)的搭接关系；
- STF(开始到结束)的搭接关系；
- 混合搭接关系。

2.6.2　单代号搭接网络计划时间参数的计算

单代号搭接网络计划与单代号网络计划和双代号网络计划时间参数的种类相同，计算原理也基本相同。由于搭接网络具有几种不同形式的搭接方式，所以其参数的计算要复杂一些。一般的计算方法是：依据计算公式，在图上进行计算。

工作最早时间计算：

工作最早时间的计算应从起始节点开始依次进行。只有紧前工作计算完毕，才能计算本工作。计算最早时间按以下进行：

- 因单代号搭接网络计划中的起始节点一般都代表虚工作，所以，其最早开始时间和最早完成时间都为零。
- 因单代号搭接网络计划中的起始节点一般都代表虚工作，所以凡与起始节点相连的工作，其最早开始时间都为零。
- 其他工作的最早时间根据时距计算。根据搭接关系的不同，计算公式也不同。

2.6.3　计算工期及计划工期的计算

在计算完最早时间后，即可确定总工期。对于搭接网络计划，由于存在着比较复杂的搭接关系，这就使得其最后的终止节点的最早完成时间有可能小于前面某些节点的最早完成时间。这是不符合逻辑的，故应将最早完成时间最大的节点与终止节点用虚箭线相连，并重新计算单代号搭接网络计划的计算工期 TC。

搭接网络计划同前边简单的网络计划一样，其工作的时差也有总时差和自由时差两种。

- 工作总时差。搭接网络工作总时差计算与单代号网络计划计算方法相同，即：

$$TFi=LSi-ESi=LFi-EFi$$

- 工作自由时差计算。搭接网络中，工作自由时差的概念与一般网络计划相同，但由于存在着不同的搭接关系，故自由时差的计算与搭接关系有关。如果一项工作仅有一项紧后工作，则该工作与紧后工作之间的 $LAGi,j$ 就是其自由时差，即：$FFi=LAGi,j$。

如果一项工作有两个以上的紧后工作，则该工作的自由时差是其与紧后工作之间的 $LAGi,j$ 的最小值，即：$FFi=\min\{LAGi,j\}$。

2.6.4　确定关键工作和关键线路

总时差最小的工作为单代号搭接网络计划的关键工作。同样，根据 LAG 也可确定关键线路：从起始节点顺着箭线的方向到终止节点，若所有工作之间的时间间隔均为 0，则该线路是关键线路。关键线路上的工作即为关键工作，关键工作的总时差最小。

需要说明的是，在单代号搭接网络计划中，由于搭接关系的存在，关键线路上工作的持续时间总和不一定等于该网络计划的计算工期。

2.7　单代号网络图与双代号网络图的比较

(1)单代号网络图绘制方便，不必增加虚工作。

(2)单代号网络图便于说明，容易被非专业人员所理解和易于修改。

(3)单代号网络图中，当有两个或两个以上工作同时开始或同时结束时，一般要虚拟一个“起点节点”或“终点节点”。

(4)双代号网络图表示工程进度比单代号网络图更为形象，特别是时标网络图中。

(5)双代号网络图使应用计算机进行计算和优化过程更为简便。

2.8 网络计划与横道图相比的优点

(1)能明确反映各施工过程之间的逻辑关系。

(2)可以进行各种时间参数的计算。

(3)能找出计划中影响整个工程进度的关键施工过程。

(4)可以利用某些机动时间,调配人力、物力,以达到降低成本的目的。

(5)可以利用计算机实现科学化管理。

一般网络计划的缺点:表达不直观,不易看懂,不易显示资源平衡情况,若采用时标网络计划可克服。

3. 施工进度计划的实施及优化

3.1 施工进度计划的实施

施工进度计划的实施计划指年、季、月、旬、周施工进度计划和施工任务书。

3.1.1 年(季)施工进度计划

大型施工项目的施工工期往往几年。这就需要编制年(季)度施工进度计划,以实现施工总进度计划,该计划可采用表5-1的表式进行编制。

表5-1 ××项目年(季)度施工进度计划表

单位工程(分部工程)名称	工程量	总产值	开工日期	计划完工日期	本年(季)完成数量	本年(季)形象进度

3.1.2 月(旬、周)施工进度计划

对于单位工程来说,月(旬、周)计划有指导作业的作用,因此要具体编制成作业计划,应在单位工程施工进度计划的基础上卡段细化编制。表式可参考表5-2,施工进度每格代表天数根据月、旬、周分别确定。旬、周计划不必全编,可任选一种

表5-2 ××工程____月(旬、周)施工进度计划表

分项工程名称	工程量		本月完成工程量	需要人数(机械数)	施工进度						
	单位	数量									

3.2　园林工程项目网络计划的优化

网络计划的优化，是在满足既定约束条件下，按某一目标（工期、费用、资源），通过不断改进网络计划寻求满意方案。网络计划优化的内容包括工期优化、费用优化和资源优化。

3.2.1　工期优化

计划工期（Tr）：施工计划的工期。

计算工期（Tc）：网络的计算工期。

（1）若计算工期小于等于计划工期，一般可认为该网络图合理恰当，如果计算工期小于计划工期较多，则宜优化。

（2）若计算工期大于计划工期应调整网络图，使之满足计划要求。选择压缩的关键工作应考虑：

- 缩短其工作时间不影响质量与安全；
- 资源充足；
- 费用增加最少。

3.2.2　费用优化

费用优化，即工期成本优化。

- 寻求工程总成本最低时的工期安排；
- 按照要求工期寻求最低成本。

3.2.2.1　费用和时间关系

工程总费用：直接费＋间接费。

直接费：由人工费、材料费、机械使用费、其他直接费及现场经费等组成，随工期的缩短而增加。

间接费：包括企业经营管理的全部费用，随工期的缩短而减少。

工程总费用还应考虑工期变化带来的其他损益，如效益增量和资金的时间价值。

3.2.2.2　费用优化的方法和步骤

（1）按照正常工作时间计算网络工期，确定关键线路、非关键工作总时差。

（2）计算各项工作的直接费用率。

（3）确定压缩的工作：必须是关键工作，直接费增加最少（即费率最低的工作）。

（4）确定压缩天数：本工作可以压缩天数与平行工作时差的最小值。

（5）压缩后重新计算网络。

（6）在工期费用坐标作点，绘制直接费曲线。

（7）绘制间接费曲线与总费用曲线，找到最优工期。

3.2.3　资源优化

资源优化包括“资源有限，工期最短”的优化和“工期固定，资源均衡”的优化。

4. 园林工程项目进度控制的措施

园林施工项目进度控制采取的主要措施有组织措施、技术措施、经济措施和信息管理措施等。

4.1 组织措施

(1)接到中标通知书后,在业主、监理工程师规定的时间内将人员、设备按计划全部到位。

(2)认真熟悉施工规范和合同条款,明确承包人义务和责任,全面完成组织准备工作,认真进行施工技术准备。搭建各类必须的临时生产辅助设施,保证在投标文件规定的开工日期前完成所有准备工作。

(3)承担该工程的项目经理驻施工现场,如有特殊情况须临时离开现场时,应事先征得业主及现场监理的同意并妥善安排好现场工作后才可以离开。

4.2 技术措施

(1)优化施工组织设计,按照工序、工艺合理划分施工段,根据互不干扰的原则组织施工作业。

(2)采用动态施工计划网络管理,明确进度管理目标,优化网络设计,在施工过程中实行跟踪落实,并根据实际施工状况不断修正完善。

(3)充分利用现场有利地段堆放材料,加快材料周转。

(4)提高施工机械化程度,充分发挥专业施工企业自身的优势。

(5)严肃施工纪律,严格执行施工组织设计的各分部分项施工方法及进度计划,确保各分项工程,尤其是关键工序切实地按施工进度计划的工期要求逐步逐项实施。

4.3 经济措施

在承包合同中,应包括对承包商提前或拖延工期的奖励和罚款条款,对某些特殊要求应急的项目或分部工程可适当提高单价,确保资金及工程款项及时供应和支付。

4.4 合同措施

利用主体结构及各专业项目发包合同,在合同期间对整个工期及各阶段工期进行控制和协调,认真核实工期索赔;分清各方应承担的责任、风险及正当理由的索赔工期。

4.5 信息管理措施

通过计划进度与实际进度的动态比较,定期地向建设单位提供比较报告。针对变化采取对策,定期、经常地调整进度计划。

实训 8 施工进度计划模拟编制

8.1 实训目标

(1)开阔眼界,通过调研学习优秀的施工进度计划的编制案例,能够明确编制施工进度计划所包含的内容,并能学会灵活运用;使学生掌握一般园林工程施工进度计划编制技术,能够独立完成中、小型园林施工进度计划的编制任务，为进行园林施工与管理打下坚实的基础。

(2)掌握编制施工进度计划的方法与步骤。

(3)能够充分认识及运用园林工程施工进度计划的技术知识。

8.2　实训材料与方法

8.2.1　实训材料及工具

某个项目审批后完整的一套园林工程施工图纸，依法成立的招、投标文件，会议纪要，建设双方达成的协议及相关文件，电脑一台，传真机、打印机、绘图工具等。

8.2.2　实训方法

选择某一个项目(面积不小于 10000 m^2)，研究其施工图纸及业主方给的正式文件，编制园林工程施工进度计划。

8.3　实训步骤

熟悉施工图纸，研究相关资料和技术规范→确定施工规划的目标→完成园林工程施工进度计划的编制。

8.4　实训要求及注意事项

(1)每个学生独立完成一套完整的施工进度计划的编制。

(2)注意掌握施工进度计划的技术规范。

8.5　实训考核

序号	考核项目	考核标准				等级分值			
		A	B	C	D	A	B	C	D
1	施工进度计划的规范性	满足施工进度计划规范标准，满足国家行业标准《建设工程项目管理规范》对施工进度计划实施规划的要求	较好	一般	较差	20	17	14	12
2	施工进度计划完整性	项目内容完整	较好	一般	较差	40	34	28	22
3	施工进度计划的可行性	计划可实施	较好	一般	较差	30	24	18	12
4	文字组织的条理性	句子结构简洁，文字无纰漏，无错别字，行文条理清晰，排版主次分明，阅读方便	较好	一般	较差	5	4	3	2
5	实训态度	积极主动，完成及时	较好	一般	较差	5	4	3	2
本实训考核成绩(合计分)									

8.6 思考题

(1)园林工程施工进度计划的作用、分类和原则是什么？

(2)编写园林施工进度计划时应该注意哪些事项？

(3)目前施工进度计划存在许多问题，如何来体现不同阶段对施工进度计划应有不同的侧重面和注意事项？

8.7 实训案例

实训案例 7　施工进度横道图

施工进度表：

<table>
<tr><th>工　期
项　目</th><th>1～30</th><th>31～60</th><th>61～75</th><th>备注</th></tr>
<tr><td>跌水瀑布</td><td></td><td></td><td></td><td rowspan="13">1. 开始、结束时间以开工后的第几天计算；
2. 施工过程中可进行适当调整；
3. 养护：随种随养护，直至竣工验收；
4. 各分项工程交替施工</td></tr>
<tr><td>宅间花园铺砖</td><td></td><td></td><td></td></tr>
<tr><td>廊架</td><td></td><td></td><td></td></tr>
<tr><td>景墙</td><td></td><td></td><td></td></tr>
<tr><td>木栈桥</td><td></td><td></td><td></td></tr>
<tr><td>流水桥</td><td></td><td></td><td></td></tr>
<tr><td>水池</td><td></td><td></td><td></td></tr>
<tr><td>坐登花池</td><td></td><td></td><td></td></tr>
<tr><td>入口广场</td><td></td><td></td><td></td></tr>
<tr><td>亲子乐园</td><td></td><td></td><td></td></tr>
<tr><td>围墙</td><td></td><td></td><td></td></tr>
<tr><td>特色铺装广场</td><td></td><td></td><td></td></tr>
<tr><td>绿化</td><td></td><td></td><td></td></tr>
</table>

案例分析：本横道图表达方式绘图简单，直观易懂，容易掌握，便于检查和计算劳动力、材料、机具等资源需求状况。横道图进度计划存在一些问题：工序（工作）之间的逻辑关系可以设法表达，但不易表达清楚；没有通过严谨的进度计划时间参数计算，不能确定计划的关键工作、关键路线与时差，无法分析工作之间相互制约的数量关系；不能在进度偏离原定计划时迅速简单地进行调整与控制，更无法实行多方案的比选。

模块六

园林工程质量管理

相关知识

1. 园林工程质量控制

1.1 施工质量及质量控制的概念

施工质量是指通过施工全过程所形成的工程质量，使之满足用户从事生产或生活需要，而且必须达到设计、规范和合同的质量标准。

工程施工是使业主及工程设计意图最终实现并形成工程实体的阶段，也是最终形成工程产品质量和工程使用价值的重要阶段。施工质量的优劣，不仅关系到工程的适用性，而且还关系到人民生命财产的安全。

质量控制是为达到质量要求所采取的作业技术和活动。质量控制目标是施工管理中的一个主要目标。在市场竞争机制下，质量是企业的信誉，有了信誉，才能提高竞争力和效益。质量与进度、成本、安全之间有着密切的联系，它们之间存在着辩证统一的关系，进度过快，成本降低都可能降低工程质量，进而产生安全隐患。所以，质量是园林工程施工的核心，要达到一个高的工程施工质量，就需要进行全面质量管理。

1.2 全面质量管理

全面质量（Total Quality Control，简称 TQC）又称为“三全管理”，即全过程的管理、全企业的管理和全体人员的管理。

全面质量管理是企业为了保证和提高工程质量对施工的整个企业、全部人员和施工全部过程进行质量管理。它包括产品质量、工序质量和工作质量，参与质量管理的人员也是全面的，要求施工部门及全体人员在整个施工过程中都应积极主动地参与工程质量管理。

1.3 园林工程质量的形成因素和阶段因素

1.3.1 人的质量意识和质量能力

人是质量活动的主体。对园林工程而言,人是泛指与工程有关的单位、组织及个人,包括建设单位、勘察设计单位、施工承包单位、监理及咨询服务单位、政府主管及工程质量监督监测单位、策划者、设计者、作业者、管理者等。

1.3.2 园林建筑材料、植物材料及相关工程用品的质量

园林工程质量的水平很大程度上取决于园林材料和栽培园艺的发展。原材料及园林建筑装饰材料及其制品的开发,导致人们对风景园林和景观建设产品的需求不断趋新、趋美和多样性。因此,合理选择材料,所用材料、配件和工程用品的质量规格、性能特征是否符合设计规定标准,直接关系到园林工程质量。

1.3.3 工程施工环境

工程施工环境包括地质、地貌、水文、气候等自然环境及施工现场的通风、照明、安全卫生防护设施等劳动作业环境,以及由工程承发包合同涉及的多单位、多专业共同施工的管理关系、组织协调方式和现场质量控制系统等构成的环境,对工程质量的形成产生相当的影响。

1.3.4 决策因素(阶段因素)

决策因素(阶段因素)是指工程可行性研究、资源论证、市场预测、决策的质量等因素。决策人应从科学发展观的高度,充分考虑质量目标的控制水平和可能实现的技术经济条件,确保社会资源不浪费。

1.3.5 设计阶段因素

园林植物的选择、植物资源的生态习性以及园林建筑物构造与结构设计的合理性、可靠性以及可施工性都直接影响工程质量。

1.3.6 工程施工阶段质量

施工阶段是实现质量目标的重要过程,首要的是施工方案的质量,包括施工技术方案和施工组织方案。施工技术方案是指施工的技术、工艺、方法和机械、设备、模具等施工手段的配置;施工组织方案是指施工程序、工艺顺序、施工流向、劳动组织方面的决定和安排。通常施工程序是先准备后施工,先场外后场内,先地下后地上,先深后浅,先栽植后道路,先绿化后铺装等,都应在施工方案中明确,并编制相应的施工组织设计。

1.3.7 工程养护质量

由于园林工程质量对生态和景观的要求(这两项质量的形成取决于施工过程和工程养护),因此园林工程最终产品的形成取决于工程养护期的工作质量。工程养护对绿化景观工程尤其重要,这就是园林工程行业人士常说的“三分施工,七分养管”的意义所在。

1.4 园林工程质量的特点

园林工程产品(园林建筑、绿化产品)质量与工业产品的形成有显著的不同。园林工程产品位置固定,占地面积通常较大,园林建筑单位结构较复杂,体量较小,分布零散,整体协

调性要求高；园林植物材料具有生命力；施工工艺流动性大，操作方法多样；园林要素构成复杂，质量要求不同，特别是满足“隐含需要”的质量要求很难把握；露天作业受自然和气候条件制约因素多，建设周期较长。所有这些特点，导致了园林工程质量控制难度与其他建设项目不同，具体表现在：

(1)制约工程质量的因素多。

(2)工程质量波动大，复杂性大。

(3)考核判断工程质量的难度大。

(4)工程软质景观质量考评标准带有很强的专业性、地方性和主观性。

(5)技术检查手段很不完善。

(6)产品检查很难拆卸检查。

因此，园林工程质量控制成为项目经理的首要工作任务，必须早期介入工程并进行全过程、全方面的质量控制。

1.5 影响园林工程施工质量因素的控制

影响园林工程施工质量的因素主要有五大方面，即人、材料、机械、方法和环境。事前对这五方面的因素严加控制，是保证施工质量的关键。

1.5.1 人的控制

人是指直接参与施工的组织者、指挥者和操作者。人，作为控制的对象，要避免产生失误；作为控制的动力，要充分调动人的积极性，发挥人的主导作用。为此，除了加强政治思想教育、劳动纪律教育、职业道德教育、专业技术培训，健全岗位责任制，改善劳动条件，公平合理地激励劳动热情以外，还需根据工程特点，从确保质量出发来控制人的使用。如对技术复杂，难度大、精度高的工序或操作，应由技术熟练、经验丰富的工人来完成；反应迟钝、应变能力差的人，不能操作快速运行、动作复杂的机械设备；对某些要求万无一失的工序和操作，一定要分析人的心理行为，控制人的思想活动，稳定人的情绪；对具有危险源的现场作业，应控制人的错误行为，严禁吸烟、打赌、嬉戏、误判断、误动作等。

此外，应严格禁止无技术资质的人员上岗操作；对不懂装懂、图省事、碰运气、有意违章的行为，必须及时制止。总之，在使用人的问题上，应从政治素质、思想素质、业务素质和身体素质等方面综合考虑，全面控制。

1.5.2 材料的控制

材料的控制包括原材料、成品、半成品、构配件等的控制，严格检查验收，正确合理地使用，建立管理台账，进行收、发、储、运等各环节的技术管理，避免混料和将不合格的原材料使用到工程上。

1.5.3 机械的控制

机械的控制包括施工机械设备、工具等控制。要根据不同工艺特点和技术要求，选用合适的机械设备，正确使用、管理和保养机械设备。为此，要健全“人机固定”制度、“操作证”制度、岗位责任制度、交班责任制度、“技术保养”制度、“安全使用”制度、机械设备检查制度等，确保机械设备处于最佳使用状态。

1.5.4　方法的控制

这里所指的方法的控制，包含施工方案、施工工艺、施工组织设计、施工技术措施等的控制，主要应切合工程实际解决施工难题，技术可行，经济合理，以利于保证质量，降低成本。

1.5.5　环境的控制

影响工程质量的环境因素较多，有工程技术环境，如工程地质、水文、气象等；工程管理环境，如质量保证体系、质量管理制度等；劳动环境，如劳动组合、作业场所、工作面等。环境因素对工程质量的影响具有复杂而多变的特点，如气象条件变化多样，温度、湿度、大风、暴雨、酷暑、严寒都直接影响工程质量。又如前一工序往往就是后一工序的环境，前一分项、分部工程也就是后一分项、分部工程的环境。因此，根据工程特点和具体条件，应对影响质量的环境因素采取有效的措施严加控制。尤其是施工现场，应建立文明施工和文明生产的环境，材料工件堆放有序，道路畅通，工作场所清洁整齐，施工程序井井有条，为确保质量、安全创造良好的条件。

2. 全面质量控制的程序

全面质量控制可分为四个阶段、八个步骤及七种工具。

2.1　四个阶段

四个阶段也称为 PDCA 循环。质量管理工作和其他各项管理工作一样，要做到有计划、有措施、有执行、有检查、有总结，才能使整个管理工作循序渐进，保证工程质量不断提高。为不断揭示项目施工过程在生产、技术、管理诸方面的质量问题，采用 PDCA 循环方法。

第一阶段为计划(P)阶段，确定任务、目标、活动计划及拟定措施。

第二阶段为执行(D)阶段，按照计划要求及制定的质量目标、质量标准、操作规程去组织实施，进行作业标准教育，按作业标准施工。

第三阶段为检查(C)阶段，将实际工作结果与计划内容对比，通过检查，看是否达到预期效果，找出问题和异常情况。

第四阶段为总结(A)阶段，总结经验，改正缺点，将遗留问题转入下一阶段循环。

2.2　八个步骤

上述四个阶段又可分八个步骤。第一阶段有四个步骤，第二、三阶段各有一个步骤，第四阶段有两个步骤，分述如下：

第一步，分析现状，找出存在的质量问题，并用数据加以说明。

第二步，掌握质量规格、特性，分析生产质量问题的主要因素。

第三步，找出影响质量问题的主要因素，通过抓主要因素解决质量问题。

第四步，针对影响问题的主要因素，制定计划和活动措施。计划和措施应明确，有目标、有期限、有分工。

第五步，即第二阶段。

第六步,即第三阶段。

第七步,处理检查结果,按检查结果,总结成败两方面的经验教训,成功的纳入标准、规程,予以巩固;不成功的,出现异常时,应调查原因,消除异常,吸取教训,引以为戒,防止再次发生。

第八步,处理本循环尚未解决的问题,转入下一循环中去,通过再次循环求得解决。

随着循环管理的不停转动,原有的矛盾解决了,又会产生新的矛盾,矛盾不断产生而不断被化解,化解后又产生新的矛盾,如此循环不止。每一次循环都把质量管理活动推向一个新的高度。

2.3 七种工具

工程质量控制中,常用的统计方法有排列图法、因果分析图法、分层法、直方图法、控制图法、相关图法和调查表法七种方法。在园林工程质量控制中常用的方法主要有排列图法和因果分析图法。

统计分析方法通常分为以下三个阶段:

(1)统计调查及整理阶段。在这一阶段内,主要是进行数据的收集、整理和归纳,并以某些质量特征数来表示产品的质量性能。

(2)统计分析阶段。这一阶段主要进行数据的统计分析,并找出内在的规律性,如波动的趋势及影响波动的因素等。

(3)统计判断阶段。这一阶段主要是根据统计分析的结论对研究对象的现状及发展趋势作出科学的判断。

2.3.1 调查表法

调查表法又称为调查分析法,是利用专门设计的调查表(分析表)对质量数据进行收集、整理和粗略分析质量状态的一种方法。在质量控制活动中,利用调查表收集数据,简便灵活,便于整理,使用有效。此方法应用广泛,没有固定格式,可根据实际需要和具体情况设计出不同的调查表。常用的有分项工程作业质量分布调查表、不合格项目调查表、不合格原因调查表、施工质量检查评定调查表等。

2.3.2 分层表

分层表又称分类法、分组法,是将调查收集的原始数据,根据不同的目的和要求,按某一性质进行分组、归类和整理的分析方法。分层的目的在于把杂乱无章和错综复杂的数据和意见加以归纳汇总,以使数据层间的差异突出地显示出来,且使层内的数据差异减少,在此基础上再进行层间、层内的比较分析,从而更深入地发现和认识产生质量问题的原因。

分层的原则是使同一层的数据波动(或意见差异)幅度尽可能小,而层与层之间的差别尽可能大。由于产品质量是多方面因素共同作用的结果,因而对同一批数据,可以按不同性质分层,使我们能从不同角度考虑、分析产品存在的质量问题和影响因素。分层的方法很多,常用的有:

(1)按操作班组或操作者分层;

(2)按使用机械设备型号分层;

(3)按操作方法分层；

(4)按原材料规格、供应单位、供应时间或等级分层；

(5)按施工时间分层；

(6)按检查手段、工作环境等分层。

分层法是质量控制统计分析方法中最基本的一种方法，其他统计方法一般都要与分层法配合使用。排列图法、直方图法、控制图法、相关图法、因果分析法等常常先利用分层法将原始数据分类，然后再进行统计分析。

2.3.3　排列图法

排列图法是利用排列图寻找影响质量主次因素的一种有效方法。排列图又称巴雷特图或主次因素分析图。它是由两个纵坐标、几个连起来的直方形和一条曲线组成的，左侧纵坐标表示频数或件数，右侧纵坐标表示累计频率；横坐标表示影响质量的因素或项目，按影响程度大小(频数)从左到右排列；直方形的高度表示某个因素的影响大小(频数)。实际应用中，通常按累计频率划分为0～80％、80％～90％、90％～100％三部分，与其对应的影响分别为A、B、C三类。A类为主要因素，B类为次要因素，C类为一般因素，根据右侧纵坐标，画出累计频率曲线，又称为巴雷特曲线。

2.3.4　因果分析图法

因果分析图又称为树枝图或鱼刺图，是一种逐步深入研究讨论质量问题的图示方法。运用因果分析图可以帮助我们制定对策，解决工程质量上存在的问题，从而达到控制质量的目的。因果分析图由质量特性(即质量结果，指某个质量问题)、要因(生产质量问题的主要原因)、枝干(指一系列箭线表示不同层次的原因)、主干(指较粗的直接指向质量结果的水平箭线)等组成。

在工程实践中，任何一种质量问题的产生，往往是由多种原因造成的。这些原因有大有小，把这些原因依照大小次序用主干、大枝、中枝和小枝图形表示出来，便可一目了然地系统观察产生质量问题的原因。

因果分析图的绘制是从结果开始将原因逐层分解的，具体步骤如下：

(1)明确质量问题(结果)。作图时首先由左到右画出一条水平主干线，箭头指向一个矩形框，框内注明研究的问题，即结果。

(2)分析确定影响质量特性大的原因(质量特性的大枝)。一般来说，影响质量因素有五大方面，即人、机械、材料、方法、环境等，另外还可以按产品的生产过程进行分析。

(3)将每种大原因进一步分解为大原因、小原因，直至分解的原因可以采取具体措施加以解决为止。

(4)检查图中的所列原因是否齐全，可以对初步分析结果广泛征求意见，并做必要的补充及修改。

(5)从最高层次的原因中选取和识别少量看起来对结果有最大影响的原因，作出标记“△”，以便对它们做进一步的研究，如收集资料、论证、试验、控制等。

2.3.5　直方图法

直方图又称频数分布直方图、质量分布图、矩形图。它是将收集的质量数据进行分析整理，绘制成频数分布直方图，用以描述质量分布状态的一种方法。

通过直方图的观察与分析，可以了解产品质量的波动情况，掌握质量特性的分布规律，以便对质量状况进行分析判断。同时还可通过质量数据特征值的计算，估算施工生产过程总体的不合格率，评价过程能力等。但其缺点是不能反映动态变化，而且要求收集的数据较多(50～100个以上)，否则难以体现其规律。

2.3.6　控制图法

控制图又称为管理图，是在直角坐标系内画有控制界限，描述生产过程中产品质量波动状态的图形。利用控制图区分质量波动原因，判明生产过程是否处于稳定状态的方法称为控制图法。质量波动一般有两种情况：一种是偶然性因素引起的质量波动，通常被称为正常波动；一种是系统性因素引起的波动，属于异常波动。质量控制的目标就是要查找异常波动的因素，并加以排除，使质量只受正常波动的影响，符合正态分布的规律。

控制图上一般有三条线：在上面的一条虚线称为上控制界限，用UCL表示，在下面的一条线称为下控制界限，用LCL表示，中间的一条实线称为中心线，用符号CL表示。中心线标志质量特性值分布的中心位置，上、下控制界限标志质量特性值。

2.3.7　相关图法

相关图又称为散步图，是把两个变量之间的相关关系，用直角坐标系表示出来，借以观察判断两个变量数据之间的关系，通过控制容易测定的因素达到控制不易测定的因素的目的，以便对产品或工序进行有效的控制。质量数据之间的关系多属于相关关系，一般有三种类型：一是质量特征性和影响因素之间的关系；二是质量特征性和质量特征性之间的关系；三是影响因素和影响因素之间的关系。

我们可以用 y 和 x 分别表示质量特征性和影响因素，通过绘制相关图，计算相关系数等，分析研究两个变量之间是否存在相关关系，以及这种关系密切程度如何，进而通过对相关程度密切的两个变量中的一个变量的观察控制，去估计控制另一个变量的数值，以达到保证产品质量的目的。这种统计分析方法，称为相关图法。

3. 全面质量控制的步骤

3.1　工程施工质量与工程施工质量系统

工程施工质量是质量体系中的一个重要组成部分，是实现工程产品功能和使用价值的关键阶段，施工阶段质量的优劣，对工程质量起决定作用。

3.2　施工质量控制的步骤

施工质量控制，概括地讲就是用于满足质量要求，满足工程合同、规范标准所采取的一系列措施、方法和手段。施工质量控制一般的步骤如下：

(1)制定推进计划。根据全面质量管理的基本要求，结合施工工程的实际情况，提出分阶段的全面质量管理目标，进行方针目标管理，以及制定实现目标的措施和办法。

(2)建立综合性的质量管理机构。选拔热衷于全面质量管理、有组织能力、精通业务的人员组建各级质量管理机构，负责推行全面质量管理工作。

(3)建立工序管理点。在工序的薄弱环节或关键部位设立管理点,保证园林建设工程的质量。

(4)建立质量体系。以一个施工项目作为系数,建立完整的质量体系。项目的质量体系由各部门和各类人员的质量职责和权限、组织机构、所必需的资源和人员、质量体系各项活动的工作程序等组成。

(5)全面开展过程的质量管理,即施工准备工作、施工过程、竣工交付和竣工后服务的质量管理。

4. 各阶段的质量控制

4.1　施工准备阶段质量控制

施工准备阶段的质量控制又称为事前控制,属于一种预防性控制,是为保证园林施工正常进行而必须事先做好的工作。施工准备不仅在工程开工前要做好,而且贯穿于整个施工过程。施工准备的基本任务就是为工程建立一切必要的施工条件,确保施工生产顺利进行,确保工程质量符合要求。施工准备对施工质量有很大影响。由于施工准备内容很多,这里仅叙述事前控制的一些主要方面。

(1)积极参加图样会审和设计交底等工作,对设计意图、内容要求等作全面了解。对工程勘探资料进行复核。

(2)做好施工组织设计编制过程中的质量控制。施工组织设计是指导施工准备和组织施工的全面性技术经济文件。对施工组织设计,要求进行两方面的控制:一是选定施工方案后,制定施工进度时,必须考虑施工顺序、施工流向,主要分部、分项工程的施工方法,特殊项目的施工方法和技术措施能否保证工程质量;二是制定施工方案时,必须进行技术经济比较,使园林建设工程符合设计要求且保证质量,求得施工工期短、成本低、安全生产、效益好的施工过程。

(3)要检查临时设施的搭建是否符合质量和使用要求。检查参加施工的人员是否具有相应的操作技术和资格,检查施工人员、机械设备是否可以进入正常的作业运行状态。对原材料要逐一核实产品合格证或在使用前进行复验,以确认材料的真实质量,保证其符合设计的要求。

(4)做好技术交底工作,使施工人员熟悉所承担工程的情况、设计意图、技术要求、施工方法、质量标准,做到施工人员对自己的工作心中有数,确保工程质量。

4.2　施工阶段质量控制

施工阶段的质量控制又称为事中控制。该阶段要按照施工组织设计进行计划,编制具体的月份和分项工程施工作业的质量计划。对材料、机具设备、施工工艺、操作人员、生产环境等影响质量的因素进行控制,以确保园林施工产品总体质量处于稳定状态。由于施工的过程就是园林产品的形成过程,也是质量的形成过程。所以,施工阶段的质量控制就是施工质量控制的中心环节,其控制内容有以下几点:

(1)必须按图施工。因为经过会审的图样是施工的依据,从理论上讲,满足了图样的要求，也就是满足了用户的要求，达到了用户的质量标准。

(2)严格遵守园林工程施工工艺规程，确保工序质量。在质量交底的基础上，要求作业人员严格执行施工规范和操作规程，对每道工序按照规范化、标准化进行严格控制。在保证工序质量的基础上，实现对分项工程质量控制、分部工程质量控制、单位工程质量控制，进而实现对整个建设项目的质量控制。

(3)设置工序质量控制点。控制点是指为了保证工序质量而需要进行控制的重点。因为在施工过程中，每道工序对工程质量的影响程度是不同的，施工条件、内容、质量标准等也是不同的。所以，设置质量控制点可以在一定时期内、一定条件下实现质量控制的强化管理，使工序质量处于良好的状态，使工程施工质量控制得到保证。

(4)及时进行质量检查。施工过程中，应及时对每道工序进行质量检查，及时掌握质量动态，一旦发现质量问题，随即研究处理，使每道工序质量满足规范和标准的要求。

4.3 竣工验收阶段质量控制

竣工验收阶段的质量控制又称为事后控制，属于一种合格控制。园林工程产品的竣工验收阶段质量控制包含两个方面的含义：

(1)工序间的交工验收工作的质量控制。工程施工中往往上道工序的质量成果被下道工序覆盖，分项或分部工程质量被后续的分项或分部工程覆盖。因此，要对施工全过程的隐蔽工程施工的各工序进行质量控制，保证不合格工序不转入下道工序。

(2)竣工交付使用阶段的质量控制。单位工程或单项工程竣工后，由施工工程的上级部门严格按照设计图样、施工说明书，对工程的施工质量进行全面鉴定，评定等级，作为竣工交付的依据。工程进入交工验收阶段，应有计划、有步骤、有重点地进行收尾工程的清理工作，通过交工前的预验收，找出漏项项目和需要修补的工程，并及早安排施工。工程经自检、互检后，与建设单位、监理单位和上级有关部门进行正式的交工验收工作。

5. 园林工程质量问题及质量事故的处理

工程施工项目的质量优劣，不仅关系到工程的适用性，而且还关系到人民生命财产的安全和社会安定。施工质量低劣，造成工程质量事故或潜伏隐患，其后果是不堪设想的。处理好质量问题和质量事故，确保国家和人民生命财产安全是施工项目管理的头等大事。

根据国家标准化组织(ISO)和我国有关质量、质量管理和质量保证标准的定义，凡工程产品质量没有满足某个规定的要求，就称为质量不合格。根据1989年建设部颁布的第3号令《工程建设重大事故报告和调查程序规定》和1990年建设部工字第55号文件关于第3号部令有关问题，凡是工程质量不合格，必须进行返修、加固或报废处理，由此造成直接经济损失低于5000元的称为质量问题；直接经济损失在5000元(含5000元)以上的称为工程质量事故。

5.1 工程质量问题及处理

5.1.1 常见问题的成因

由于园林绿化工程工期较长，所用材料品种繁杂，且在施工过程中，受社会环境和自然

条件方面异常因素的影响，产生的工程质量问题表现形式千差万别，类型多种多样。这使得引起工程质量问题的成因也错综复杂，往往一项质量问题是由多种原因引起的。虽然每次发生质量问题的类型各不相同，但是通过对大量质量问题调查与分析发现，其发生的原因有不少相同或相似之处，归纳其最基本的因素主要有以下几方面：①违背建设程序；②违反法规行为；③地质勘察失真；④设计差错；⑤施工与管理不到位；⑥使用不合格的原材料、制品及设备；⑦自然环境因素；⑧使用不当。

5.1.2　工程质量问题的处理

工程质量问题是由于工程质量不合格或工程质量缺陷引起的，在任何工程施工过程中，由于种种主观和客观原因，出现不合格项或质量问题往往难以避免。为此，施工单位必须掌握如何防止和处理施工中出现的不合格项和各种质量问题。

在各项工程的施工过程中或完工以后，如发现工程项目存在着不合格项或质量问题，应根据其性质和严重程度按如下方式处理：

(1)当因施工而引起的质量问题在萌发状态时，应及时制止，立即更换不合格材料、设备或不称职人员，改变不正确的施工方法和操作工艺。

(2)当因施工而引起的质量问题已出现时，应立即对其质量问题进行补救处理，并采取足以保证施工质量的有效措施。

(3)当某道工序或分项工程完工以后，出现不合格项，施工单位及时采取措施予以改正。

(4)在交工使用的保修期内发现的施工质量问题，施工单位应进行修补、加固或返工处理。

5.2　工程质量事故的特点及分类

5.2.1　工程质量事故的特点

(1)复杂性

园林工程与所有建设工程一样，具有产品固定，生产流动；产品多样，结构类型不一；露天作业多而自然条件复杂多变；材料品种、规格多，材料性质各异；多工种、多专业交叉施工，互相干扰大，工艺要求不同，施工方法各异，技术标准不一等特点。因此，影响工程质量的因素繁多，造成质量事故的原因错综复杂。即使是同一类质量事故，其原因也可能多种多样，截然不同。所以使得对质量事故进行分析，判断其性质、原因及发展，确定处理方案与措施等，都增加了复杂性及困难。

(2)严重性

工程项目一旦出现质量事故，影响较大。轻者影响施工顺利进行，拖延工期，增加工程费用，重者则会留下隐患成为危险的建筑，造成大面积的植物死亡，影响使用功能或不能使用，更严重的还会引起建筑物的失稳、倒塌，造成有害植物的蔓延和人民生命、财产的巨大损失。所以对于建设工程质量问题和质量事故均不能掉以轻心，必须予以高度重视。

(3)可变性

许多工程的质量问题出现后，其质量状态并非稳定发现的初始状态，而是有可能随着时间而不断地发展、变化。因此，有些在初始阶段并不严重的质量问题，如不能及时处理和纠正，有可能发展成一般质量事故，一般质量事故有可能发展成为严重或重大质量事故。所以，在分析、处理工程质量问题时，一定要注意质量问题的可变性，应及时采取可能的措施，防止其进一步恶化而发生质量事故；或加强观测与试验，取得数据，预测未来发展的趋势。

(4)多发性

建设工程质量事故的分类方法有多种，往往在一些工程部位中经常发生。因此，总结经验，吸取教训，采取有效措施加以预防十分重要。

5.2.2 工程质量事故的分类

建设工程质量事故的分类法有多种，既可按造成损失严重程度划分，又可按其生产的原因划分，也可按其造成的后果或事故责任区分。各部门、各专业工程，甚至各地区在不同时期界定和划分质量事故的标准尺度也不一样。国家现行对工程质量通常采用按造成损失严重程度进行分类，其基本分类如下：

5.2.2.1 一般质量事故

凡具备下列条件之一者为一般质量事故：

(1)直接经济损失在5000元(含5000元)以上，不满5万元的；

(2)影响使用功能和工程结构安全，造成永久质量缺陷的。

5.2.2.2 严重质量事故

凡具备下列条件之一者为严重质量事故：

(1)直接经济损失在5万元(含5万元)以上，不满10万元的；

(2)影响使用功能和工程结构安全，存在重大质量隐患的；

(3)事故性质恶劣或造成2人以下重伤的。

5.2.2.3 重大质量事故

凡具备下列条件之一者为重大质量事故，属建设工程重大事故范畴。

(1)工程倒塌或报废；

(2)由于质量事故，造成人员死亡或重伤3人以上；

(3)直接经济损失10万元以上。

按国家建设行政主管部门规定建设工程重大事故分为四个等级：

(1)凡造成死亡30人以上或直接经济损失300万元以上为一级；

(2)凡造成死亡10人以上29人以下或直接经济损失100万元以上，不满300万元为二级；

(3)凡造成死亡3人以上，9人以下或重伤20人以上或直接经济损失30万元以上，不满100万元为三级；

(4)凡造成死亡2人以上，或重伤3人以上，19人以下或直接经济损失10万元以上，不满30万元为四级。

5.2.2.4 特别重大事故

凡具备国务院发布的《特别重大事故调查程序暂行规定》所列发生一次死亡30人及其以上，或直接经济损失达500万元及其以上，或其他性质特别严重，上述之一均属特别重大事故。

5.3 工程质量事故处理的依据

进行工程质量事故处理的主要依据有四个方面：质量事故的实况资料；具有法律效应

的、得到有关当事各方认可的工程承包合同、设计委托合同、材料或设备购销合同以及监理合同或分包合同等合同文件；有关的技术文件、档案；相关的建设法规。在这四方面依据中，前三种是与特定项目密切相关的具有特定性质的依据。第四种法规性依据，是具有很高权威性、约束性、通用性和普通型的依据，因而它在工程质量事故的处理事务中，具有极其重要、不容置疑的作用。现将这四方面依据详述如下。

5.3.1　质量事故的实况资料（施工单位的质量事故调查报告）

(1)质量事故发生的时间、地点。

(2)质量事故状况的描述。例如，发生的事故类型（如混凝土裂缝、砖砌体裂缝），发生的部位（如楼层、梁、柱及其所在的具体位置），分布状态及范围，严重程度（如裂缝长度、宽度、深度等）。

(3)质量事故发展变化的情况（其范围是否继续扩大，程度是否已经稳定等）。

(4)有关质量事故的观测记录、事故现场状态的照片或录像。

5.3.2　有关合同及合同文件

(1)所涉及的合同文件可以是工程承包合同、设计委托合同、设备与器材购销合同、监理合同等。

(2)有关合同和合同文件在处理质量事故中的作用是：确定在施工过程中有关各方面是否按照合同有关条款实施活动，借以探寻生产事故发生的可能原因。例如，施工单位是否在规定时间内通知监理单位进行隐蔽工程验收；监理单位是否按规定时间实施了检查验收；施工单位对材料是否按规定或约定进行了检验等。此外，有关合同文件还是界定质量责任的重要依据。

5.3.3　有关的技术文件和档案

(1)有关的设计文件；

(2)与施工有关的技术文件、档案和资料。

各类技术资料对于分析质量事故原因，判断其发展变化趋势，推断事故影响及严重程度，考虑处理措施等都是不可缺少的，有着重要的作用。

5.3.4　相关的建设法规

(1)勘察、设计、施工、监理等单位资质管理方面的法规。《建筑法》明确规定“国家对从事建筑活动的单位实行资质审查制度”。这方面的法规有建设部于 2001 年以部令发布的《建设工程勘察设计企业资质管理规定》、《建筑业企业资质管理规定》和《工程监理企业资质管理规定》等。

(2)从业者资格管理方面的法规。《建筑法》规定对注册建筑师、注册结构工程师和注册监理工程师等有关人员实行资格认证制度。1995 年国务院颁布《中华人民共和国注册制度建筑师条例》，1997 年建设部、人事部颁布《注册结构工程师执业资格制度暂行规定》，1998 年建设部、人事部颁布《监理工程师考试和注册试行办法》等。

(3)建筑市场方面的法规。这类法律、规范主要涉及工程发包、承包活动，以及国家对建设市场的管理活动。于 1999 年 1 月 1 日施行的《中华人民共和国合同法》和于 2000 年 1 月 1 日施行的《中华人民共和国招标投标法》是国家对建筑市场管理的两个基本法律。与之相配套的法规有 2001 年国务院发布的《工程建设项目招标范围和规模标准的规定》、国家计委

《工程项目自行招标的试行办法》、建设部《建设工程设计招标投标管理办法》、2001 年国家计委等七部委联合发布的《建筑工程发包与承包价格计价管理办法》及与国家工商行政总局共同发布的《建设工程勘察合同》、《建筑工程时间合同》、《建设工程施工合同》和《建设工程监理合同》等示范文本。

(4)建设施工方面的法规。以《建筑法》为基础，国务院于 2000 年颁布了《建筑工程勘察设计管理条例》和《建设工程质量管理条例》。建设部于 1989 年颁布《工程建设重大事故报告和调查程序的规定》，于 1991 年颁布《建筑安全生产监督管理规定》和《建设工程施工现场管理规定》，于 1995 年发布《建筑装饰装修管理规定》，于 2000 年颁布《房屋建筑工程质量保修办法》以及《关于建设工程质量监督机构深化改革的指导意见》、《建设工程质量监督机构监督工作指南》和《建设工程监理规范》等规格和文件。主要涉及施工技术管理、建设工程监理、建筑安全生产管理、施工机械设备管理和建设工程质量监理管理。它们与现场施工密切相关，因而与工程施工质量有密切关系或直接关系。园林工程施工参照执行。

(5)关于标准化管理方面的规范。这类法规主要涉及技术标准(勘察、设计、施工、安装、验收等)、经济标准和质量管理标准(如建设程序、设计文件深度、企业生产组织和生产能力标准、质量管理与质量保证标准等)。2000 年建设部发布《工程建设标准强制性条文》和《实施工程检查强制性标准条例》是典型的标准化管理类法规，它的实施为《建设工程质量管理条例》提供了技术法规支持，是参与建设活动各方执行工程建设强制性标准和政府实施监督的依据，同时也是保证建设工程质量的必要条件，是分析处理工程质量事故，判定责任方的重要依据。

5.4 质量事故处理方案

工程质量事故处理方案是指技术处理方案，其目的是消除质量隐患，以达到建筑物的安全可靠和正常使用各项功能及寿命要求，并保证施工的正常进行。其一般处理原则是：正确确定事故性质，是表面性还是实质性，是结构性还是一般性，是迫切性还是可缓性；正确确定处理范围。除直接发生部位，还应检查处理事故相邻影响作用范围的结构部位或构件。其处理基本要求是：安全可靠，不留隐患；满足建筑物的功能和使用要求；技术上可行，经济合理。

5.4.1 修补处理

这是最常用的一类处理方案。通常当工程的某个检验批、分项或分部的质量虽未达到规定的规范、标准或设计要求，存在一定缺陷，但通过修补或更换器具、设备后还可达到要求的标准，又不影响使用功能和外观要求，在此情况下，可以进行修补处理。

属于修补处理的这类方案很多，诸如封闭保护、复位纠偏、结构补强、表面处理等。某些事故造成的结构混凝土表面裂缝，可根据其受力情况，仅作表面封闭保护。某些混凝土结构表面的蜂窝、麻面，经调查分析，可进行剔凿、抹灰等表面处理，一般不会影响其使用和外观。

对较严重的质量问题，可能影响结构的安全性和使用功能，必须按一定的技术方案进行加固补强处理，这样往往会造成一些永久性缺陷，如改变结构外形尺寸，影响一些次要的使用功能等。

5.4.2 返工处理

工程质量未达到规定的标准和要求，存在严重质量问题，对结构的使用和安全构成重大

影响，且又无法通过修补处理的情况下，可对检验批、分项分部甚至整个工程返工处理。例如，园林堤岸填筑压实后，其压实土的干密度未达到规定值，经核算将影响土体的稳定性及抗渗能力，可挖除不合格土，重新填筑，进行返工处理。对某些存在严重质量缺陷，且无法采用加固补强等修补处理或修补处理费用比原工程造价还高的工程，应进行整体拆除，全面返工。

5.4.3　不做处理

某些工程质量问题虽然不符合规定的要求和标准构成质量事故，但视其严重情况，经过分析、论证、法定检测单位鉴定和设计等有关单位认可，对工程或结构使用及安全影响不大，也可不作专门处理。通常不用专门处理的情况有以下几种：

(1)不影响结构安全和正常使用

例如，某些隐蔽部位结构混凝土表面裂缝，经检查分析，属于表面养护不够的干缩微裂，可使用且不影响外观，也可不做处理。

(2)有些质量问题，经过后续工序可以弥补。例如，混凝土墙表面轻微麻面，可通过后续的抹灰、喷涂或刷白等工序弥补，亦可不做专门处理。

(3)经法定检测单位鉴定合格

例如，某检验批混凝土试块强度值不满足规范要求，强度不足，在法定检测单位，对混凝土实体采用非破损检验等方法测定其实际强度已达规范允许和设计要求值时，可不做处理。对经检验未达到要求值，但相差不多，经分析论证，只要使用前经再次检测达设计强度，也可不做处理，但应严格控制施工荷载。

(4)出现的质量问题，经检测鉴定达不到设计要求，但经原设计单位核算，仍能满足结构安全和使用功能。例如，某一结构构件截面尺寸不足，或材料强度不足，影响结构承载力。但经按实际检测所得截面尺寸和材料强度复核验算，仍能满足设计的承载力，可不进行专门处理。这是因为一般情况下，规范标准给出了满足安全和功能的最低限度要求，而设计往往在此基础上留有一定余量，这种处理方式实际上是挖掘了设计潜力或降低了设计的安全系数。

实训9　质量计划模拟编制

9.1　实训目标

通过园林工程质量计划模拟编制的实训，使学生掌握施工过程中质量控制的主要内容、方法和过程，为进行后期的施工与管理打下基础。

9.2　实训材料与方法

施工图纸、施工组织设计、技术检验标准《城市绿化工程施工及验收规范》(GJJ/T82-1999)、三角板、铅笔、橡皮擦及图纸。

9.3 实训步骤

(1)技术准备(合同、技术协议、需方的技术质量要求、验收标准、施工图纸、施工组织设计、需方提供的或者是由需方委托的第三方提供的编制质量计划的原则要点或者是质量计划的初始质量计划、企业内部的质量保证手册);

(2)编制(制定园林工程质量目标、园林工程质量保证体系及园林工程质量保证措施);

(3)评审(质量计划草案应交有关生产、技术、经营等业务部门进行会签)。

9.4 实训要求及注意事项

(1)认真学习质量计划编制原则;

(2)注意收集编制依据,包括适用的法律、法规、规程、标准、规范、工程合同、施工现场条件、模拟公司的决策和现有资源等;

(3)了解工程概况,包括工程地点、建设规模、工程结构特点等;

(4)了解工程项目组成、模拟建设单位的项目质量目标、项目拟定的施工方案等内容。

9.5 实训考核

序号	考核项目	考核标准				等级分值			
		A	B	C	D	A	B	C	D
1	计划的针对性	对施工项目有明确的针对性和质量目标要求,是对具体工程的特点、施工方案、施工工艺进行编制,能很好地起到指导和控制施工质理的作用	较好	一般	较差	30	24	18	12
2	计划的完整性	满足质量要求、工程合同、规范标准,全面覆盖工程的全部过程,满足国家行业标准《建设工程项目管理规范》对项目管理实施规划的要求	较好	一般	较差	30	24	18	12
3	计划的可操作性	质量控制程序详细,项目管理机构健全,管理职责明确,项目质量奖罚措施、质量控制层次合理,质量计划实施、调整和验证措施到位	较好	一般	较差	30	24	18	12
4	文字组织的条理性	句子结构简洁,无错别字,行文条理清晰,排版主次分明,阅读方便	较好	一般	较差	5	4	3	2
5	实训态度	积极主动,完成及时	较好	一般	较差	5	4	3	2
本实训考核成绩(合计分)									

9.6　思考题

(1)园林工程质量的形成因素和阶段因素有哪些?

(2)全面质量控制的八个步骤是什么?

(3)施工准备阶段质量控制的主要方面有哪些?

(4)施工阶段质量控制的主要方面有哪些?

(5)园林工程质量事故处理的主要依据是什么?

(6)园林工程质量事故处理的方案有哪些?其一般处理原则是什么?

9.7　实训案例

××科技公园工程建设规模为23.6万平方米,共分三个标段,呈狭长形,地形成自然式起伏状。设计主旨大气,简洁明快,体现自然,以表达整个环境的时代感和人文气息,同时也是整个科技园区景观性和生态性融于一体的综合性中心公园。整个工程范围主要包括:广场园路铺装、道路、庭园灯、给排水、绿化种植等工程。此工程工期为50个日历天。工程质量要求达到国家施工验收规范一次性合格标准。

认真分析技术准备中的所有资料,包括合同、技术协议、需方的技术质量要求、验收标准、施工图纸、施工组织设计、需方提供的或者是由需方委托的第三方提供的编制质量计划的原则要点或者是质量计划的初始质量计划、企业内部的质量保证手册等,然后进行工程项目质量计划编制。

实训案例8　××科技公园工程质量计划

一、封面

××公司

××科技公园工程质量计划

编写人:

审核人:

批准人:

二、质量计划修订表

质量计划修订记录

修改页码	修改部位	修改后的内容	修改人	修订人	批准人	批准日期

三、项目质量计划审批表

项目质量计划审批表

<table>
<tr><td colspan="2">编制单位:(章)</td></tr>
<tr><td colspan="2">项目部名称:</td></tr>
<tr><td colspan="2">单位工程名称:</td></tr>
<tr><td>编制人:</td><td>项目经理:</td></tr>
<tr><td>公司生产经理审核(签字)

年　月　日</td><td>公司主任工程师审核(签字)

年　月　日</td></tr>
<tr><td>质量技术部意见(签字)

年　月　日</td><td>设备管理部意见(签字)

年　月　日</td></tr>
<tr><td>生产安全部意见(签字)

年　月　日</td><td>物资管理部意见(签字)

年　月　日</td></tr>
<tr><td colspan="2">公司生产副总裁审批(签字)

年　月　日</td></tr>
</table>

四、质量计划模拟编制方案

(一)工程概况

××科技公园工程建设规模为23.6万平方米,共分三个标段,××科技公园狭长形,地形成自然式起伏状。整个工程范围主要包括广场园路铺装、道路、庭园灯、给排水、绿化种植等工程。

(二)质量目标及要求

质量目标:坚持“质量第一,用户至上”的原则。竭尽全力,确保工程达到优良工程的目标。

工期目标:根据公司现有的技术力量、设备力量、计划总工期50天,在不影响工程质量前提下,争取提前完工,尽早产生经济效益和社会效益。

安全目标:坚持“安全第一,预防为主”的方针,做到安全生产无事故。

（三）质量保证措施

1. 目标管理制度

投标人将以国家施工验收规范一次性合格标准作为实施目标，在施工过程中实施目标管理制度，把质量目标分解到各施工班组中去，层层签订责任书，加强职工质量意识教育，使质量标准深入人心。做到从领导、骨干、工人都注重质量，真正做到“人人创优良”，确保工程质量目标的实现。

2. 质量保证体系

建立以项目经理为首的质量保证体系。在实施过程中，贯彻ISO9002系列标准。根据有关质量管理的文件，从质量策划、合同评审、材料供应和采购把关、施工过程控制、检验和试验设备控制、文件和资料管理、质量记录控制到各种培训等着手，在整个施工过程中形成一个符合国际ISO9002系列标准的质量保证体系。为保证施工质量，在施工现场实行以项目经理为核心的质量管理网络。以优质工程为目标，实行工程质量目标管理，明确各部门的工作岗位职责，落实质量责任制。由质检员具体负责，实行全过程监督，并强化质量监控和检测手段。

(1)各级施工质量管理人员做到认真学习合同文件、技术规范和监理规程，按设计图纸、质量标准及工程师指令进行施工，落实各项管理制度，严格按程序施工。各施工班组以自检为主，落实自检、互检、交接检的三检制。开展三工序(查上工序、保证本工序、服务下工序)活动，强化质量意识，教育全体施工人员，人人关心质量，人人搞好质量。

(2)坚持谁施工谁负责的原则，制定各部门、岗位质量责任制，使责任到人。项目经理是工程质量的第一责任者，生产、技术、管理人员从各自的范围和要求承担质量责任，把质量作为评比业绩时一项重要考核指标。

(3)加强对各级施工管理人员的培训学习工作，并认真学习贯彻招标文件、技术规范、质量标准和监理规程，除平时自学外，项目经理要针对施工实际，定期进行分层次的集中培训学习，进一步提高业务素质，使之在施工过程中能更好地履行职责，提高管理水平，把好质量关，以一流质量创一流牌子。

(4)开展质量教育及技术培训。本投标人接到中标通知书后，立即组织投入本合同的人员认真学习技术规范，并认真做好质量教育工作，提高质量意识，以便全体人员树立“质量第一，用户至上，预防为主”的观点。

3. 技术制度

(1)建立以总工程师为主的技术系统质量保证体系。从总工程师、施工技术员、施工管理部直到施工班组的各级技术负责人，从施工方案、施工工艺、技术措施上确保达到质量标准，从技术上对质量负责，并积极采用和推广先进的施工工艺和科技技术，以提高工程质量，缩短工期。

(2)开工前由施工技术员负责进行分层次的书面技术交底，如施工方案、施工工艺设施意图、质量标准、安全措施，使施工工程序化，技术标准化，质量规范化，使每个施工人员做到目标明确，心中有数。

（四）绿化工程质量保证措施

1. 地形标高

为了使绿化更具立体感、层次感，以及利用地形排水，必须严格按设计图纸规定的标高进行回填、营造，保证地形饱满，轮廓线自然，不积水。所以一定要派测量人员用经纬仪进行标高的放样、检测和复测，同时应考虑到下雨和浇水后地形沉降的因素，所有地形均应超出设计标高5厘米，待沉降后达到设计标高。

2. 土壤改良

(1)土质较差，对于种植乔木或酸性植物的土壤应进行人工换土，采用酸性营养土进行改良。

(2)定期进行过磷酸钙施肥。其中磷酸根可以调节土壤 pH 值。

3. 乔木栽植的定位放样

施工前测量人员应参照设计图纸对施工绿地进行现场实测。在实际操作过程中应按照图纸先把每个标准段的外围线放样定位，然后按照设计图纸的比例和桩号，由测量员负责人计算出各株乔木的坐标，根据坐标放出树穴位置。每个标准段内按苗木种植先后次序进行放样定位，放样定位做到准确无误。

4. 苗木质量保证措施

(1)由材料负责人和监理一同到现场考察选苗，监督苗木起挖质量。

(2)苗木运输一律用雨篷遮阴。

(3)运距远或外地苗木，一律夜间运输。

(4)苗木运输车在途中不作长时间滞留，当天起挖苗木连夜运输至工地，次日当天全部种植完毕。

5. 充分做好乔木移植前的准备工作

选树、切根、修剪、移植季节的选择均应严格按照标书中叙述的技术要求执行，充分考虑到各工序的技术关键。

6. 严格按大树移植规程进行大树移植

挖掘包装、装运、栽植、支撑绑扎必须严格按标书中叙述的技术要求操作，选派大树移植方面的技术师进行现场指挥。

7. 必须保证当天挖的苗木做到挖、运、种、固定在24小时内全部完成。

8. 合格工程保证措施

(1)以项目部为中心成立领导小组。由总部派质检员和现场技术员、施工员共同负责本工程试验、计量、施工的全面质量管理，下属各专业队设有专职质检人员，具体负责各项质量工作，对质量问题全权处理，所有工程的施工经质检员检查合格后，方可向监理工程师报监。

(2)推行全面质量管理，成立各级质检小组，针对质量要求高的工序，由各级质检小组及时反馈给上级管理人员，进行改进和调整，提高全体施工人员的质量意识和整体素质。质量组织和保证体系详见“质量保证体系框架图”。

(3)实行项目经理质量责任制和技术质量双向承包责任制，并签订技术质量责任状，以经济手段激发全体参与项目施工人员的积极性，促进工程质量的提高。

(4)各种原材料的计量工作，必须落到实处，务必使职工树立牢固质量意识，形成车车过磅的习惯。

(5)资料保证：严格材料进场手续，对质保资料不符合设计要求的不得使用，做好隐蔽工程等技术资料，各试块按规定留取，及时养护送样。

(6)确保整个工程的放样精确，做到“有放必复”，严格控制在允许偏差范围内。

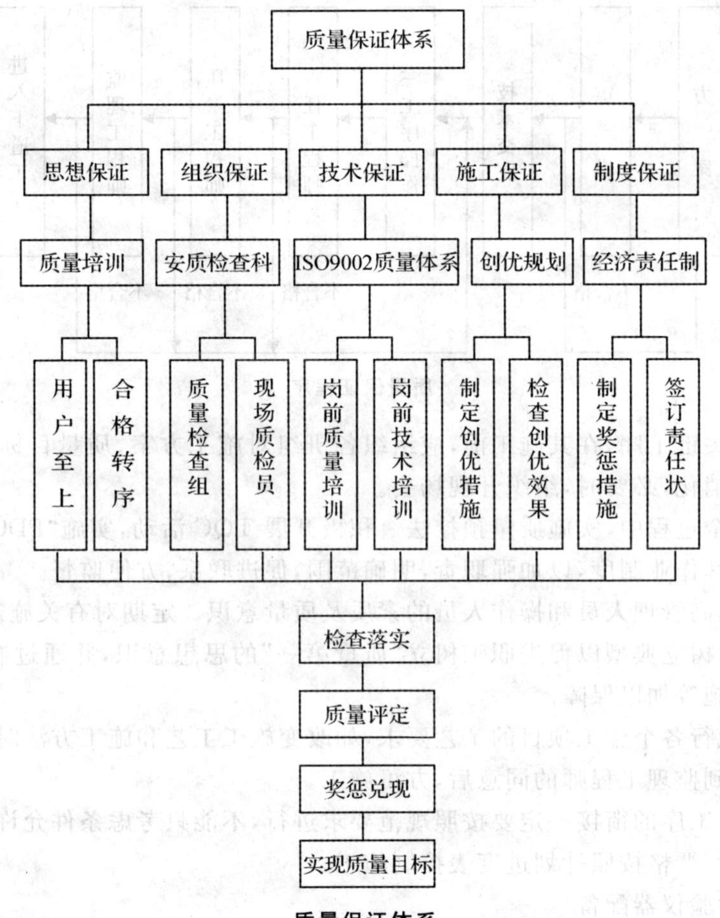

质量保证体系

项目经理

项目副经理　　总工程师

物资供应科　　施工组

安质监察科

质量管理机构

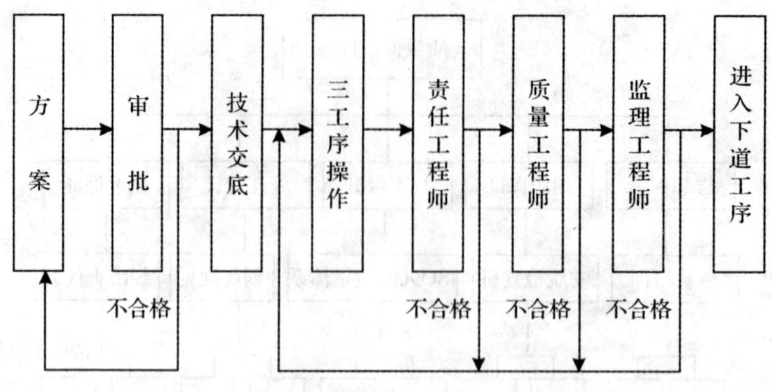

质量保证程序

(7)对一些关键工序，在其施工前，应组织各班组对施工方案、质量目标、操作程序等进行详细的交底、消化，必要时，组织开现场会。

(8)在施工全过程中，实施质量预控法。积极开展 TQC 活动，实施“PDCA”循环。

(9)采取挂牌作业制度，以加强职责，明确范围，促进联系，方便监督。

(10)努力提高管理人员和操作人员的素质及质量意识。定期对有关施工人员进行技术训练、质量教育，树立典型以促进职工树立“质量第一”的思想意识，并通过制定质量管理制度、质量奖惩措施等加以保障。

(11)严格执行各个施工项目的工艺要求，如改变施工工艺和施工方法时，要提前向监理工程师申请，得到监理工程师的同意后，方可施工。

(12)对各个工序的衔接一定要按照规范要求进行，不能只考虑条件允许就颠倒顺序，特别注意交叉作业，严格按照计划进度表控制施工。

(五)质量检验仪器配备

为保证本工程的质量，对施工全过程进行质量控制，配备一些必要的试验器具。

(1)项目部配备兼职计量员负责计量器具的管理和保养并做好登记、建卡和建立台账工作。

(2)计量器具应存放适当的环境，同时做好防锈、润滑等保养工作，在搬运、防护和储存其间应确保计量器具的准确度和适用性。

(3)计量器具应指定专人使用，使用者要具备相应的资格，保证检验、测量和试验在适宜的环境下进行。

(4)计量器具一般每一年检定一次，检验不合格或应检而未检的计量器具不准投入使用。

(5)计量器具校准必须经国家认可机构检定合格。

模块七

园林工程合同管理

相关知识

园林工程合同包括园林工程勘察合同、园林工程设计合同、园林工程施工合同等。本模块重点论述园林工程的施工合同及相关知识。园林工程项目经过招标、投标、开标和定标一系列活动后，招标单位和中标单位应当在规定的时间内签订园林工程承包合同，明确双方各自的权利和义务。园林工程施工合同是园林工程建设的主要合同，是合同双方进行园林工程建设质量管理、进度管理的主要依据。合同一经生效将具有法律效力。

1. 合同的概念与作用

1.1　合同的概念

合同是当事人或当事双方之间设立、变更、终止民事权利和义务关系的协议。依法成立的合同，受法律保护。

工程施工承包合同是工程建设单位(发包方)和施工单位(承包方)根据国家基本建设的有关规定，为完成特定的工程项目而明确相互间权利和义务关系的协议。

1.2　合同的作用

1.2.1　合同是双方在工程建设中各种经济活动的依据

(1)工期：包括工程开始、工程结束的具体日期以及工程中的一些主要活动持续时间，由合同协议书、总工期计划、双方一致同意的详细进度计划等决定。

(2)工程质量、工程规模和范围：包括详细而具体的质量、进度、安全、技术和功能等方面的要求。

(3)价格：包括工程总价格、各分项工程的单价和总价等，由工程量报价单、中标函或合同协议书等组成。

1.2.2　合同规定了双方的经济关系

施工方想以低成本取得更高的利润，建设方想以尽可能少的费用完成尽可能多、质量尽可能高的工程，所以要平衡双方的权利和经济责任。

1.3 合同是工程建设过程中双方的最高行为准则

工程建设过程中应认真履行合同，以合同为核心。

1.4 合同是工程建设过程中解决双方争议的依据

(1)争议的判定以合同作为法律依据，即以合同条文判定争议的性质，谁对争议负责，应负什么样的责任等。

(2)争议的解决方法和解决的程序由合同规定，所以对施工单位来说，合同确定了它在工程中的基本地位，决定着承包工程的盈亏成败。

2. 园林工程合同管理的对应关系

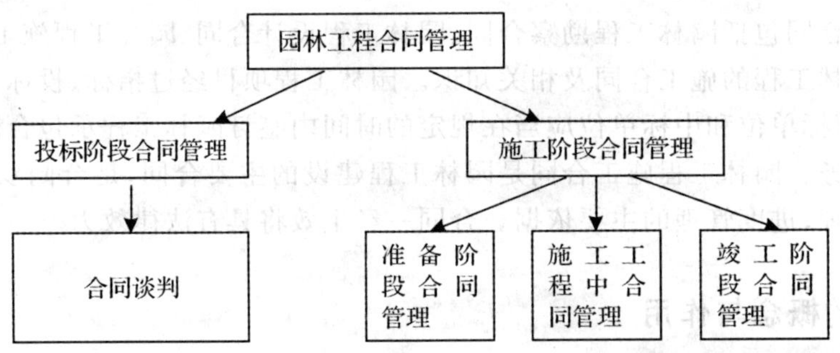

图 7-1 园林工程合同管理的对应关系

3. 合同的结构

合同由合同首部、合同条款、合同尾部三大部分组成。

3.1 合同首部

合同首部包含合同名称、当事人双方的完整名称、法定代表人的名称、合法代理人的名称、合同标的的过渡、合同法律背景陈述。

3.2 合同条款

合同条款包含主要条款、必备条款、一般条款、选用条款。

3.2.1 主要条款（一般应具备的条款）

主要条款包含标的、数量、质量、价款或报酬，履行期限、地点和方式，违约责任、争议的解决方式。

3.2.2 必备条款

必备条款包含标的、数量。

3.2.3　一般条款

一般条款包含风险条款、合同的适用法律条款、争议的解决方式条款及合同转让条款。

3.2.4　选用条款

选用条款包含定义条款、合同所使用的语言文字条款、合同前文件条款。

3.3　合同尾部

合同尾部包含当事人双方签字或盖章、法定代表人签字或盖章、合法代理人的签字或盖章、依法必须办理的相关手续业已办理的证据，及其他相关信息。

4. 投标阶段合同管理

在投标阶段的合同管理主要体现在合同谈判方面。

4.1　合同谈判

合同谈判主要体现如下：

(1)关于工程内容和工程范围的确认：招标人就施工图纸和招标文件确定工程承包的具体内容和范围，如有修改或调整，应该以文字方式确定下来，并以"合同补遗"或"会议纪要"方式作为合同附件。

(2)关于合同价格条款的确定及调整：合同价款可以按总价合同、单价合同、成本加酬金三种方式。由于工程工期较长、材料价格的变化等因素的影响，可能给承包人带来较大的损失，也可能给发包人带来较大的损失。价格调整条款可以比较公正地解决因一方无法控制而导致的风险损失。

(3)关于园林工程施工技术要求、技术规范和施工方案的确定：双方共同商讨确定。

(4)关于工期和维修期：为了保障双方的利益，要明确开工日期和竣工日期，要明确施工方维修的责任。

(5)合同条件中其他特殊条款的完善：主要包括合同中的施工图纸、违约金、隐蔽工程施工的验收程序、非法转包、工程交付等。

4.2　合同文件的内容

园林工程合同的订立采用要约和承诺方式。园林工程承包文件包含合同协议书、工程量及价格、合同所发生的条件、合同技术条件(含施工图纸)、中标通知书、双方代表共同签订的合同补遗(或者会议纪要)、招标文件、来往文件等。

5. 施工阶段合同管理

施工阶段合同管理包括以下三大内容：园林施工准备阶段的合同管理、园林工程施工过程阶段的合同管理、园林工程竣工阶段的合同管理。

5.1 园林施工准备阶段的合同管理

园林施工准备阶段的合同管理指施工前的相关准备工作：准备及熟悉施工图纸，编制施工进度计划，工程开工及竣工，工程分包等。

5.2 园林工程施工过程阶段的合同管理

园林工程施工过程阶段的合同管理必须注意如下三大项：推行项目管理模式、优化施工组织设计、对合同中风险的转移。

5.3 园林工程竣工阶段的合同管理

园林工程竣工阶段的合同管理包含竣工验收的时间、验收方式、工程维修保养、竣工结算等。

5.4 签订施工合同的原则

(1)合法原则：订立合同严格执行《建设施工合同(示范文本)》，通过《合同法》与《建筑法》规范双方的权利与义务关系。

(2)平等自愿、协商一致的原则：主体双方均依法享有自愿订立施工合同的权利。

(3)公平、诚实信用的原则：合同签订中，要诚实守信用，当事人应实事求是地向对方介绍自己订立合同的条件、要求和履约能力；要充分考虑对方的合法利益和实际困难，以善意的方式设定合同的权利和义务。

(4)过错责任原则：合同中除了规定的权利义务，还必须明确违约责任，必要时，还要注明仲裁条款。

5.5 订立施工合同应具备的条件

(1)工程立项及设计概算已得到批准。

(2)工程项目已列入国家或地方年度建设计划，小型专用绿地也已纳入单位年度建设计划。

(3)施工需要的设计文件和有关技术资料已准备充分。

(4)建设资料、建设材料、施工设备已经落实。

(5)招标投标的工程中标文件已经下达。

(6)施工现场条件，即"四通一平"已准备就绪。

(7)合同主体双方符合法律规定，并均有履行合同的能力。

5.6 施工合同管理存在的问题

(1)建设工程法律法规意识淡薄，合同签订不规范。

(2)签订合同不严谨，条款不全，漏洞百出。

(3)忽视合同的严肃性，违背等价有偿性的原则。

(4)缺乏健全的合同管理机构及管理意识。

5.7　园林工程施工合同的主要内容

(1)工程的名称和地点:工程名称是指合同双方要进行的工程名称,应当以批准的设计文件所称的名称为准。工程地点是指工程的建设地点。

(2)工程的范围和内容:工程的范围和内容主要包括主要工程、附属工程的建设内容,要写清楚,以免出现不必要的麻烦。

(3)开工、竣工日期及中间交工工程开工、竣工的日期、保修日期。

(4)工程质量的保修、养护及保修养护条件。

(5)施工合同价款及调整

①价款的约定:双方可接受的合同价款。

②约定方式:固定价格合同、可调价格合同、成本加酬金合同。

③可调价合同中调价因素:法律、法规和国家有关政策变化影响合同价款;工程造价管理部门公布的价格调整;一周内非承包人的原因停水、停电、停气造成停工累计超过 8 小时;双方约定的其他因素。

(6)工程款的支付、结算及交工验收的办法:工程款的支付一般分为预付款、中间结算款和竣工结算三部分。工程款(进度款)的结算方式:按月结算、按形象进度结算、竣工后一次结算、其他结算方式。工程竣工后,承包、发包双方应办理交工验收手续,工程验收应以施工图及设计文件、施工验收标准及合同协议为依据。

(7)材料和设备的供应和进场:园林工程在施工过程中材料和设备的供应和进场有两种情况:一是甲方(建设单位)供应材料、设备;二是乙方(施工单位)采购材料、设备。双方应严格按合同规定,对各自的材料、设备保证按时、按质、按量供应。

(8)双方互相协调事项:合同中需明确规定双方当事人协作的事宜,以确保完成工程。

(9)违约责任:承包方、发包方的责任。违约责任即为合同一方或双方因过失不能履行或不能完全履行合同责任,侵犯另一方经济权利时所应负的责任。

(10)争议解决方式:合同的履行过程中,合同当事人双方的争执总是有的,故应明确争议解决方式。

(11)合同结尾:注明合同份数,存留与生效方式;签订日期、地点、法人代表;合同公证单位;合同未尽事项或补充条款;合同应有的附件;工程项目一览表,材料、设备供应一览表,施工图纸及技术资料交付时间表。

6. 签订施工合同“九大注意”

施工合同是依法保护发承包双方权益的法律文件,是发承包双方在工程施工过程中的最高行为准则。为防范合同纠纷,在签订“建设工程施工合同(示范文本)”(GF-1999-0201)过程中,以下九个方面需要注意。

6.1 发包人与承包人

6.1.1 发包人

对发包方主要应了解两方面内容：

(1)主体资格，即建设工程相关手续是否齐全。如建设用地是否已经批准，是否列入投资计划，规划、设计是否得到批准，是否进行了招标等。

(2)履约能力即资金问题。施工所需资金是否已经落实或可能落实等。

6.1.2 承包人

对承包方主要了解的内容有资质情况、施工能力、社会信誉、财务情况等。

6.2 合同价款

合同价款是双方共同约定的条款，要求第一要协议，第二要确定。暂定价、暂估价、概算价等，都不能作为合同价款，约而不定的造价不能作为合同价款。

6.3 发包人工作与承包人工作

发包人工作与承包人工作条款应注意：

(1)双方各自工作的具体时间要填写准确。

(2)双方所做工作的具体内容和要求应填写详细。

(3)双方不按约定完成有关工作应赔偿对方损失的范围、具体责任和计算方法要填写清楚。

6.4 工程预付款

工程预付款条款应注意：

(1)填写约定工程预付款的额度应结合工程款、建设工期及包工包料情况来计算。

(2)应准确填写发包人向承包人拨付款项的具体时间或相对时间。

(3)应填写约定扣回工程款的时间和比例。

6.5 合同价款及调整条款

合同价款及调整条款应注意：

(1)填写合同价款及调整时应按“通用条款”所列的固定价格、可调价格、成本加酬金三种方式，约定一种写入本款。

(2)采用固定价格应注意明确包死价的种类。如是总价包死、单价包死，还是部分总价包死，以免履约过程中发生争议。

(3)采用固定价格必须把风险范围约定清楚。

(4)应当把风险费用的计算方法约定清楚。双方应约定一个百分比系数，也可采用绝对值法。

(5)对于风险范围以外的风险费用，应约定调整方法。

6.6　工程进度款

工程进度款条款应注意：

(1)工程进度款的拨付应以发包方代表确认的已完工程量、相应的单价及有关计价依据计算。

(2)工程进度款的支付时间与支付方式根据形象进度，可选择按月结算、分段结算、按完成量、竣工后一次结算(小工程)及其他结算方式。

6.7　材料设备供应

材料设备供应条款应注意：

(1)应详细填写材料设备供应的具体内容、品种、规格、数量、单价、质量等级、提供的时间和地点。

(2)应约定供应方承担的具体责任。

(3)双方应约定供应材料和设备的结算方法(可以选择预结法、现结法、后结法或其他方法)。

6.8　违约

违约条款应注意：

(1)详细规定通用条款、预付款、工程进度款、竣工结算的违约，及应承担的具体违约责任。

(2)约定其他违约责任。

(3)违约金与赔偿金应约定具体数额和具体计算方法，越具体越好，具有可操作性，以防止事后产生争议。

6.9　争议的解决方式

(1)争议的解决方式是选择仲裁方式，还是选择诉讼方式，双方应达成一致意见。

(2)如果选择仲裁方式，当事人可以自主选择仲裁机构。仲裁不受级别地域管辖限制。

7. 园林工程施工项目管理合同的种类

园林工程施工项目管理合同的种类包括工程项目总承包合同、分项工程作业承包合同、劳务合同、其他合同。

(1)工程项目总承包合同：是企业法人代表(公司经理)与项目经理之间签订的合同。

(2)分项工程作业承包合同：施工项目经理部与企业内部的水电、园林建筑、园林种植等以园林施工队为承包单位为完成相应任务而签订的承包合同。

(3)劳务合同：施工项目经理部与企业内部劳务公司签订的提供劳务服务的合同。

(4)其他合同：指施工项目经理部为完成施工项目所需的园林机械租赁、周转材料的租赁、原材料供应、周转资金的使用所签订的合同。这类合同是项目经理部与本施工企业的其他项目部或部门之间、外部生产要素市场各主题间、项目部各分项工程队之间等签订的合同,是由项目部生产要素的供求关系而形成的合同。

8. 园林工程施工合同的管理

8.1 园林工程施工合同的管理任务

(1)全面提高园林建设管理水平。

(2)施工合同管理是控制质量、进度和造价的依据和保证。

(3)维护双方当事人的合法权益。

8.2 园林工程施工合同的管理方法和手段

8.2.1 园林工程施工合同的管理方法

(1)健全园林工程合同管理法规。

(2)建立和发展有形园林的市场。

(3)完善园林工程合同管理的各项制度。

(4)全面推行园林工程合同管理的目标制、责任制。

8.2.2 园林工程施工合同的手段

(1)设立专门的合同管理机构和配备专业的合同管理人员。

(2)积极推行合同示范文本的各项制度。

(3)积极开展各项检查批评制度。

(4)做好全面的合同管理的信息系统。

(5)借鉴和吸取先进经验及采取国际通用规范。

实训 10 园林工程施工合同模拟编制

10.1 实训目标

(1)通过调研学习优秀的施工合同的编制案例,能够明确编制施工合同的包含内容,并能灵活运用。

(2)掌握编制园林施工合同的方法与步骤。

(3)掌握园林工程施工合同所需的条款和编制技术。

(4)能够充分认识及运用园林工程法律法规知识,编制施工合同。

10.2 实训材料与方法

10.2.1 实训材料及工具

某个项目审批后完整的一套园林工程施工图纸、依法成立的招投标文件、建设双方达成

的协议、会议纪要及相关文件，电脑一台、传真机、打印机等。

10.2.2　*方法*

选择某一个项目（面积不小于 10000 m^2），研究其施工图纸及业主方给的正式文件，编制园林施工合同。

10.3　实训步骤

实地调查资料→熟悉施工图纸，研究相关资料和法规→初步拟定施工合同→双方（模拟的施工方与模拟的业主方）共同商讨具体条款→签订合同，进行合同管理。

10.4　实训要求及注意事项

(1)调查该项目的周边环境和社会人文资料。

(2)调查该项目的自然资料，包括地形、土壤地质等状况。

(3)实地勘察。

(4)根据以上资料，根据业主方给的正式文件（包括施工图纸和会议纪要等）以及建设工程合同法律法规知识，初步拟定施工合同。

(5)要求学生必须掌握建设工程合同法律法规知识及施工合同应该包含的内容，独立完成施工合同的编写。

(6)注意避免学生作业相互雷同或者网上下载。

(7)注意合同的法律语言，避免使用模棱两可的语言。

(8)实训报告内容的要求：内容全面，组织结构完整，文字使用妥当；可结合工程具体情况，灵活安排施工合同的内容。

10.5　实训考核

序号	考核项目	考核标准				等级分值			
		A	B	C	D	A	B	C	D
1	施工合同的规范性	满足工程合同规范标准，满足国家行业标准《建设工程项目管理规范》对项目合同管理实施规划的要求	较好	一般	较差	20	17	14	12
2	合同内容的完整性	合同的主要条款内容完整	较好	一般	较差	40	34	28	22
3	合同的可行性	合同可行，合同双方遵守国家的法律、行政法规和园林建设的特殊要求和规定	较好	一般	较差	30	24	18	12
4	文字组织的条理性	句子结构简洁，文字无纰漏，无错别字，行文条理清晰，排版主次分明，阅读方便	较好	一般	较差	5	4	3	2
5	实训态度	积极主动，完成及时	较好	一般	较差	5	4	3	2
本实训考核成绩（合计分）									

10.6 思考题

(1)编写园林施工合同时应该注意哪些事项?

(2)目前施工合同管理存在许多问题,在不同施工阶段对合同管理应有哪些不同的侧重面和注意事项?对施工合同管理采取哪些措施?对实现成本控制应该进行哪些分析?

(3)如何加强工程合同管理中的风险防范?应该采取哪些可行性措施来提高企业的利润及达到双赢?

10.7 实训案例

实训案例9 ××项目景观"园林工程"施工合同(硬景部分)

××项目景观"园林工程"施工合同(硬景部分)

________________________(以下简称甲方)

________________________(以下简称乙方)

依照《中华人民共和国合同法》、《中华人民共和国建筑法》及其他有关法律、法规和招标文件的要求,甲、乙双方遵循平等、自愿、公平和诚实信用的原则,就××项目园林工程事项协商一致,同意订立本合同,达成协议如下:

一、项目概况

1. 项目名称

2. 项目地址

3. 园林工程规模:面积约________m^2。

4. 现场施工条件:施工用水、用电已接通,现场施工其他条件已全部具备。

5. 资金来源:甲方自筹。

6. 设计单位:

7. 监理单位:

二、本合同施工发包范围

××项目园区施工图纸范围内的园林工程。

(一)属于本合同的范围(以下内容结合本工程实际来确定)

1. 基层以上找平与环境饰面铺装。

2. 若在实际施工时,为保持部分特殊造型或建筑小品的整体性,其基层归入景园施工单位,以现场业主代表协调为准。

3. ……

三、合同工期

开工日期:以甲方书面通知为准。

竣工日期：______年____月____日前完工交付使用。除遇不可抗力外，本合同工期不作顺延；在其他情况下，乙方必须自行采取措施保证施工的进行。本工期包括乙方完成承包范围内全部工程内容所需时间，以及甲方在施工时可能要求增加的工程内容所需时间。

合同工期总日历天数______天。

四、质量标准

(1)本工程质量必须达到“合格以上”标准，乙方应当严格按照施工图纸等相关技术资料和国家、本地区有关施工技术规范规程、质量检验评定标准等文件组织施工。

(2)隐蔽工程(包括景观基层)尤其是中间验收必须严格按规范要求进行逐项检查验收，在乙方自检合格后提前48小时通知甲方、监理、设计等部门派员参加，如有质量不合格的乙方应无条件进行返工，直到合格为止，在检查合格并经书面确认后方可进行下一道工序施工。

(3)乙方在进场施工之前应提供承包范围内所有铺贴材料样品一式三份，经甲方确认，且甲乙双方在样品上签字存档后方可进行铺贴，并作为验收依据。若未经确认擅自铺贴，由此引起的返工费用和工期延误所造成的经济损失和相关责任由乙方承担。

(4)工程实行样板先行，乙方在铺装前，必须先做好样板。乙方可以在自己的工作场地内选择一个地方，针对图纸上的主要铺装内容，将样板集中做在一起，做完样板后，通知甲方及有关单位到现场进行验看。铺装样板验收合格并经书面确认后，乙方方可照此样板进行大面积施工。

(5)工程铺地施工应满足现行《建筑工程地面施工及验收规范》(GB50209-95)的有关规定。硬景部分的装饰或贴面，其颜色和效果必须满足设计效果，其垂直度、平整度等施工质量必须满足《装饰工程施工及验收规范》(GBJ210-83)的有关规定。

(6)凡质量不合格或效果不符合监理要求的分部分项工程，乙方需按甲方或监理单位要求进行返工的，其全部费用由乙方负责。由此产生的工期延误所造成的经济损失也概由乙方负责。

(7)若因乙方原因导致合同自动终止，乙方必须在合同终止后三天内全部退场并移交已完成的工程，已完成的工程按50%折价结算，乙方还应赔偿由此给甲方造成的一切损失，若该损失不足本合同之含税包干总价的10%，则乙方应按本合同含税包干总价的10%作为违约金支付给甲方。

五、安全施工

乙方在施工期间，应严格遵照国家颁布的安全生产的政策法令、规范规程组织施工，杜绝安全事故，消灭安全隐患，如发生安全事故，乙方应承担其全部经济费用以及相关责任。

六、合同价款

1.计量原则：工程内容和工程量由乙方根据甲方提供的施工图纸和投标报价表自行计算包干，所报工程内容和工程量均视为已含实施本工程所需的所有工作，漏报工程内容和工程量均视为已包含在投标报价中。非甲方原因引起的变更，不再调整；因甲方原因(变更设计、调整材料等级和土建总包单位等)引起的工程量和造价变更，其变更部分的内容按实计价进行增减，其余不变。

2.计价原则：本合同采用__________合同。本绿化硬景工程含税包干造价为人民币__________元(大写：____________________)。

本合同价格中已经包括完成发包图纸范围内工程所需要的施工设备、设施、劳务、管理、材料、安装、维护、利润、税金及政策性文件规定的各项应有费用及合同明示或暗示的所有一切风险、责任和义务的费用，由乙方包工、包料、包机械、包管理、包质量、包工期、包安全、包文明施工、包验收等直至竣工验收交付甲方使用以及维保期间的所有费用。

除下列原因外，合同的固定总价均不允许改变：

(1)甲方工程师有效签证确认的设计变更、现场签证：合同中已有适用于变更工程的价格，按合同已有的价格变更合同价款；合同中只有类似于变更工程的价格，可以参照类似价格变更合同价款；合同中没有适用或类似于变更工程的价格，由乙方提出适当的变更价格，双方协商并经甲方工程师书面确认后执行，或约定按其他方式执行。

(2)甲方如果直接取消某分部分项工程量清单项目，则该项目价款甲方不予支付给乙方。

(3)综合单价中包含"甲定乙供暂定价材料"的价格调整方式：原综合单价组价方式不变，甲方根据实际选用材料的签证价格，仅对材料价格按实进行调整，并对材料差价部分补计税金，其余费用一律不得调整。

(4)关于发包文件中约定的可调价材料的价格调整方式：________________。

(5)措施费均为税后的包干价，不得因设计变更而调增。

(6)发包人向承包人支付合同价款时，甲供材料价款及发包人垫支的其他款项，甲方按本合同专用条款约定的方式将该款扣回。

七、工程变更

1. 工程设计变更

乙方对原设计进行变更，须取得甲方书面批准。因擅自变更设计发生的费用和由此导致甲方的经济损失，由乙方承担，延误工期不予顺延。施工中甲方对原设计进行变更，应向乙方发出书面变更通知，乙方应无条件按甲方书面的变更通知进行变更，由此造成延误的工期相应顺延但所延误的工作日需经甲方认可签证。

2. 确定变更价款

(1)设计变更只涉及工程量的变动，则增减工程量对应的单价为合同中已有的价格，工程量结算时按其实际工作量计算。

(2)设计变更涉及新增项目，原合同中无适用的价格，则乙方在收到相关变更"工程联系单"后3天内，向甲方提出确定新增项目单价的报告，若合同中有与新增项目相似的价格，则参照类似价格确定新增项目单价；若合同中无类似价格，则双方协商确定。工程量结算时按实际调整计算。

八、工程款支付

1. 本工程不支付工程预付款。工程款按照工程进度分阶段支付，具体为：工程完成量达50%，付至完成部分造价的25%，计付人民币________元(大写：________________)；工程完成时，付至完成部分造价的50%，计付人民币________元(大写：________________)；景观工程完工并经验收合格后，付至硬景部分造价的85%，计付人民币________元(大写：________)；办完工程结算后，付至硬景工程合同造价的95%，留5%工程保修金。工程保修期满后，经甲方指定的物业管理公司验收合格后10日内退还乙方保修金，不计息。

2. 甲方付款采用银行转账方式，乙方必须提供相应的正式发票。

3. 在支付进度款同时，乙方应与甲方结清当期现场施工水电费，否则不予支付工程进度款。

4. 单项工程变更增加合同价款在10万元内的，进度款支付中不予考虑，结算时调整。

九、验收办法、标准

1. 本工程绿化部分按国家现行《城市绿化工程施工及验收规范》进行检查验收，园建工程按《建设工程施工质量验收统一标准》(GB50300-2001)及其他相应国家规定标准验收。竣工验收如未能达到质量标准的，乙方应向甲方支付工程总造价5%的违约金，并由此给甲方造成的其他经济损失乙方应负责赔偿。甲方在接到乙方提交的有乙方盖章、法人代表签字的竣工资料和竣工验收报告后60个工作日内办理竣工验收，逾期甲方应负责保管、监护责任，如有损失由甲方承担。

2. 最终交接验收：保修期满后，乙方应书面通知甲方委托的物业公司办理最终交接验收，物业公司自接到最终交接验收通知后10个工作日内组织验收，并办理交接手续。如物业公司在规定时间内未能组织验收需及时书面通知乙方，另定最终交接验收日期，并承担乙方的看管费用和相关费用。如发现质量不合格时，物业公司有权拒绝接收。

3. 未办理最终交接验收手续，甲方或甲方委托的物业公司未经乙方同意擅自搬迁的部分，其搬动部分视为验收合格，其他不变。

十、工程保修

乙方向甲方承诺按照合同约定进行施工、竣工并在质量保修期内承担园林工程质量保修责任。保修期自本硬景工程竣工验收合格之日起计，期限2年。具体保修内容详见本合同“附件1：工程质量保修协议书”。乙方应当在接到甲方通知后5日内无条件进行维修，逾期甲方可另行安排专业人员进行维修，所发生的费用加倍在乙方预留的保修金中扣除。如保修金不足扣除的乙方应及时支付给甲方。

十一、甲、乙双方责任

1. 甲方责任

(1)甲方指派__________驻施工现场代表负责工程督促检查和验收签证等各项事宜。

(2)施工场地具备开工条件。

(3)提供水、电、工具间。

(4)施工场地内主要交通干道与道路应开通。

(5)提供工程地质和地下管网线资料。

(6)提供水准点与坐标控制点位置。

(7)提供会审图纸和设计交底。

2. 乙方责任

(1)乙方指派__________为该现场负责人，负责管理现场和签证等各项事宜。

(2)按施工图和配套设计变更要求施工。

(3)做好施工防护工作。

(4)做好对成品及半成品的保护工作。

(5)做好施工场地周围建筑物和地下管线的保护工作，做好与其他施工队的衔接工作。

(6)施工场地整洁卫生，工程竣工后清理现场，施工期间应每日做到工完场清。

(7)对施工现场的施工(及工作人员)安全负全部责任。处理好由于施工带来的扰民等问题，否则由此造成的行政处罚和罚款由乙方承担。

(8)对施工现场的施工人员(及工作人员)进行遵纪守法教育，不能赌博、酗酒、斗殴等，否则由此产生的一切后果均由乙方承担。

十二、争议的解决

本合同履行中所发生的纠纷由双方协商解决，若协商不成，双方同意向合同履行地人民法院提起诉讼。

十三、合同生效

合同订立时间：____年____月____日。

合同订立地点：____________。

本协议书双方约定一式两份，双方各执一份，具有同等法律效力，自双方代表签章后依法生效，协议书项下的权利义务均履行完毕后自动失效。

甲方(公章)：	乙方(公章)：
法人代表：	法人代表：
地址：	地址：
电话：	电话：
传真：	传真：

案例分析：

本合同比较全面，内容清晰；从法律的角度上来评论，语言妥当。但也存在如下问题：

(1)工程保修条款稍微苛刻(针对施工方)，违反了合同的公平性原则。

(2)本合同中的硬景部分的基层是甲方施工的，而面层由施工单位施工。这存在着质量上的争议，而在本合同中没有涉及解决的办法。

(3)对本合同中风险的转移未体现出来。

实训案例 10　××项目景观“绿化种植工程”施工合同(软景部分)

××项目景观“绿化种植工程”施工合同(软景部分)

____________________(以下简称甲方)

____________________(以下简称乙方)

依照《中华人民共和国合同法》、《中华人民共和国建筑法》及其他有关法律、法规和招标文件的要求，甲、乙双方遵循平等、自愿、公平和诚实信用的原则，就××项目园林绿化种植工程事项协商一致，同意订立本合同，达成协议如下：

一、项目概况

1. 项目名称：××××××。

2. 项目地址：××星达路26号。

3. 绿化规模：面积约＿＿＿＿＿m²。

4. 现场施工条件：施工用水、用电已接通，现场施工其他条件已全部具备。

5. 资金来源：甲方自筹。

6. 设计单位：××环境艺术设计有限公司。

7. 监理单位：＿＿＿＿＿＿＿＿＿＿＿＿＿＿。

二、本合同施工发包范围

××项目园区施工图纸范围内的绿化种植工程（含种植土、苗木采购、种植、管养及保活）。

三、合同工期

开工日期：××项目景观"园林工程"硬景部分初步完成时由甲方书面通知为准。

竣工日期：＿＿＿年＿＿＿月＿＿＿日前完工。除遇人力不可抗力外，本合同工期不作顺延；在其他情况下，乙方必须自行采取措施保证施工的进行。本工期包括乙方完成承包范围内全部工程内容所需时间，以及甲方在施工时可能要求增加的工程内容所需时间。

合同工期总日历天数＿＿＿＿＿天。

四、质量标准

1. 本工程质量必须达到"合格以上"标准，乙方应当严格按照施工图纸等相关技术资料和国家、本地区有关施工技术规范规程、质量检验评定标准等文件组织施工。

2. 隐蔽工程（包括种植土基层、种植土面层等）在乙方自检合格后应及时通知甲方及监理单位检查、验收，在检查验收合格并经书面签认后方可进行下一道工序施工。

3. 种植部分的施工前准备、种植材料、种植前土壤处理、施肥、种植穴及槽的挖掘、苗木运输、苗木种植前的修剪、树木种植、大树移植、草坪和花卉种植、绿化工程的附属设施、工程验收等，应满足现行《城市绿化工程施工及验收规范》(GJJ/T82-99)，及《城市绿化和园林绿地用植物材料(木本草)》(CJ/T34-91)的有关规定。植物栽种以及验收均要接受全程监督。

4. 对于软景部分，乙方必须严格按照设计图纸上的要求进行选苗，不符合设计要求的苗木不允许进入施工现场。种植在场地内的苗木，一旦发现其规格不符合设计图纸的要求，一律退场并重新补种符合要求的苗木，由此引起的经济损失，由乙方承担，若因此而引起的工期延误，每延期一日历天甲方将扣其合同总造价的1%作为惩罚。

5. 种植土必须是结构疏松、通气、保水、保肥能力强，土中无砾石、瓦砾、草根等杂草，并适宜园林植物生长的土壤，必要时可掺入适量的泥炭土介质，对重黏土可掺入30%～40%的粗砂调整土壤质地。种植土基层必须清除至所要求的标高后再填种植土，若基层有建筑垃圾的土壤、重黏土、粉砂土及含有有害园林植物生长成分的土壤，必须用种植土进行局部或全部更换。回填种植土土质不符合要求的，则视为自动终止合同。

6. 特选苗要求：若乙方在开工后无法按照约定提供甲方所选定的苗木，或所提供的苗木非甲方所选定的，甲方有权拒收并有权组织人员自行采购，所发生的一切费用在乙方的当期工程款中扣除，若乙方有异议或不予配合，则视为自动终止本合同。

7. 若因乙方原因导致合同自动终止，乙方必须在合同终止后三天内全部退场并移交已完成的工程，已完成的工程按50%折价结算，乙方还应赔偿由此给甲方造成的一切经济损失，若该损失不足合同含税包干总价的10%，则乙方应支付合同含税包干总价的10%作为违约金。

五、安全施工

乙方在施工期间，应严格遵照国家颁布的安全生产的政策法令、规范规程组织施工，杜绝安全事故，消灭安全隐患，如发生安全事故，乙方应承担其全部经济费用以及相关责任。

六、合同价款

1. 计量及计价原则

工程内容和工程量由乙方根据甲方提供的施工图纸和投标报价表自行计算包干，所报工程内容和工程量均视为已含实施本工程所需的所有工作，漏报工程内容和工程量均视为已包含在投标报价中。非甲方原因引起的变更，不再调整；因甲方原因（变更设计和土建总包单位）引起的变更，其变更部分按实计算，其他不变。

2. 包干造价及包干范围

(1)本软景工程含税金及其他各项费用包干造价为人民币____________元(大写：____________)。

(2)本软景工程包干范围：××项目园区施工图纸范围内的绿化种植工程(含种植土、苗木采购、种植、管养及保活)。

3. 合同价款调整

在施工过程中，甲方有权依据施工图纸因故变更等实际情况对选种苗木的品种、分种区域、种植密度等进行适当调整，并在合同包干造价基础上进行增减结算，当报价中有对应项目名称，按照该项目名称报价确定；当报价中无对应项目名称，应当由双方共同协商解决。

七、工程款支付

1. 本工程不支付工程预付款。工程款按照工程进度分阶段支付，具体为：软景工程完成量达50%，付至完成部分造价的25%，计付人民币________元(大写：________)；软景工程完成时，付至完成部分造价的50%，计付人民币____________元(大写：____________)；软景工程竣工验收办完工程结算后，付至软景工程部分造价的90%，留10%植物管养保活金。工程保修、植物保活期满后，经甲方指定的物业管理公司验收合格后10日内退还乙方保修保活金，不计息。

2. 乙方必须提供正式发票向甲方收取工程款。

3. 在支付进度款时，乙方应与甲方结清当期现场施工水电费，否则不予支付工程进度款。

4. 单项工程款变更增加合同价款在10万元以内的，进度款支付中不予考虑，结算时调整。

八、验收办法、标准

1. 现场具备竣工验收的条件下，乙方提交完整的竣工资料和验收报告后，甲方应在接到资料后30个工作日内办理竣工验收，甲方如逾期的时间可作为乙方的养护保修时间。苗木的种植及工程验收应满足现行《城市绿化工程施工及验收规范》(GJJ/T82-99)及《城市绿化和园林绿地用植物材料》(CJ/T34-91)的有关规定。

2. 最终交接验收：保养期满后，乙方应书面通知甲方委托的物业公司办理最终交接验收，物业公司自接到最终交接验收通知后10个工作日内组织验收，并办理交接手续。如物业公司在规定时间内未能组织验收需及时书面通知乙方，另定最终交接验收日期，并承担乙

方逾期部分时间所引起的看管费用。

3. 未办理最终交接验收手续，甲方或甲方委托的物业公司擅自搬迁的部分，其搬迁部分则视为验收合格，其他不变。

九、工程保修

乙方向甲方承诺按照合同约定进行施工、竣工并在质量保修期内承担绿化种植工程质量养护保修责任。保修期自本软景工程竣工验收合格之日起计，由乙方对苗木进行为期一年的精心保活管养，所有栽植的树木和花草栽植的位置、规格应符合图纸的要求，其存活率为100%。保活期内若苗木出现病虫害或死亡，乙方应当在接到甲方通知后5日内无偿更换或补种，逾期甲方可另行安排专业人员进行维护，所发生的费用加倍在乙方预留的保修金中扣除。如保修金不足扣除的乙方应及时支付给甲方。

十、甲、乙双方责任

1. 甲方责任

(1)甲方指派____________驻施工现场代表负责工程督促检查和验收签证等各项事宜。

(2)施工场地具备开工条件。

(3)提供水、电、工具间。

(4)施工场地内主要交通干道与道路应开通。

(5)提供工程地质和地下管网线资料。

(6)提供水准点与坐标控制点位置。

(7)提供会审图纸和设计交底。

2. 乙方责任

(1)乙方指派____________为该现场负责人，负责管理现场和签证等各项事宜。

(2)按施工图和配套设计变更要求施工。

(3)做好施工防护工作。

(4)做好对成品及半成品的保护工作。

(5)做好施工场地周围建筑物和地下管线的保护工作，做好与其他施工队的衔接工作。

(6)施工场地整洁卫生，工程竣工后清理现场，做到工完场清。

(7)对施工现场的施工(及工作人员)发生的安全事故承担全部经济费用以及相关责任。处理好由于施工带来的扰民等问题，否则由此造成的行政处罚和罚款由乙方承担。

(8)对施工现场的施工人员(及工作人员)进行遵纪守法教育，不能赌博、酗酒、斗殴等，否则由此产生的一切后果均由乙方承担。

十一、争议的解决

本合同履行中所发生的纠纷由双方协商解决，若协商不成，双方同意向合同履行地人民法院提起诉讼。

十二、合同成立和生效

合同订立时间：________年________月________日。

合同订立地点：________________________________。

本合同双方约定正本一式两份，双方各执一份，副本四份，双方各执两份，具有同等法律效力。自双方代表签章后依法成立，并自××项目景观“园林工程”(硬景部分)验收合格后项目部书面通知之日起依法生效，协议书项下的权利义务均履行完毕后自动失效。

甲方(公章)：　　　　　　　　　　　　乙方(公章)：

法人代表：　　　　　　　　　　　　　法人代表：

地址：　　　　　　　　　　　　　　　地址：

电话：　　　　　　　　　　　　　　　电话：

传真：　　　　　　　　　　　　　　　传真：

案例分析：

本合同比较全面，内容清晰；从法律的角度上来评论，语言非常妥当。但是也存在着如下的问题：

(1)工程保修条款稍微苛刻(针对施工方)，违反了合同的公平性原则。

(2)本合同中价格条款调整，不够全面。

(3)对本合同中风险的转移未体现出来。

模块八

园林工程安全管理

相关知识

安全生产管理是在施工中避免生产事故，杜绝劳动伤害，保证良好施工环境的管理活动。它是保护职工安全健康的企业管理制度，是顺利完成工程施工的重要保证。因此，园林施工单位必须高度重视安全生产管理，把安全工作落实到工程计划、设计、施工、检查等各个环节之中，把握园林工程施工中重要的安全管理点，做到未雨绸缪，安全生产。

1. 园林工程施工安全管理主要内容

在园林工程施工过程中，安全管理的内容主要包括对实际投入的生产要素及作业、管理活动的实施状态和结果所进行的管理和控制，包括作业技术活动的安全管理、施工现场文明施工管理、劳动保护管理、职业卫生管理、消防安全管理和季节施工安全管理等。

1.1 作业技术活动的安全管理

园林工程的施工过程体现在一系列的现场施工作业和管理活动中，作业和管理活动的效果将直接影响到施工过程的施工安全。为确保园林建设工程项目施工安全，工程项目管理人员要对施工过程进行全过程、全方位的动态管理。作业技术活动的安全管理主要内容有：

1.1.1 从业人员的资格、持证上岗和现场劳动组织的管理

园林施工单位施工现场管理人员和操作人员必须具备相应的执业资格、上岗资格和任职能力，符合政府有关部门规定。现场劳动组织的管理包括从事作业活动的操作者、管理者，以及相应的各种管理制度，操作人员数量必须满足作业活动的需要，工种配置合理，管理人员到位，管理制度健全，并能保证其落实和执行。

1.1.2 从业人员施工中安全教育培训的管理

园林工程施工单位施工现场项目负责人应按安全教育培训制度的要求，对进入施工现场的从业人员进行安全教育培训。安全教育培训的内容主要包括新工人“三级安全教育”、变换工种安全教育、转场安全教育、特种作业安全教育、班前安全活动交底、周一安全活动、季节性施工安全教育、节假日安全教育等。施工单位项目经理部应落实安全教育培训制度

的实施，定期检查考核实施情况及实际效果，保存教育培训实施记录、检查与考核记录等。

1.1.3 作业安全技术交底的管理

安全技术交底由园林工程单位技术管理人员根据工程的具体要求、特点和危险因素编写，是操作者的指令性文件。其内容主要包括：该园林工程项目的施工作业的危险点；针对该园林工程危险点的具体预防措施；园林工程施工中应注意的安全事项；相应的安全操作规程和标准；发生事故后应及时采取的避难和急救措施。

作业安全技术交底的管理重点内容主要体现在两点，首先应按安全技术交底的规定实施和落实；其次应针对不同工种、不同施工对象，或分阶段、部分、分项、分工种进行安全交底。

1.1.4 对施工现场危险部位安全警示标志的管理

在园林工程施工现场入口处、起重设备、临时用电设施、脚手架、出入通道口、孔洞口、桥梁口、基坑边沿、爆破物及危险气体和液体存放处等危险部位应设置明显的安全警示标志。安全警示标志必须符合《安全标志》(GB2894-1996)、《安全标志使用导则》(GB16719-1996)的规定。

1.1.5 对施工机具、施工设施使用的管理

施工机械在使用前，必须由园林施工单位机械管理部门对安全保险、传动保护装置及使用性能进行检查、验收、填写验收记录，合格后方可使用。使用中，应对施工机具、施工设施进行检查、维护、保养和调整等。

1.1.6 对施工现场临时用电的管理

园林工程施工现场用电的变配电装置、架空线路或电缆干线的铺设、分配电箱等用电设备，在组装完毕通电投入使用前，必须由施工单位安全部门与专业技术人员共同按临时用电组织设计的规定检查验收，对不符合要求处须整改，待复查合格后，填写验收记录。使用中由专职电工负责日常检查、维护和保养。

1.1.7 对施工现场及毗邻区域地下管线、建(构)筑物等专项防护的管理

园林施工单位应对施工现场及毗邻区域下管线，如供水、供电、供气、供热、通信、光缆等地下管线，相邻建筑物、构筑物、地下工程等采取专项保护措施，特别是在城市市区施工的工程，为确保其不受损，施工中应组织专人进行监控。

1.1.8 安全验收的管理

安全验收必须严重遵照国家标准、规定，按照施工方案或安全技术措施的实际要求，严格把关，并办理书面签字手续，验收人员对方案、设备、设施的安全保证性能负责。

1.1.9 安全记录资料的管理

安全记录资料应在园林工程施工前，根据单位的要求及工程竣工验收资料组卷归档的有关规定，研究列出各施工对象的安全资料清单。随着园林工程施工的进展，园林施工单位应不断补充和填写关于材料、设备及施工作业活动的有关内容，记录新的情况。当每一阶段施工或安装工作完成，相应的安全记录资料也应随之完成，并整理成卷。施工安全资料应真实、齐全、完整，相关各方的签字齐备，字迹清楚，结论明确，与园林施工过程的进展同步。

1.2　文明施工管理

文明施工可以保持良好的作业环境和秩序，对促进建设工程安全生产、加快施工进度、保证工程质量、降低工程成本、提高经济和社会效益起到重要的作用。园林工程施工项目必须严格遵守《建筑施工安全检查标准》(JGJ59-1999)的文明施工要求，保证施工项目的顺利进行。文明施工的管理内容主要包括以下几点：

1.2.1　组织和制度管理

园林工程施工现场应成立以施工总承包单位项目经理为第一责任人的文明施工管理组织，分包单位应服从总承包单位的文明施工管理组织统一管理，并接受监督检查。

各项施工现场管理制度应有文明施工的规定，包括个人岗位责任制、经济责任制、安全检查责任制、持证上岗制度、奖惩制度、竞赛制度和各项专业管理制度等。同时，应加强和落实现场文明检查、考核及奖惩管理，以促进施工文明管理工作的实施。检查范围和内容应全面周到，包括生产区、生活区、场容场貌、环境文明及制度落实等内容，对检查发现的问题应采取整改措施。

1.2.2　建立收集文明施工的资料及其保存的措施

文明施工的资料包括：关于施工的法律法规和标准规定等资料；施工组织设计(方案)中对文明施工的管理规定；各阶段施工现场文明施工的措施；文明施工自检资料；文明施工教育、培训、考核计划的资料；文明施工活动各项记录资料等。

1.2.3　文明施工的宣传和教育

通过短期培训、上技术课、听广播、看录像等方法对作业人员进行文明施工教育，特别要注意对临时工的岗前教育。

1.3　职业卫生管理

园林工程施工的职业危险相对于其他建筑业的职业危害要轻微一些，但其职业危害的类型是大同小异的，主要包括粉尘、毒物、噪声、振动危害以及高温伤害等。在具体工程施工过程中，必须采取相应的卫生防治技术措施。这些技术措施主要包括防尘技术措施、防毒技术措施、防噪技术措施、防振技术措施、防暑降温措施等。

1.4　劳动保护管理

劳动保护管理的内容主要包括劳动防护用品的发放和劳动保健管理两方面。劳动防护用品必须严格遵守国家经贸委《劳动防护用品配备标准》的规定和 1996 年 4 月 23 日劳动部颁发的《劳动防护用品管理规定》等相关法规，并按照工种的要求进行发放、使用和管理。

1.5　施工现场消防安全管理

我国消防工种坚持"以防为主，防消结合"的方针。"以防为主"就是要把预防火灾的工作放在首要位置，开展防火安全教育，提高人群对火灾的警惕性，健全防火组织，建立防火制度，进行防火检查，消除火灾隐患，贯彻建筑防火措施等。"防消结合"就是在积极做好防火工作的同时，在组织上、思想上、物质上和技术上做好灭火战斗的准备。一旦发生火灾，就能及时有效地将火扑灭。

园林工程施工现场的火灾隐患明显小于一般建筑工地,但火灾隐患还是存在的,如一些易燃材料的堆放场地、仓库、临时性的建(构)筑物、作业棚等。

1.6 季节性施工安全管理

季节性施工主要指雨季施工或冬季施工及夏季施工。雨季施工,应当采取措施防雨、防雷击,组织好排水,同时,应做好防止触电、防抗槽坍塌,沿河流域的工作还应做好防洪准备,傍山施工现场应做好防滑塌方措施,脚手架、塔式起重机等均应做好防强风措施。冬季施工应采取防滑、防冻措施,生活办公场所应当采取防火和防煤气中毒措施。夏季施工,应有防暑降温的措施,防止中暑。

2. 园林工程施工安全管理制度

园林工程施工安全管理制度主要包括安全目标管理、安全生产责任制、安全生产资金保障制度、安全教育培训制度、安全检查制度、三类人员考核任职制度和特种人员持证上岗制度、安全技术管理制度、生产安全事故报告制度、设备安全管理制度、安全设施和防护管理制度、特种设备管理制度、消防安全责任制度等。建立健全工程安全管理制度是实现安全生产目标的保证。

2.1 安全目标管理

安全目标管理是建设工程施工安全管理的重要举措之一。园林工程施工过程中,为了使现场安全管理实行目标管理,要制定总的安全目标(如伤亡事故控制目标、安全达标、文明施工),以便制定年、月达标计划,目标分解到人,责任落实,考核到人。推行安全生产目标管理不仅能优化企业安全生产责任制,强化安全生产管理,体现“安全生产,人人有责”的原则,而且能使安全生产工作实现全员管理,有利于提高园林施工企业全体员工的安全素质。

安全目标管理的基本内容应包括目标体系的确定、目标责任的分解及目标成果的考核。

2.2 安全生产责任制度

安全生产责任制度是各项安全管理制度中最基本的一项制度。安全生产责任制度作为保障安全生产的重要组织手段,通过明确规定领导、各职能部门和各类人员在施工生产活动中应负的安全职责,把“管理生产必须管安全”的原则从制度上固定下来,把安全与生产从组织上统一起来,从而强化园林施工企业各级安全生产责任,增强所有管理人员的安全生产责任意识,使安全管理做到责任明确、协调配合,使园林工程施工企业井然有序地进行安全生产。

2.2.1 安全生产责任制度的制定

安全生产责任制度是企业岗位责任制度的一个主要组成部分,是企业安全管理中最基本的一项制度。安全生产责任制度是根据“管生产必须管安全”、“安全生产、人人有责”的原则,明确规定各级领导、各职能部门和各类人员在生产活动中应负的安全职责。

2.2.2　各级安全生产责任制度的基本要求

(1)园林施工企业经理对本企业的安全生产负总的责任,各副经理对分管部门安全生产工作负责任。

(2)园林施工企业总工程师(主任工程师或技术负责人)对本企业安全生产的技术工作负总的责任。在组织编制和审批园林施工组织设计(施工方案)和采用新技术、新工艺、新设备、新材料时,必须制定相应的安全技术措施;对职工进行安全技术教育;技术解决施工中的安全技术问题。

(3)施工队长应对本单位安全生产工作负具体领导责任。认真执行安全生产规章制度,制止违章作业。

(4)安全机构和专职人员应做好安全管理工作和监督检查工作。

(5)在几个园林施工单位联合施工时,应由总包单位统一组织现场的安全生产工作,分包单位必须服从总包单位的指挥。对分包施工单位的工程,承包合同要明确安全责任,对不具备安全生产条件的单位,不得分包工程。

2.2.3　安全生产责任制度的贯彻

(1)园林施工企业必须自觉遵守和执行安全生产的各项规章制度,提高安全生产思想认识。

(2)园林施工企业必须建立完善的安全生产检查制度,企业的各级领导和职能部门必须经常和定期地检查安全生产责任制度的贯彻执行情况,视结果的不同给予肯定、表扬或批评、处分。

(3)园林施工企业必须强调安全生产责任制度和经济效益结合。为了安全生产责任制度的进一步巩固和执行,应与国家利益、企业经济效益和个人利益结合起来,与个人的荣誉、职称升级和奖金等紧密挂钩。

(4)园林工程在施工过程中要发动和依靠群众监督。在制定安全生产责任制度时,要充分发动群众讨论,广泛听取群众意见;制度制定后,要全面发动群众的监督,"群众的眼睛是雪亮的",只有群众参与的监督才是完善的、有深度的。

(5)各级经济承包责任制必须包含安全承包内容。

2.2.4　建立和健全安全档案资料

安全档案资料是安全基础工作之一,也是坚持考核落实安全责任制度的资料之一,同时对安全管理工作提供分析、研究资料,从而便于掌握安全动态,方便对每个时期的安全工作进行目标管理,达到预测、预报、预防事故的目的。

根据建设部《建筑施工安全检查标准》(JGJ59-1999)等要求,关于施工企业应建立的安全管理基础资料包括:安全组织机构;安全生产规章制度;安全生产宣传教育、培训;安全技术资料(计划、措施、交底、验收);安全检查考核(暴力隐患整改);班组安全活动;奖罚资料;伤亡事故档案;有关文件、会议记录;总、分包工程安全文件资料等。

园林工程施工必须认真收集安全档案资料,定期对资料进行整理和鉴定,保证资料的真实性、完整性,并将档案资料分类、编号、装订归档。

2.3　安全生产资金保障制度

安全生产资金是指建设单位在编制建设工程概算时，为保障安全施工确定的资金。园林建设单位根据工程项目的特点和时间需要，在工程概算中要确定安全生产资金，并全部、及时地将这笔资金划转给园林工程施工单位。安全生产资金保障制度是指施工单位对安全生产资金必须用于施工安全防护用具及设施的采购和更新，安全施工措施的落实、安全生产条件的改善等。

安全生产资金保障制度是有计划、有步骤地改善劳动条件，防止工伤事故，消除职业病和职业中毒等危害，保障从业人员生命安全和身体健康，确保正常安全生产措施的需要，是促进施工生产发展的一项重要措施。

安全生产资金保障制度应对安全生产资金的计划编制、支付使用、监督管理和验收报告的管理要求、职责权限和工作程序作出具体规定，形成文件组织实施。

安全生产资金计划应包括安全技术措施计划和劳动保护经费计划，与企业年度各级生产财务计划同步编制，由企业各级相关负责人组织，并纳入企业财务计划管理，必要时及时修订调整。安全生产资金计划内容还应明确资金使用审批权限、项目资金限额、实施单位及责任者、完成期限等内容。

企业各级财务、审计、安全部门和工会组织，应对资金计划的实施情况进行监督审查，并及时向上级负责人和工会报告。

2.3.1　安全生产资金计划编制的依据和内容

(1)适用的安全生产、劳动保护法律法规和标准规范。

(2)针对可能造成非安全施工的主要原因和尚未解决的问题需采取的安全技术、劳动卫生、辅助房屋及设施的改进措施和预防措施要求。

(3)个人防护用品等劳保开支需要。

(4)安全宣传教育培训开支需要。

2.3.2　安全生产资金保障制度的管理要求

(1)建立安全生产资金保障制度。项目经理部必须建立安全生产资金保障制度，从而有计划、有步骤地改善劳动条件，防止工伤事故，消除职业病和职业中毒等危害，保障从业人员生命安全和身体健康，确保正常施工安全生产。

(2)安全生产资金保障制度内容应完备、齐全。安全生产资金保障制度应对安全生产资金的计划编制、支付使用、监督管理和验收报告的管理要求、职责权限和工作程序作出具体规定。

(3)制定劳保用品资金、安全教育培训转向资金、保障安全生产技术措施资金的支付使用、监督和验收报告的规定。

安全生产资金的支付使用，应由项目负责人在其管辖范围内按计划予以落实，即做到专款专用，不能擅自更改，不得挪作他用，并建立分类使用台账，同时根据企业规定，统计上报相关资料和报表。施工现场项目负责人应将安全生产资金计划列入议事日程，经常关心计划的执行情况和效果。

2.4　安全教育培训制度

安全教育培训是安全管理的重要环节，是提高从业人员安全素质的基础性工作。按建设部《建筑业企业职工安全培训教育暂行规定》，施工企业从业人员必须定期接受安全培训教育，坚持先培训、后上岗的制度。通过安全培训提高企业各层次从业人员搞好安全生产的责任感和自觉性，增强安全意识；掌握安全生产科学知识，不断提高安全管理业务水平和安全操作技术水平，增强安全防护能力，减少伤亡事故的发生。实行总分包的工程项目，总包单位负责统一管理分包单位从业人员的安全教育培训工作，分包单位要服从总包单位的统一领导。

安全教育培训制度应明确各层次、各类从业人员教育培训的类型、对象、时间和内容，应对安全教育培训的计划编制、实施和记录、证书的管理要求、职责权限和工作程序作出具体规定，形成文件并组织实施。

安全教育培训的主要内容包括安全生产思想、安全知识、安全技能、安全规程标准、安全法规、劳动保护和典型事例分析等。施工现场教育主要有以下几种形式。

2.4.1　新工人“三级安全教育”

三级安全教育是企业必须坚持的安全生产基本教育制度。对新工人，包括新招收的合同工、临时工、农民工、实习和待培人员等，必须进行公司、项目、作业班组三级安全教育，时间不得少于40学时。经教育考试合格者才准许进入生产岗位，不合格者必须补课、补考。对新工人的三级安全教育情况，要建立档案。新工人工作一个阶段后还应进行重复性的安全再教育，加深安全感性、理性知识的认识。

2.4.2　变换工种安全教育

凡变换工作或调换工作岗位的工人必须进行变换工作安全教育。变换工种安全教育时间不得少于4学时，教育考核合格后方可上岗。变换工作安全教育内容包括：新工作岗位或生产班组安全生产概况、工作性质和职责；新工作岗位必要的安全知识、各种机具设备及安全防护设施的性能和作用；新工作岗位、新工种的安全技术操作规程；新工作岗位容易发生事故及有毒有害的地方；新工作岗位个人防护用品的使用和保管等。

2.4.3　转场安全教育

新转入事故现场的工人必须进行转场安全教育，教育实践不得少于8学时。转场安全教育内容包括：本工程项目安全生产状况及施工条件；施工现场中危险部位的防护措施及典型事故案例；本工程项目的安全管理体系、规定及制度等。

2.4.4　特种作业安全教育

从事特种作业的人员必须经过专门的安全技术培训，经考试合格取得上岗操作合格证后方可独立作业。对特种作业人员的培训、取证及复审等工作严格执行国家、地方政府的有关规定。

对从事特种作业的人员进行经常性的安全教育，时间为每月一次，每次教育4学时。特种作业安全教育内容为：特种作业人员所在岗位的工作特点，可能存在的危险、隐患和安全注意事项；特种作业岗位的安全技术要领及个人防护用品的正确使用方法；本岗位曾发生的事故案例及经验教训等。

2.4.5 班前安全活动交底

班前安全活动交底是施工队伍经常进行的安全教育活动之一。各作业班组长于每班工作开始前(包括夜间工作前)必须对本班组全体人员进行不少于 15 min 的班前安全活动交底。班组长要将安全活动交底内容记录在专用的记录本上,各成员在记录本上签名。班前安全活动交底的内容包括:本班组安全生产须知;本班工作中危险源(点)和应采取的对策;上一班工作中存在的安全问题和应采取的对策等。

2.4.6 周一安全活动

周一安全活动作为施工项目经常性安全活动之一,每周一开始工作前对全体在岗工人开展至少 1 h 的安全生产及法制教育活动。工程项目主要负责人要进行安全讲话,主要内容包括:上周安全生产形势、存在问题及对策;最新安全生产信息;本周安全生产工作的重点、难点和危险点;本周安全生产工作的目标和要求等。

2.5 安全检查制度

园林施工单位施工现场项目经理部必须完善安全检查制度。安全检查时发现并消除施工过程中存在的不安全因素,宣传落实安全法律法规与规章制度,纠正违章指挥和违章作业,提高各级负责人与从业人员安全生产自觉性与责任感。

安全检查制度应对检查形式、方法、时间、内容、组织的管理要求、职责权限,以及对检查中发现的隐患整改、处理及复查的工作程序和要求作出具体规定,形成文件并组织实施。

园林施工单位项目经理部安全检查应配备必要的设备或器具,确定检查负责人和检查人员,并明确检查内容及要求。安全检查人员应对检查结果进行分析,找出安全隐患部位,确定危险程度。施工单位项目经理部应编写安全检查报告。

园林施工单位项目经理部应根据施工过程的特点和安全目标的要求,确定安全检查制度,其内容应包括:安全生产责任制、安全生产保证计划、安全组织机构、安全保证措施、安全技术交底、安全教育、安全持证上岗、安全设施、安全标识、操作行为、违规管理、安全记录等。

园林施工单位项目经理部安全检查的方法应采取随机取样、现场观察、实地检测相结合的方式,并记录检测结果。安全检查主要有以下类型:

(1)日常安全检查,如班组的班前、班后岗位安全检查,各级安全员及安全值日人员巡回安全检查,各级管理人员检查生产的同时检查安全。

(2)定期安全检查,如园林施工企业每季度组织一次以上的安全检查,企业的分支机构每月组织一次以上的安全检查,项目经理每周组织一次以上的安全检查。

(3)专业性安全检查,如施工机械、临时用电、脚手架、安全防护措施、消防等专业安全问题检查,安全教育培训、安全技术措施等施工中存在的普遍性安全问题检查。

(4)季节性安全检查,如针对冬季、高温期间、雨季、台风季节等气候特点的安全检查。

(5)节假日前后安全检查,如元旦、春节、劳动节、国庆节等节假日前后的安全检查。

园林施工单位项目经理应根据施工生产的特点,法律法规、标准规范和企业规章制度的要求,以及安全检查的目的,确定安全检查的内容,并根据安全检查的内容,确定具体的标准和检查评分方法,同时编制相应的安全检查评分表;按检查评分表的规定逐项对照评分,并做好具体的记录,特别是不安全的因素和扣分原因。

2.6 安全生产事故报告制度

安全生产事故报告制度是安全管理的一项重要内容，其目的是防止事故扩大，减少与之有关的伤害与损失，吸取教训，防止同类事故的再次发生。园林施工企业和施工现场项目经理部均应编制事故应急救援预案。园林施工企业应根据承包工程的类型、共性特征，规定企业内部具有通用性和指导性的事故应急救援的各项基本要求；单位项目经理部应按企业内部事故应急救援的要求，编制符合工程项目特点的、具体、细化的事故应急救援预案，指导施工现场的具体操作。

生产安全施工报告制度的管理要求建立内容具体、齐全的生产安全施工报告制度，明确生产安全施工报告和处理的"四不放过"原则要求，即事故原因不查清楚不放过，事故责任者和职工未受到教育不放过，事故责任未受到处理不放过，没有采取防范措施，事故隐患不整改不放过的原则，对生产安全事故进行调查和处理。

生产安全事故报告制度的管理要求办理意外伤害保险，制定具体、可行的生产安全事故应急救援预案，同时应建立应急救援小组和确定应急救援人员。

2.7 安全技术管理制度

安全技术管理是施工安全管理的三大对策之一。工程项目施工前必须在编制施工组织设计(专项施工方案)或工程施工安全计划的同时，编制安全技术措施计划或安全专项施工方案。

安全技术措施是指为防止工伤事故和职业病的危害，从技术上采取的措施。在工程施工中，是指针对工程特点、环境条件、劳动组织、施工机械、供电设施等制定的保证施工安全的措施，是施工的重要组成部分。

2.7.1 安全技术措施编制的依据

(1)国家和地方有关安全生产的法律、法规和有关规定。

(2)国家和地方建设工程安全生产的法律法规和编制规程。

(3)建设工程安全技术编制、规范、规程。

(4)企业的安全管理规章制度。

2.7.2 安全技术措施编制的要求

(1)及时性；

(2)针对性；

(3)可行性；

(4)具体性。

2.7.3 安全技术管理制度的管理要求

(1)园林施工企业的技术负责人以及工程项目技术负责人对施工安全负技术责任。

(2)园林工程施工组织设计(方案)必须有针对工程项目危险源编制的安全技术措施。

(3)经过批准的园林工程施工组织设计(方案)，不准随意变更修改。

(4)安全专项施工方案的编制必须符合工程实际，针对不同的工程特点，从施工技术上采取措施保证安全；针对不同的施工方法、施工环境，从防护技术上采取措施保证安全；针对所使用的各种机械设备，从安全保险的有效设置方面采取措施保证安全。

2.8 设备安全管理制度

设备安全管理制度是施工企业管理的一项基本制度。企业应当根据国家、建设部、地方建设行政主管部门有关机械设备管理规定、要求，建立健全设备(包括应急救援设备、器材)安装和拆卸、设备验收、设备检测、设备使用、设备保养和维修、设备改造和报废等各项设备管理制度，制度应明确相应管理的要求、职责、权限及工作程序，确定检查实施考核的办法，形成文件并组织实施。

对于承租的设备，除按各级建设行政主管部门的有关要求确认相应企业具有相应资质以外，园林施工企业与出租企业在租赁前应签订书面租赁合同，或签订安全协议书，约定各自的安全生产管理职责。

2.9 安全设施和防护管理制度

根据《建设工程安全生产管理条例》第二十八条规定："施工单位应当在施工现场危险单位，设置明显的安全警示标志。"安全警示标志包括安全色和安全标志，进入工地的人员通过安全色和安全标志能提高对安全保护的警觉。对使用部位、内容作具体要求，明确相应管理的要求、职责和权限，确定监督检查的方法，形成文件并组织实施。

安全设施和防护管理的要求是，应制定施工现场正确使用安全警示标志和安全色的统一规定。

园林施工现场使用安全警示标志和安全色应符合《安全标志》(GB2894-1996)、《安全标志使用导测》(GB16179-1996)和《安全色》(GB2893-2001)规定。

2.10 消防安全责任制度

2.10.1 消防安全责任制度的主要内容

消防安全责任制度是指施工单位应确定消防安全负责人，制定用火、用电、使用易燃易爆材料等各项消防安全管理制度和操作规程，施工现场设置消防通道、消防水源，配备消防设施和灭火器材，并在施工现场入口处设置明显标志。

2.10.2 消防安全责任制度的管理要求

(1)应建立消防安全责任制度，并确定消防安全责任人。园林施工单位各部门、各班组负责人及每个岗位的人员应当对自己管辖工作范围内的消防安全负责，切实做到"谁主管，谁负责，谁在岗，谁负责"，保证消防法律法规的贯彻执行，保证消防安全措施落到实处。

(2)应建立各项消防安全管理制度和操作规程。园林施工现场应建立各项消防安全管理制度和操作规程，如制定用火用电制度、易燃易爆危险物品管理制度、消防安全检查制度、消防设施维护保养制度等，并结合实际，制定预防火灾的操作规程，确保消防安全。

(3)应设置消防通道、消防水源，配备消防设施和灭火器材。园林施工现场应设置消防通道、消防水源，配备消防设施和灭火器材，并定期组织对消防设施、器材进行检查、维修，确保其完好、有效。

(4)施工现场入口处应设置明显标志。

3. 安全管理的方法和手段

安全管理需要稳定的外部环境和协调的企业内部安全管理体系。随着监督机制及安全法律法规的不断完善,企业应发挥自主优势,完善企业内部的安全管理机制,保证施工现场的安全。

3.1 安全管理模式的构成要素

工程建设安全管理是系统性、综合性的管理,其管理的内容涉及项目施工的各个环节。企业要进行有效或成功的安全管理,在企业内部构建合理的安全管理模式是十分重要的。一般来说,企业安全管理模式的构成要素有制定政策、建立组织、制定计划、测评和总结等几方面。

3.1.1 政策

政策是指一个机构的整体意向、方法及目标,以及其行动与反应所依据的标准和原则。企业要有效或成功地进行安全管理,必须有明确的安全政策。安全政策一方面要满足法律法规和标准规范的要求,另一方面还要最大限度地满足社会公众、业主和员工利益的要求。建立安全生产自我约束的管理机制,保证现有的人力和物力资源的有效利用,最大限度地减少发生经济损失和承担责任的风险。

安全政策的内容主要有:企业安全政策承诺提供足够的资源建立更高标准的安全与健康的工作环境,保障所有企业员工、分包商工人及受工程影响的社会公众的安全,企业各级员工和分包商员工都对安全与健康负有责任,必须与企业一起共同致力于推广安全文化,不断完善企业安全与健康管理体系,改善企业的安全与健康表现。企业除了评估工作的安全及对健康的危害和风险外,还要建立有效的沟通和咨询渠道,采取合理可行的措施以达到更高的安全与健康水平,使业主、员工及社会公众受惠。企业应该把安全与健康放在优先的地位,确保员工得到适当的培训,以胜任其本职工作。科学合理确定企业安全投入强度,实现企业最佳的安全投入产出比例,增强企业的盈利能力等。此外,安全政策要赋予安全生产委员会应有的地位,让其充分发挥作用。

3.1.2 组织

组织是施工安全工作的指挥和管理中枢,在安全管理要素中非常重要。它的运转质量直接关系到其他要素的工作效果,并直接影响到安全的效果。企业只有通过一定的安全管理组织结构和系统,才能确保安全政策的落实和安全目标的顺利实现。

一个完善的安全管理组织,应该岗位设置健全,岗位之间联系紧密,组织系统主线清晰,层次分明,运作合理,无多头领导和职责交叉等问题存在,符合有关安全法律法规的安全责任规定,符合施工企业的实现条件,符合工程形势发展和应对突发事件的需要,有利于形成企业的安全文化,能将企业中各个阶层的人员都融入安全管理之中。只有做好和完善组织应尽的各项工作,才能从组织上保证安全生产工作达到目标的要求。

3.1.3 计划与实施

优秀的园林工程企业往往能够有计划、有系统地落实安全政策,最大限度地保证每个人的安全与健康，减少施工过程所带来的事故损失。在工程管理过程中，应该根据企业制定的安全政策与目标，依据有关安全法律法规及标准规范对人员、设备、材料、生产、技术、质量、成本、环境以及社会等因素进行综合分析；运用风险管理等方法手段，对目标方案、规章制度、组织架构等进行计划以及对危险源进行辨识和评价；确定消除危险和规避风险的措施，以及采取这些措施的步骤和先后顺序，建立各种标准以规范各种操作；集合最佳方案，逐级审查把关。在计划的基础上，作出责任制度、安保体系、安全目标、培训教育、措施费用以及投保、保险等经济投入和资源配置的决策，同时根据企业内、外的安全事件和事故的反馈信息，随时评价和修正决策。

3.1.4 业绩测评和总结

企业的安全业绩，应该由事先订立的评价标准进行量测。通过安全业绩测评，可以发现何时何地需要改进哪方面的工作。安全业绩测评的方法有主动测评和被动测评两种：主动测评主要是检查目标的完成情况及遵守有关法律法规和标准规范的程度，被动测评主要是检查事故、职业病、事件以及不完善的安全情况。不论是主动测评还是被动测评，其目的都不仅仅是评价各种标准中所规定的行为本身，而更重要的是找出安全管理系统设计和实施过程中存在的问题，以避免事故和损失。

根据安全业绩测评结果，企业应及时总结经验和教训，对过去的资料和数据进行系统分析总结，并用于今后工作的参考，这是安全生产管理工作的重要工作环节。通过业绩总结，可以提供企业安全运行模式系统的信息，帮助企业决定如何提高其安全与健康效果。进行业绩总结时，重点要注意：与健康安全执行标准（包括法规）的一致性；缺少标准或不足的方面；在给定时间内实现既定目标；根据伤亡事故、疾病数据，分析直接和间接原因、趋势及共同点等。

3.2 安全管理模式的运作

3.2.1 制度保证

企业安全管理法制化、规范化是一种趋势，企业只有遵循一定的工作制度，才能科学地规范安全管理和工作过程中的各种行为，实现工程施工过程的安全。因此，企业应该在国家有关安全生产法律法规和标准规范的指导下，建立起安全生产管理制度，以保证安全管理模式的正常运行。根据现有的安全生产管理制度，大致可以划分为岗位管理制度、措施管理制度、投入和供应管理制度、日常管理制度四类。

3.2.2 技术保证

工程项目的施工过程是实现和利用工程技术的过程，技术保证对于企业安全管理模式的运作十分重要。按照各种技术间的层次互补关系，可以划分为安全可靠性技术、安全限控技术、安全保险与排险技术、安全保护技术四个方面，它们犹如四道闸门，从技术上逐层对施工安全进行保证，前一道门没把住，还有后一道门作保障，层层把关。

（1）安全可靠性技术

安全可靠性技术是指判断并确保建筑工程施工技术及其管理措施在工程施工的全过程中，对满足施工安全的要求均具有良好可靠性的技术。它是安全管理模式运作的技术保证的基础。安全可靠性技术的任务是研究施工和管理措施对满足生产安全可靠性的要求，即根据事故发生的内在规律,从研究如何发现和消除各种可能导致不安全状态或不安全行为生产的涉及因素以及预防各种事故的发生入手,通过对安全设计的影响因素、编制依据、设计计算、实施规定以及监控手段的全面性和有效性的判断,从设计上确保生产的安全。值得注意的是,安全可靠性要从设计阶段就开始考虑施工安全问题。

(2)安全限控技术

安全限控技术是安全可靠性技术之后,对重要安全事项予以进一步确保的安全限制和控制技术。它是指在安全可靠性设计的基础上,对施工技术和管理措施中的重要环节、关键事项、使用要求以及其他需要严格控制之处,进一步提出明确的限制和控制规定,以确保施工安全的技术。安全限控技术的任务是研究施工技术和管理措施中所确定的安全控制点,以具体明确的规定加以硬性限制和控制,并同时考虑安全可靠性设计中未涉及或考虑不足的安全控制事项,提出设计的安全控制指标、安全文明施工要求、安全作业规定以及监察、检验控制要求。它是在安全可靠性设计之后,对施工安全的第二道保障。

(3)安全保险与排险技术

安全保险与排险技术作为施工安全的第三道闸门,是在安全可靠性设计和限控规定的基础上,对有可能出现的突破设计条件和限控规定、其他意外情况以及异常事态,及时自行启动保险装置及采取应急措施,以阻止异常情况发展、事故产生和伤害事故发生的技术。安全保险盒排险技术的任务是研究施工技术和管理措施执行中有可能出现的危险事态,即事故开始启动的起因物(或诱因物)、致害物和危险状况,通过预先安排的保险制动装置的启动、附加保险措施的保障和应急处理措施的执行,最大限度地避免伤害的发生,降低其损害的程度。

(4)安全保护技术

安全保护技术作为施工安全的第四道闸门,是在工程施工的全过程中,针对可能出现的各种职业的和意外的伤害,对施工现场人员的人身健康与安全、工程实体与施工设施的安全进行预防性保护的技术。安全保护技术的任务是研究如何对施工现场人员、工程实体与施工设施的安全进行有效的预防性保护,即通过建立保护制度、设置保护措施、使用劳保用品和提高职工安全素质等措施,做好自我保护等预防性工作,以保护施工现场人员的人身健康安全和财产安全。

3.2.3　投入保证

投入是安全管理模式正常运行的重要保证,安全投入不足是当前困扰建设施工企业安全管理的突出问题。安全投入主要包括人员、物力和财力投入几个方面。人员投入一部分可以通过组织措施保证,另一部分则可以通过资金投入来保证。为了确保企业的安全资金投入,《建设工程安全生产管理条例》对此做出了明确的规定:建设单位对工程概算中的安全作业环境及安全施工的落实、安全生产条件的改善的资金,不得挪作他用。这个规定对确保安全生产投入的实现十分重要。

安全生产投入所需要的安全费用可以分为政策性费用和措施性费用,根据《建设工程安全生产管理条例》的规定,政策性费用已经纳入概预算定额之中,措施性费用则可以采用部分向建设单位申请与部分自筹相结合的办法解决。当建设单位纳入工程概算的安全费用不足时,施工单位可与建设单位另行协商解决。由于安全投入包括一次性消耗掉的和可以继续周转使用的两个部分,对可以周转使用的部分,施工单位应承担一部分的费用。施工单位应该加强从制度上保证安全投入的具体实施，从投入项目的适当性、投入数量的适合性以及投入的经济性方面进行投入效果分析，以进一步做好今后的安全投入工作。

3.2.4 信息保证

信息保证主要包括信息收集和信息传递两个方面。信息包括相关的法律法规信息、标准规范信息、文件信息、管理信息、技术信息、安全施工状况信息以及事故信息等，它们可以相应提供新的法律、法规、政策、标准、工程项目的安全工作状况以及国内发生的安全事故的信息，具有重要的参考作用。这是做好安全生产工作所不能缺少的基础性和资源性工作。在安全中介市场存在的情况下，相当一部分的信息可以直接通过中介组织获得，快捷而又方便。信息传递主要是信息在企业内部的传递：一方面要把相关信息及时地传递到相关领导、职能部门那里，有关职能部门根据信息资料并结合企业自身安全管理实际，进行分析研究，及时送达各个工程项目、工作班组，以贯彻落实；另一方面各个工程项目、工作班组在接到这些信息后，结合工作实际以及实践效果，及时地向有关职能部门反馈，以便有关职能部门进一步做好今后的信息处理工作。

工程项目安全管理是一个负责的系统，不仅涉及多个参与主体，而且还涉及各种安全法律法规、标准规范等。如何及时地收集各种信息，理顺各种信息，加强不同参与主体之间以及企业内部之间的信息沟通，这些问题的解决对施工企业安全管理模式的正常运行是必不可少的。

3.3 工伤保险和建筑意外伤害保险

国外多年的实践证明，安全状况仅依靠外部法律制度强压的被动做法，其效果有限。要彻底扭转被动局面，必须借助市场经济杠杆的巨大调节作用，变被动为主动，使建设业主真正自发追求良好安全业绩。各类责任主体通过各类保险和担保为自己编制一个安全网，维护自身利益，同时运用经济杠杆使质量好信誉高的企业得到经济利益。其中，工伤保险和建筑意外伤害保险是市场机制发挥基础作用的一个手段。最近，国家首次明确了企业安全费用提取、加大企业对伤亡事故的经济赔偿、企业安全生产风险抵押三项经济政策，以强化安全生产工作。

工伤保险除了保证职工的切身利益外，其促进安全生产的机制主要有两个方面：一方面是工伤保险直接干预事故预防工作；另一方面通过工伤保险自身的管理形成对事故预防的间接影响。

2003 年《建设部关于加强建筑意外伤害保险工作的指导意见》（建质【2003】107 号）对建筑意外伤害保险制度作出了详细的规定。

实训 11　季节性施工安全技术措施模拟编制

11.1　目标

通过园林工程季节性施工安全措施的编制，使学生掌握特殊时期季节性施工安全措施的编制，能够完成中、小型园林工程季节性施工安全措施的编制任务，为进行后期的施工与管理打下基础。

11.2　实训材料与方法

施工图纸、施工组织设计、技术检验标准《城市绿化工程施工及验收规范》(GJJ/T82-1999)、三角板、铅笔、橡皮擦及图纸。

11.3　步骤

(1)认真分析工程项目的施工组织设计、施工特点及环境情况。

(2)结合实际情况，制定季节性施工措施。

(3)制定季节性施工所需的材料、设备需用计划。季节性施工措施应包括：

①对于各种季节性施工所用材料的存放、使用的规定；

②明确制定出季节性施工中防雨、防风、防冻害、防暑、防汛、防雷等措施。

(4)制定项目部供应部门负责季节性施工材料、设备的采购、调配、保管与发放工作计划。

11.4　要求及注意事项

(1)编制人员对相关法规及要求、季节性施工安全措施的重要性应有足够的认识；

(2)将季节性施工安全措施纳入模拟企业“应急救援”体系；

(3)制定应急资源配置计划。

11.5　考核

序号	考核项目	考核标准				等级分值			
		A	B	C	D	A	B	C	D
1	计划的针对性	对施工措施有明确的针对性，是对具体工程的特点进行的编制，能很好地起到指导和控制施工安全的作用	较好	一般	较差	30	24	18	12
2	计划的完整性	内容完整，技术措施进行合理的资源配置，各项资源配置的时间安排合理，责任单位或责任人规定合理，明确内外部通信、报警方式及预防紧急状况的措施和救援措施	较好	一般	较差	30	24	18	12

续表

序号	考核项目	考核标准				等级分值			
		A	B	C	D	A	B	C	D
3	计划的可操作性	安全控制程序详细，项目管理机构健全，管理职责明确，项目安全奖励措施、安全控制层次合理，预防措施和救援措施到位	较好	一般	较差	30	24	18	12
4	文字组织的条理性	句子结构简洁，无错别字，行文条理清晰，排版主次分明，阅读方便	较好	一般	较差	5	4	3	2
5	实训态度	积极主动，完成及时	较好	一般	较差	5	4	3	2
本实训考核成绩（合计分）									

11.6 思考题

(1)园林施工安全管理的主要内容有哪些？

(2)园林施工安全管理制度主要有哪些？

(3)园林施工安全管理的特点有哪些？

(4)园林施工安全管理的基本原则有哪些？

(5)施工项目各职能部门的安全生产责任有哪些？

(6)施工企业在安全管理中应制定哪些制度？

(7)安全管理模式的构成要素是什么？

(8)如何保证安全管理模式运作？

11.7 案例

实训案例11　××中央公园工程冬季施工安全技术措施

一、工程概况

××中央公园主要包括园林绿化和土建建设。按其结构分为土方工程、砌体工程、钢筋工程、混凝土工程、钢结构工程、装饰工程，绿化工程等。工程项目在12月初开工，由于工程任务重，工期紧，因此部分园林项目要在冬季进行施工。

二、施工组织管理机构

(一)施工管理人员配置

根据××中央公园园林景观工程特点，从项目管理成员、施工机械、物资供应、施工技术管理等方面都做了充分的保证。

1. 以项目经理及主要管理技术、质安等主管人员为中心，组成精干、高效的项目经理部，对工程质量、工期目标、施工安全、文明施工、项目核算及施工全过程负责。

2. 施工过程中不断优化生产要素，加强动态管理，科学组织，精心施工，有效推行全面质量管理，强化质量、安全两项保证体系。在保证质量优良的同时，力争提前完成工程任务。

（二）人力资源配置

针对冬季施工，在确保质量的前提下，采用重点突击的施工方法，形成平面流水、立体交叉作业，各工程、各专业之间协调配合，缩短工序之间的间歇，提高劳动资源的功效。根据园林工程拟定的整套施工工序，按各阶段的工作量合理安排各种劳动力并有一定的储备，随时进行劳动力调整。

三、冬季施工方案

（一）施工准备

1. 气象资料

当冬天来临时，如果连续5天的日平均气温稳定在5℃以下，则此5天的第一天为进入冬季施工的初日；当气温转暖时，最后一个5天的日平均气温稳定在5℃以下，则此5天的最后一天为冬季施工的终日。

2. 图纸准备

凡进行冬季施工的工程项目，必须复核施工图纸，查对其是否能适应冬季施工要求，部分重大问题应通过图纸会审进行解决。

3. 现场准备

（1）根据实物工程量提前组织有关机具、外加剂和保温材料进场。

（2）搭建加热用的临时设施，对各种加热的材料、设备要检查其安全可靠性。

（3）工地临时供水管道等要做好保温防冻工作。

（4）做好冬季施工混凝土、砂浆及掺外加剂的试配试验工作，提出施工配合比。

4. 安全与防火

（1）冬季施工时，施工地面要采取防滑措施。

（2）大雪后必须将架子上的积雪清扫干净，并检查马道平台，发现问题，及时处理。

（3）施工时如接触热源，要防止烫伤。

（4）使用氯化钙等要防止腐蚀皮肤。亚硝酸钠有剧毒，要严加保管，防止发生误食中毒。

（5）现场火源，要加强管理；使用煤气，要防止发生煤气中毒、爆炸，应注意通风换气。

（6）电源开关、控制箱要加锁，并设专人负责管理，防止漏电触电。

（二）土方工程

1. ××地区的冰冻层厚度为70 cm，根据实际情况采用不同的方法进行施工。

（1）当冻土层厚度为25 cm以内时，可用中等动力的普通挖土机挖掘，其在冬季的工作效能与夏季差不多。

（2）当冻土层厚度不超过40 cm时，可用大马力的掘土机（其斗容积为1 m^3或大于1 m^3）开掘土体，并不需预先准备即能进行。

（3）厚度在0.6～1 m的冻土，通常是用吊锤打桩机往地里打楔或用楔形锤打桩机进行机械碎土。

（4）在局部场地狭窄、不适宜于大型机械施工的地方，可采用人工法进行施工。普通常用的工具有镐、铁楔子。

（5）破碎后的冻土可用人工或机械方法进行挖掘。

2. 由于外界气温处于0℃以下，使已破碎冻土下未冻的土很快受冻，因此应注意以下几点：

（1）周密计划，组织强有力的施工力量，进行连续不断的施工。

(2)对各种机械设备、油料等采取保温措施,防止因冻结遭受破坏或变质。

(3)对运输道路采取防滑措施,如撒上炉渣或沙子等,以保持正常运输和安全。

(4)土方开挖完毕后,或完成了一段落必须暂停一段时间的,如在一天以内,可在未冻土上覆盖一层草垫等简单的保温材料,以防已经挖完的基土冻结。如果间歇时间较长,则应在地基上留一层土暂不挖除,并覆以其他保温材料,待砌基础或埋设管道之前再将基坑(槽)或管沟底部清除干净。

3. 回填土

(1)由于土冻结后即成为坚硬的土块,在回填过程中不能压实,土解冻后会造成大量的下沉,所以施工及验收规范中用冻土作回填土有以下规定:

①室内的基坑(槽)或管沟不得用含有冻土块的土回填。

②室外的基坑(槽)或管沟可用含有冻土块的土回填,但冻土块体积不得超过填土总体积的15%,管沟底至管顶50 cm范围内不得用含有冻土块的土回填。

③位于有路面的道路和人行道范围内平整场地的填方,可用含有冻土块的填料填筑,但冻土块的体积不得超过填料体积的30%。冻土块的粒径不得大于15 cm,填铺时应分散开,并逐层压实。

(2)在冬季回填土时,应采取以下措施:

①在冬季挖土中,将不冻土堆在一起加以覆盖,防止冻结,留作回填之用。

②平衡土方。用从甲坑挖出来的未冻土,填到乙坑作回填土,并迅速夯实。

③回填前将基底的冰雪和保温材料打扫干净,方可开始回填。

④用人工夯实时,每层铺土厚度不得超过20 cm,夯实厚度为10~15 cm。

⑤对一些大型工程项目,必要时可用沙土进行回填。

⑥在冻胀土上的地梁等,其下面有可能被冻土隆起的地方,要垫以炉渣、矿渣等松散材料。

(三)砌体工程

1. 砌体工程的冬季施工方法,可采用以外加剂法为主,其他方法为辅。

2. 对材料的要求

(1)普通砖和石材等在砌筑前,应清除表面污物、冰雪等,遭水浸后的冻结的砖或砌块不得使用。

(2)砂浆宜优先采用普通硅酸盐水泥拌制,冬季施工不得使用无水泥拌制的砂浆。

(3)拌制砂浆所用的砂不得含有直径大于1 cm的冻结块和冰块。

(4)拌合砂浆时,水的温度不得超过80℃,砂的温度不得超过40℃。当水温超过规定时,应将砂、水先行搅拌,再加水泥,以防出现假凝现象。

(5)冬季砌筑砂浆的稠度比常温施工时适当增加。可通过增加石灰膏或黏土膏的方法来解决。具体要求如下表:

冬季砌筑砂浆的稠度

砌体种类	稠度(cm)
砖砌体	8~13
人工砌的毛石砌体	4~6
振动的毛石砌体	2~3

3. 材料的加热

(1)水的加热采用铁桶等烧水,也可采用施工现场的地热水。

(2)水、砂的温度应经常检查,每小时不少于一次。温度计停留在砂内的时间不少于3 min,水内不应少于1 min。

4. 冬季搅拌砂浆的时间应适当延长,一般比常温期增加0.5～1倍。

5. 采取以下措施减少砂浆在搅拌、运输、存放过程中的热量损失。

(1)砂浆的搅拌应在保温棚内进行,环境温度不可低于5℃;冬季施工砂浆要随拌随运(直接倾入运输车内),不可积存和二次倒运。

(2)当用手推车输送砂浆时,车体应加保温装置。

(3)冬季砂浆应储存在保温灰槽中。砂浆的储存时间对于普通砂浆和掺盐砂浆分别不应超过15 min和20 min。

(4)保温槽和运输车应及时清理,每日下班后应用热水清洗,以免冻结。

6. 严禁使用已遭冻结的砂浆,不准单以热水掺入冻结砂浆内重复使用,也不宜在砌筑砂浆时向砂浆内掺水使用。

7. 砌砖宜采用"三一砌砖法",即一铲灰、一块砖、一挤揉。

8. 每天收工前,将垂直灰缝填满,上面不铺灰浆,同时用草帘等保温材料将砌体上表面加以覆盖。第二天上班时,应将砖石表面的霜雪扫净,然后再继续砌筑。

9. 砌筑毛石基础时,砌体应紧靠槽壁,或在砌筑过程中,随时用未冻土、炉渣等填塞沟槽的空隙。

10. 砖砌体的水平和垂直灰缝的平均厚度不可大于10 mm,个别灰缝的厚度也不可大于8 mm,施工时要经常检查灰缝的厚度和均匀性。

11. 采用外加剂法进行砂浆施工。将砂浆的拌合水预先加热,砂在搅拌前也保持正温。使砂浆经过搅拌、运输,在砌筑时具有5℃以上正温。在拌合水中掺入氯盐,砂浆在砌筑后可以在负温条件下硬化,因此不必采取防止砌体沉降变形的措施。但由于氯盐对钢材的腐蚀作用,在砌体中埋设的钢筋及钢预埋件,应预先作好防腐处理。

(1)盐类的掺法:盐类应先溶解于水,然后投入搅拌。

(2)在负温下砌筑砖时,砖可不浇水,但砖表面的灰砂、冰雪必须清除。

(四)钢筋工程

1. 钢筋冷拉温度不宜低于－20 ℃,预应力钢筋张拉温度不低于－15 ℃。

砂浆中氯盐的掺量(占拌合水重%)

项次	氯盐种类	砌体种类	日最低气温
			等于或高于－10℃
1	氯化钠	砖、砌块	3
		石	4

2. 冬季在负温条件下焊接钢筋,应尽量在室内进行。如必须在室外焊接,其环境温度不低于－20 ℃,风力超过3级时,应有挡风措施。焊接后未冷却的钢筋接头严禁碰到冰雪。

(五)混凝土工程

1. 混凝土的养护基本要求

(1)混凝土浇捣后,之所以能逐渐凝结硬化,主要是因为水泥水化作用的结果,而水化作用则需要适当的温度和湿度条件,因此为了保证混凝土有适宜的硬化条件,使其强度不断增长,必须对混凝土进行养护。砼(混凝土)的养护目的,一是创造各种条件使水泥充分水化,加速砼硬化;二是防止砼成型后暴晒、风吹、寒冷等条件而出现的不正常收缩、裂缝等破损现象。

(2)砼养护法分为自然养护和加热养护两种;现浇砼在正常条件下通常采用自然养护。自然养护基本要求:①在浇筑完成后,12 h 以内应进行养护;砼强度未达到 C12 以前,严禁任何人在上面行走、安装模板支架,更不得作冲击性或在上面任何劈打的操作。

2. 养护工序

覆盖养护是最常用的保温保湿养护方法。主要措施是:

应在初凝以后开始覆盖养护,在终凝后开始浇水(12 小时后)。覆盖物可以是麦秆、烂草席、竹帘、麻袋片、编织布等片状物。浇水工具可以采用水管、水桶等工具,以保证砼的湿润度。

3. 模板和保温层在混凝土冷却到 5℃后方可拆除。当混凝土与外界环境温差大于 20℃时,拆模后的混凝土表面应临时覆盖,使其缓慢冷却。

4. 未完全冷却的混凝土有较高的脆性,所以结构在冷却前不得遭受冲击荷载或动力荷载的作用。

5. 施工单位要随时掌握天气预报和寒潮、大风警报,以便及时采取防护措施。

6. 混凝土的运输和浇筑

(1)冬季施工运输混凝土拌合物,应采取措施,使热量尽量减少。尽量缩短运距;正确选择运输容器的形式、大小和保温材料;尽量减少装卸次数并合理组织装入、运输和卸出混凝土的工作。

(2)混凝土在浇筑前,应清除模板和钢筋上的冰雪和污垢,装运拌合物的容器应有保温措施。

(3)冬季不得在强冻胀性地基土上浇筑混凝土。在弱冻胀性地基上浇筑混凝土时,基土应进行保温,以免遭冻。

7. 采用综合蓄热法进行养护。

(1)混凝土浇筑后,要在裸露的混凝土表面先用塑料薄膜等防水材料进行覆盖,然后铺设草帘等保温材料。对于端部其厚度要增大到面部的 2～3 倍。

(2)混凝土浇筑后应有一套严格的测温制度,如发现混凝土温度下降过快或遇寒流袭击,应立即采取补加保温层或人工加热措施。

(六)钢结构工程

1. 在负温度下安装钢结构时,要注意温度变化引起的钢结构外形尺寸的偏差。如钢结构在常温下制作在负温下安装时,要采取措施调整偏差。

2. 选用负温下钢结构焊接用的焊条、焊丝,在满足设计强度要求的前提下,应选用屈服强度较低、冲击韧性较好的低氢型焊条,重要结构可采用高韧性超低型焊条。

3. 碱性焊条在使用前必须按照产品出厂证明书的规定进行烘焙。烘焙合格后,存放在 80～100℃烘箱内,使用时取出放在保温筒内,随用随取。负温度下焊条外露超过 2 小时的

应重新烘焙。焊条的烘焙次数不宜超过3次。

4. 钢结构使用的涂料应符合负温下涂刷的性能要求，禁止使用水基涂料。

5. 钢结构安装

(1)构件上有积雪、结冰、结露时，安装前应清除干净，但不得损伤涂层。

(2)绑扎、起吊钢构件的钢索与构件直接接触时，要加防滑隔垫。

(七)装饰工程

可采用冷做法施工。

1. 施工所用砂浆必须在暖棚中制作。砂浆使用时的温度应在5℃以上。

2. 防冻剂应由专人配置和使用，配置时先制成20%浓度的标准溶液，然后根据气温再配置成施工浓度溶液。

3. 采用氯盐作防冻剂时，砂浆内埋设的铁件均需涂刷防锈漆。

4. 抹灰基层表面如有冰霜雪时，可用与抹灰砂浆同浓度的防冻剂热水溶液冲刷，将表面杂物清除干净后再行抹灰。

(八)绿化工程

冬季施工，植物种植要注意种植区域异性。

栽植前按标准挖好树穴，坑底施入适量基肥，并使用生根粉。植树时不能栽得太深，容易积水，且透光透气性差，对其生长不利，所以合理控制高度。回填土要保证质量，以确保新根的生长。树坑的规格的计算方法为：长、宽的尺寸为土球直径加30～40 cm。挖坑深度为土球高度增加30～35 cm，其中坑底回填种植土的厚度至少为20 cm，上部覆盖8～10 cm的种植土。

栽后将回填土踏实，浇一次透水，7至10日内浇透水三次，以后进入正常管护。通过土壤湿度确定浇水量，取树坑30厘米以下土样，用手握成团，向地上扔去，如果散开就该浇水了。土球扔下仅有裂纹，就等3至5日后再验土壤湿度，确定浇水。要做到勤验土，多记录，适时适量浇水。

为了提供根系生长的适宜温度，防止根系冻伤，种植完后的树木根基用农膜覆盖、密闭，以确保根部温度的稳定。

对胸径大于5 cm的乔木，种植后用三根杆子撑住，以免风大树倒。对于越冬性差、成活率低的树，除了用草绳缠住树干，避免强光晒伤树皮，减少水分蒸发外，还要用地膜缠绕，以保持温度。

养护管理：

1. 增强防寒

要定植的幼苗、新栽植的苗木及不耐寒的园林花木，防寒养护工作尤为重要。加强防寒措施，预防花木冻害，对于提高园林苗木成活率、成活质量及次年苗木生长十分重要。

(1)增加覆盖物　夜间或霜雪天，在低矮的花木(如枇杷等)上方覆盖保护膜，可避免苗木枝叶与霜雪直接接触，减轻冻害，还能增温1至2℃。有条件的地区可在遮阳网下面加一层薄膜，起挡风作用。覆盖时，四周用砖、石块压牢。对于高大植株(雪松等)可在其四周打3至4个桩，用遮阳网围起植株，再用细绳缝合，形成一筒状，并在顶部加盖遮阳网。晴天可将遮阳网从下往上撸起，使植株接受光照，提高表面温度。

(2)增加缠绕物　对于高干园林植物可在其主干、大枝缠绕草绳，并在草绳外围自下而上顺时针方向缠绕宽 10 至 20 厘米的带状薄膜,预防植株主干及大枝发生冻害。

(3)及时灌封冻水　冬季苗木周围土壤缺水时,容易发生冻害,因此在土壤封冻前要及时灌封冻水。再者,水的比热较大,白天可以吸收较多热量,提高地温。

(4)增施有机肥　在树冠外围挖 3 至 4 个深 50 至 100 厘米的穴,施入牛粪、碎草等酿热物肥料种植土,可提高地温。有机肥分解可释放热量并增加土壤肥力。结合施肥对植株进行培土,以盖过根颈处为宜,形成一圆锥状的小土丘,可保护容易发生冻害的根颈处安全越冬。

2. 加土扶正

新种树木在灌过水及下过透雨后应全面检查;树下沉缺土时应及时填平;对泥土堆得较高的要耙平,防止深埋影响根部发育;对非新栽植的树木,如有倾斜歪倒的,也要及时扶正。

3. 修剪

修剪是园林、绿地、街道和庭院中树木抚育管理的重要措施之一,能提高新移植树木的成活率。

(1)乔木

①剪枝

疏剪:对树上的枯枝、病虫枝、交叉枝、过密枝的枝条基部全部剪掉,以改善冠内通风透光条件,避免或减少膛内枝产生光脚现象。疏剪时,切口部必须靠节,剪口应在剪口芽的反侧,呈 45 度倾斜,剪口应平整。如果簇生枝与轮生枝需全部去除的,应分次进行,以免伤口过多,影响树木生长。常绿花木(蜀桧、矮花龙柏)应及时修剪,可提高冬季观赏价值,还能减少蒸腾,提高植株抗寒性。

剪截:主要剪枝条先端的一部分枝梢,促发侧枝,并防止枝条突长。生长期一般轻剪,休眠期一般重剪。以大广玉兰和雪松为例,应从疏叶疏枝着手,疏去原有叶片的四分之三,剪去树冠中心和上部的小杂枝,来保证树木水分和养分的消耗。同时,还要注重修剪后的树型美观,伤口涂抹。为了保证成活,在风季来临之前及时搭建风障以防止抽干。

②截干

对于茎或比较粗大的主枝、骨干枝进行截断,这种方法有促使树木更新复壮的作用。为缩小伤口,应自分枝点上部斜向下锯,保留分枝点下部的凸起部分,这样伤口最小,且易愈合。为防止伤口因水分蒸发或病虫害侵入而腐烂,应在伤口处涂保护剂或用蜡封闭伤口,或包扎塑料布等加以保护,以促进愈合。根据乔灌木的生长需要,不同植物种类和不同树龄进行淋水和施肥,保证肥水充足。

(2)灌木

灌木除了疏枝修剪外,对越冬性差的灌木,采用 PE 膜覆盖,并加盖草帘使其能安全越冬,对越冬性能一般的注意观察,做好日常工作即可。

4. 施肥

施肥是促进树木枝叶茂盛、花朵繁密,加速生长的重要措施之一。

(1)肥料种类

基肥是迟效性肥料,是供植物长时间吸收利用的肥料,如粪肥、厩肥、堆肥等。

(2)施肥方法

对于不同的肥料、不同的树种、不同的土质以及树木生长发育的不同情况,施肥的方法

都有所不同。

①环沟施肥：在离树干基直径 3 倍处挖宽 30～40 cm 的环状开沟，沟深 30～40 cm 以上，将肥料施于沟中，覆土踏实，灌水后整平地面。

②放射状沟施肥：以树干为中心，向外挖 4～6 条放射状逐渐加深的沟。近树干处较浅，远离树干逐渐加深，至树冠投影处深达 40 cm 以上，将肥料施于沟内，覆土踏实，施肥后要灌透水。

③散点穴施肥：在树冠正投影下外缘挖数个坑，坑的直径 50～60 cm，深 40 cm 以上，将肥料施于坑内覆土踏实，灌水后整平地面。

注意病虫害防治，主要原因是寒冷的天气对灌木病虫害防治十分有利，但对于新定植苗木的安全越冬却是一个严峻考验。

5. 冬季病虫防治

冬季，各种花木的病虫都在各自适宜的环境中进入越冬状态，此时若抓住有利时机进行防治，可达到事半功倍的效果。

(1)清除枯枝残叶

冬季结合修剪，将有虫蛀、虫孔、虫卵、若虫或成虫滋生的枝条剪掉。清除乔灌木类枯叶，铲除杂草，破坏蚜虫、飞虱类害虫的越冬场所，并将剪除的枝叶、杂草集中烧掉。此法可防治天牛、螨类、介壳虫类及存活于枯叶中的卷叶蛾、造桥虫及螟类等害虫。

(2)轻刮树皮

树木的粗皮、翘皮及裂缝处常藏有害虫，用刀具将这些树皮去，刮树皮要掌握轻刮浅刮的原则，以见到嫩皮为度。此外，刮树皮前还要在树冠下铺塑料布等物，以便将刮下的树皮屑集中处理或烧毁。刮后的枝条用小型喷雾器喷洒 1 次 3～5 度粘合保护剂。

(3)树体裹干

树干皮孔较大而蒸腾量显著的树木，以及大多数常绿阔叶树木，栽植后宜用草绳等包裹缠绕树干达 1～2 m 高度，以提高栽植成活率。塑料薄膜裹干在树体休眠阶段使用，效果较好，但在树体萌芽前应及时撤换。因为塑料薄膜透气性能差，不利于被包裹枝干的呼吸作用，尤其是高温季节，内部热量难以及时散发而引起的高温，会灼伤枝干、嫩芽和隐芽，对树体造成伤害。

模块九

园林工程信息管理

相关知识

信息管理就是人们对信息的收集整理、分析、处理、储存、检索、传递与应用等一系列工作的总称。园林工程信息管理应达到的目的是通过有组织的信息流通，使决策者能及时、准确地获得相应的信息，从而正确决策以避免失误。为了达到信息管理的目的，工作在第一线的工作人员有必要了解并掌握信息管理的各个基本环节。这些环节包括：

(1)了解和掌握信息的来源，并对信息进行分类；

(2)掌握和正确运用信息管理的各种手段；

(3)掌握信息流程中的各个环节，如信息的收集、分析、处理、储存、检索、传递和运用等，并建立相应的信息管理系统。

工程款支付申请、工程施工联系函编制、园林工程内业资料编制等是园林工程信息管理的基础工作。

1. 工程款支付申请

工程款支付申请根据不同阶段分有：工程预付款申请、工程进度款申请、工程竣工款申请、工程变更款申请、工程索赔款申请及其他应付款申请。本部分重点介绍工程预付款、进度款及竣工款的申请。

1.1 工程预付款的申请

工程预付款又称材料备料款或材料预付款。它是发包人为了帮助承包人解决工程施工前期资金紧张的困难而提前给付的一笔款项。工程是否实行预付款，取决于工程性质、承包工程量的大小以及发包人在招标文件中的规定。

工程实行预付款的，合同双方应根据合同通用条款及价款结算办法的有关规定，在合同专用条款中约定并履行。建设工程施工合同订立后由发包人按照合同约定，在正式开工前预支给承包人的工程款。它是施工准备和所需材料、结构件等流动资金的主要来源，国内习惯上又称为预付备料款。

工程预付款的扣回：

起扣点 $T=P-M/N$，P 为承包合同总合同额，M 为工程预付款数额，N 为主要材料和构件所占总价款的比重。

1.1.1　预付款的概念

施工企业承包工程，一般实行包工包料，需要有一定数量的备料周转金，由建设单位在开工前拨给施工企业一定数额的预付备料款，构成施工企业为该承包工程储备和准备主要材料、结构件所需的流动资金。

预付款还可以带有"动员费"的内容，以供组织人员、完成临时设施工程等准备工作之用。预付款相当于建设单位给施工企业的无息贷款。

预付款与建筑材料供应方式相关联：

(1)包工包全部材料工程：预付备料款数额确定后，建设单位把备料款一次或分次付给施工企业；

(2)包工包地方材料工程：需要确定供料范围和备料比重，拨付适量备料款，双方及时结算；

(3)包工不包料的工程：建设单位不需预付备料款。

预付款的有关事项，如数量、支付时间和方式、支付条件、偿还(扣还)方式等，应在施工合同条款中具体明确规定。

1.1.2　预付款的拨付

预付备料款的额度，由合同双方商定，在合同中明确预付备料款计算的理论公式：

预付备料款＝合同价款×预付备料款额度

备料款数额＝全年施工工作量×主材所占比重÷年施工日历天×材料储备天数

备料款的数额，要根据工程类型、合同工期、承包方式和供应方式等不同条件而定。

一般建筑工程不应超过工作量(包括水、电、暖)的30%，安装工程不应超过工作量的10%。

1.1.3　预付款的扣还

备料款属于预付性质。施工的后期所需材料储备逐步减少，需要以抵充工程价款的方式陆续扣还。

施工合同中应约定起扣时间和比例。

(1)按公式计算起扣点和抵扣额

原则：当未完工程和未施工工程所需材料的价值相当于备料款数额时起扣。每次结算工程价款时，按材料比重扣抵工程价款，竣工前全部扣清。

未完工程需主材总值＝未完工程价值×主要材料比重＝预付备料款

未完工程价值＝预付备料款÷主要材料比重

起扣时已完工程价值＝施工合同总值－未完工程价值

应扣还的预付备料款，按下列公式计算：

第一次扣抵额＝(累计已完工程价值－起扣时已完工程价值)×主材比重

以后每次扣抵额＝每次完成工程价值×主材比重

例如，某工程合同价款为300万元，主要材料和结构件费用为合同价款的62.5%，合同规定预付备料款为合同价款的25%，则

预付备料款＝300×25%＝75万元，起扣点＝300－75÷62.5%＝180万元

即：当累计结算工程价款为180万元时，应开始抵扣备料款。此时，未完工程价值为120万元。

所需主要材料费为120×62.5%＝75万元，与预付备料款相等。

(2)按合同规定办法扣还备料款

例如，规定工程进度达到60%开始抵扣备料款，扣回的比例是按每完成10%进度，扣预付备料款总额的25%。

(3)工程最后一次抵扣备料款

适合于造价低、工期短的简单工程备料款在施工前一次拨付，施工过程中不分次抵扣。当备料款加已付工程款达到95%合同价款(即留5%尾款)之时，停止支付工程款。

编号：

表9-1　工程预付款申请表

工程名称	
致____________监理单位： 根据本合同的约定，建设单位应于____年___月___日前支付我方工程预付款__(大写)__元。 项目负责人(签字)：　　承包单位：　　日期：	
工程预付款支付证书 经审核，承包单位的申请符合合同条件，按____________________的规定，本期应支付工程预付款为__(大写)__元，请建设单位按时支付。 说明： 监理工程师(签字)： 总监理工程师(签字)：　　监理单位：　　日期：	

本表一式三份，经监理单位审核后，监理单位、建设单位、承包单位各存一份。

1.2　工程进度款的申请

1.2.1　工程进度款支付的相关规定

《建设工程工程量清单计价规范》中规定，承包人应在每个付款周期末，向发包人递交进度款支付申请，并附相应的证明文件。除合同另有约定外，工程进度款支付申请应包括下列内容：

①本周期已完成工程的价款；

②累计已完成的工程价款；

③累计已支付的工程价款；

④本周期已完成计日工金额；

⑤应增加和扣减的变更金额；

⑥应增加和扣减的索赔金额；

⑦应抵扣的工程预付款；

⑧应扣减的质量保证金；

⑨根据合同应增加和扣减的其他金额；

⑩本付款周期实际应支付的工程价款。

发包人在收到承包人递交的工程进度款支付申请及相应的证明文件后，发包人应在合同约定时间内核对和支付工程进度款。发包人应扣回的工程预付款，与工程进度款同期结算抵扣。

《建设工程价款结算暂行办法》中有关规定如下：

①根据确定的工程计量结果，承包人向发包人提出支付工程进度款申请，14 天内，发包人应按不低于工程价款的 60%，不高于工程价款的 90%向承包人支付工程进度款。按约定时间发包人应扣回的预付款，与工程进度款同期结算抵扣。

②发包人超过约定的支付时间不支付工程进度款，承包人应及时向发包人发出要求付款的通知，发包人收到承包人通知后仍不能按要求付款，可与承包人协商签订延期付款协议，经承包人同意后可延期支付。协议应明确延期支付的时间和从工程计量结果确认后第 15 天起计算应付款的利息(利率按同期银行贷款利率计)。

③发包人不按合同约定支付工程进度款，双方又未达成延期付款协议，导致施工无法进行，承包人可停止施工，由发包人承担违约责任。

1.2.2　工程进度款的支付程序

1.2.2.1　工程量计量

工程量清单中所列的工程量仅是对工程的估算量，不能作为承包商完成合同规定施工义务的结算依据。每次支付工程月进度款前，均需通过测量来核实实际完成的工程量，以计量值作为支付依据。

1.2.2.2　承包商提供报表

每个月的月末，承包商应按工程师规定的格式提交一式 6 份本月支付报表。内容包括提出本月已完成合格工程的应付款要求和对应扣款的确认，一般包括以下几个方面：

①本月完成的工程量清单中工程项目及其他项目的应付金额(包括变更)；

②法规变化引起的调整应增加和减扣的任何款额；

③作为保留金扣减的任何款额；

④预付款的支付(分期支付的预付款)和扣还应增加和减扣的任何款额；

⑤承包商采购用于永久工程的设备和材料应预付和扣减款额；

⑥根据合同或其他规定(包括索赔、争端裁决和仲裁)，应付的任何其他应增加和扣减的款额；

⑦对所有以前的支付证书中证明的款额的扣除或减少(对已付款支付证书的修正)。

1.2.2.3　工程师签证

工程师接到报表后,对承包商完成的工程形象、项目、质量、数量以及各项价款的计算进行核查。若有疑问时,可要求承包商共同复核工程量。在收到承包商的支付报表后28天内,按核查结果以及总价承包分解表中核实的实际完成情况签发支付证书。

工程师可以不签发证书或扣减承包商报表中部分金额的情况包括:

①合同内约定有工程师签证的最小金额时,本月应签发的金额小于签证的最小金额,工程师不出具月进度款的支付证书。本月应付款接转下月,超过最小签证金额后一并支付。

②承包商提供的货物或施工的工程不符合合同要求,可扣发修正或重置相应的费用,直至修整或重置工作完成后再支付。

③承包商未能按合同规定进行工作或履行义务,并且工程师已经通知了承包商,则可以扣留该工作或义务的价值,直至工作或义务履行为止。

工程进度款支付证书属于临时支付证书,工程师有权对以前签发过的证书中发现的错、漏或重复提出更改或修正,承包商也有权提出更改或修正,经双方复核同意后,将增加或扣减的金额纳入本次签证中。

④业主支付。承包商的报表经过工程师认可并签发工程进度款的支付证书后,业主应在接到证书后及时给承包商付款。业主的付款时间不应超过工程师收到承包商的月进度付款申请单后的56天。如果逾期支付将承担延期付款的违约责任,延期付款的利息按银行贷款利率加3%计算。

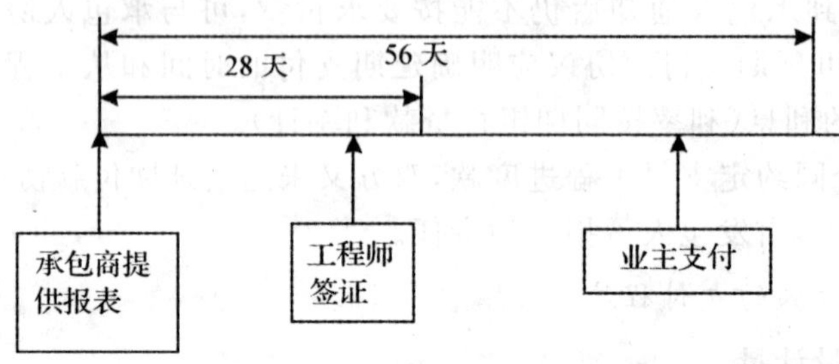

图9-1　工程进度款的支付

1.3　工程竣工结算款的申请

依照《建设工程价款结算暂行办法》,工程完工后,双方应按照约定的合同价款及合同价款调整内容以及索赔事项,进行工程竣工结算。

1.3.1　工程竣工结算的编审

工程竣工结算包括单位工程竣工结算、单项工程竣工结算和建设项目竣工总结算。

①单位工程竣工结算由承包人编制,发包人审查;实行总承包的工程,由具体承包人编制,在总承包人审查的基础上,发包人审查。

②单项工程竣工结算或建设项目竣工总结算由总(承)包人编制,发包人可直接进行审查,也可以委托具有相应资质的工程造价咨询机构进行审查。政府投资项目,由同级财政部门审查。单项工程竣工结算或建设项目竣工总结算经发、承包人签字盖章后有效。

③承包人应在合同约定期限内完成项目竣工结算编制工作，未在规定期限内完成的并且提不出正当理由延期的，责任自负。

④单项工程竣工后，承包人应在提交竣工验收报告的同时，向发包人递交竣工结算报告及完整的结算资料，发包人应按规定时限进行核对(审查)并提出审查意见。建设项目竣工总结算在最后一个单项工程竣工结算审查确认后15天内汇总，送发包人后30天内审查完成。

⑤发包人收到竣工结算报告及完整的结算资料后，在规定或合同约定期限内，对结算报告及资料没有提出意见，则视同认可。承包人如未在规定时间内提供完整的工程竣工结算资料，经发包人催促后14天内仍未提供或没有明确答复，发包人有权根据已有资料进行审查，责任由承包人自负。

1.3.2　工程竣工结算的内容

1.3.2.1　工程竣工价款结算

发包人收到承包人递交的竣工结算报告及完整的结算资料后，应按规定的期限进行核实，给予确认或者提出修改意见。发包人根据确认的竣工结算报告向承包人支付工程竣工结算价款，保留5%左右的质量保证(保修)金，待工程交付使用1年质保期到期后清算(合同另有约定的，从其约定)，质保期内如有返修，发生费用应在质量保证(保修)金内扣除。

1.3.2.2　索赔价款结算

发、承包人未能按合同约定履行自己的各项义务或发生错误，给另一方造成经济损失的，由受损方按合同约定提出索赔，索赔金额按合同约定支付。

1.3.2.3　合同以外零星项目工程价款结算

发包人要求承包人完成合同以外零星项目，承包人应在接受发包人要求的7天内就用工数量和单价、机械台班数量和单价、使用材料和金额等向发包人提出施工签证，发包人签证后施工。如发包人未签证，承包人施工后发生争议的，责任由承包人自负。

1.3.3　工程竣工结算款的支付

根据确认的竣工结算报告，承包人向发包人申请支付工程竣工结算款。发包人应在收到申请后15天内支付结算款，到期没有支付的应承担违约责任。承包人可以催告发包人支付结算价款，如达成延期支付协议，发包人应按同期银行贷款利率支付拖欠工程价款的利息。如未达成延期支付协议，承包人可以与发包人协商将该工程折价，或申请人民法院将该工程依法拍卖，承包人就该工程折价或者拍卖的价款优先受偿。

2. 工程施工联系函模拟编制

2.1　工程施工联系函基本概念

工程联系函也叫工程联系单，用于施工方向监理或者建设方提出有关工程项目信息的函件。在省统表里有标准格式。不过有的工程项目甲方要求使用的联系单的格式跟省统表不一样。所以编制前最好找一下甲方或者监理，看看他们的要求是怎么样的。

2.2 工程施工联系函模拟编制

2.2.1 工程开工/复工报审表

工程开工/复工报审表

<table>
<tr><td>记录编号</td><td>SW-BGC-0703-005</td><td>编　　号</td><td></td></tr>
<tr><td>工程名称</td><td></td><td>发生日期</td><td></td></tr>
<tr><td colspan="4">致＿＿＿＿＿＿＿＿＿＿＿＿＿＿＿＿＿(监理单位)：
根据合同约定以及监理方提出的项目建设要求，我方已完成了开工前的各项准备工作，现计划于＿＿＿＿＿年＿＿月＿＿日开工，请审批。
已完成报审的条件有：
1.开工报告
2.证明文件

承建单位(章)
项目经理＿＿＿＿＿＿＿＿＿
日　　期＿＿＿＿＿＿＿＿＿</td></tr>
<tr><td colspan="4">总监理工程师审查意见：

项目监理机构＿＿＿＿＿＿＿
总监理工程师＿＿＿＿＿＿＿
日　　期＿＿＿＿＿＿＿＿＿</td></tr>
</table>

注：本表由承建单位填报，建设单位、监理单位、承建单位各存一份。

填表说明

栏位	说明
承包单位填报栏	工程开工报告： (1)若甲方有开工报告格式，按照开工报告格式填写； (2)若甲方没有开工报告格式，则乙方可自行编制开工报告，开工报告至少包含以下内容： ● 近期施工的现场已经具备施工条件； ● 施工组织计划已报审； ● 项目经理、近期施工的主要管理人员、技术人员、施工负责人已到场，并经监理方认可； ● 近期施工的技术方案和实施方案已经监理方认可； ● 近期所需的施工设施、机具已报验； ● 近期施工所需的物资已进场报验； ● 现场施工制度、安全生产制度已经监理方认可； ● 已经完成近期施工的技术交底工作。 证明材料： ● 罗列出监理方审查通过的下列报审资料： ● 施工组织计划报审表； ● 技术文件报审表； ● 施工机具报审表； ● 进场物资报验单； ● 分包单位资质报审表(可选)； ● 现场安全生产施工制度。
总监理审批意见栏位	总监理工程师审批开工前，首先要完成上面罗列的报审材料，其次要确定现场已具备施工条件，没有重大的安全隐患；最后要确认乙方的项目经理、近期施工的主要管理人员、技术人员、施工负责人已到场。征得甲方代表的口头同意后，可签署开工申请。

2.2.2 工程联系函/联系单

<table>
<tr><td colspan="5" align="center">工程联系单</td></tr>
<tr><td colspan="3">工程名称：</td><td colspan="2">编号：</td></tr>
<tr><td>主送</td><td colspan="2"></td><td>抄送</td><td></td></tr>
<tr><td colspan="5">内容：

施工单位：
项目经理：
日　　期：</td></tr>
<tr><td colspan="2">监理单位意见：</td><td colspan="2">建设单位意见：</td><td>设计单位意见：</td></tr>
</table>

2.2.3　工程初步竣工验收申请表

工程初步竣工验收申请表

表号:DJS-A10-01

工程名称:　　　　　　　　　　　　　　　　　　　　　　编号:

<table>
<tr><td>
致________________项目监理部:
我方已按合同要求完成了____________工程,经公司三级自检验收合格,请予以初步竣工验收。
附件:1. 自检报告

承包单位(章):
项目经理________
日　期________
</td></tr>
<tr><td>
项目监理部审核意见:

项目监理部(章):
总监理工程师________
日　期________
</td></tr>
</table>

3. 内业资料模拟编制

3.1 内业资料的基本概念

园林工程内业资料是一种以文字、图像等手段记录园林施工工程所形成的一系列文件的组合。它将园林工程的施工过程以一种被施工双方都认可的形式记录下来,从理论上它能够完整地记录下整个工程。内业资料反映了园林施工过程中的各种状态和责任,能够真实地再现施工时的情况,从而找到施工过程中的问题所在。

在园林工程施工的过程中,有人把在室外完成的工程称为"外业",而把室内完成的工作称为"内业"。内业资料常被人误认为是内部资料工作,其实它与工程的"外业"息息相关。

3.2 内业资料的作用

在以往的施工中,由于施工过程不规范、施工队伍素质较低以及质量监督的表面化,导致内业资料的产生落后于施工工序,许多应有的资料往往散失或没有收集,由此而无法体现内业资料的重要性。随着施工工程的进一步规范和施工质量要求的提升,内业资料具有的作用将越来越凸现出来。

3.2.1 实时跟踪

内业资料对于施工过程来说有着实时跟踪的作用。对一个绿化工程,开工报告表示工程已经开始;土方隐蔽工程验收单标志土方工程的质量和进度;苗木出圃单和苗木检疫证书标志着绿化种植的开始;竣工报告、检验证明书表明工程的顺利完成。内业资料的产生和施工工序关系如下:

施工工序	内业资料
签订合同	工程申报、质量监督申报
施工准备	施工组织设计
开工	开工报告
土方施工	土方隐蔽工程验收中
苗木种植	出圃单、苗木检疫证书
检查验收	自检单、质量检验评定表
竣工	竣工报告、竣工验收会议纪要

工程施工的每一步都牵涉内业资料的产生,所以必须及时地收集内业资料才能有效地了解工程的进展情况。园林工程可分成三个大部分:开工前、施工中、竣工后。开工前需要现场踏勘,校对地形,核实土方量、施工面积,申请施工许可证,建造临时设施。对于内业资料来说现场踏勘将会产生测量记录,校对核实有可能产生设计变更,施工许可证和开工报告是合法必备的手续也是资料中必不可少的材料。施工中所做的工作更为繁多,因此需要的内业资料也就更多。以植物绿化为例,从土方的增减、搬运,苗木的出圃、运输、现场验收,到

放样、种植、绑扎、养护，每一个步骤都牵涉相关的记录。内业资料是土方(量)签证单、标高复核记录、苗木出圃单、放样记录、隐蔽工程验收单(土壤土质)、栽植材料评定表等的一系列记录，一方面这些记录描述了工程进度情况，另一方面又是对工程质量的书面监督。根据这些材料和现场进行对比，可以很好地了解施工队伍的负责程度，因而可以使施工队伍更谨慎地完成施工任务。最后的环节也最为重要，现场施工完成后，必须进行竣工验收，这也是工程被建设单位所承认的关键的一步。从外观面貌到内在质量，这些都是接受检验的内容，同时应提交的是工程相对应的内业资料，也就是书面的施工记录，内业资料将成为现场情况的一种佐证。此期间的资料主要有竣工报告、工程决算、竣工图以及由竣工验收所产生的会议纪要。竣工验收是工程施工后的一个部分，在经过保质期的养护之后，绿地最后将进行移交，此时应提交养护报告、数量清单以及移交报告单，完成工程的最后部分。根据现行的档案编制规定，内业资料中还必须包括影像资料(主要为照片)。这些照片应反映开工前的地形地貌、施工中的隐蔽工作、各部分的接点工作以及竣工时和移交时的现场面貌，它们将提供一个直观的施工情况记录，是对内业文字资料的有效补充。

3.2.2　反馈监督

内业资料的一个重要的作用就是对工程的现场施工有反馈监督的作用。每一个施工工序都能从内业资料上反映出它的时间、数量、人员、规格等特性，在这里能很明显地看出工程是否含有缺陷，诸如缺少许可、不符进度、数量误差等，都可以从中得出。以隐蔽工程验收单为例，首先必须由施工单位提供隐蔽验收的项目、结构、数量，然后会同建设单位(或监理单位)进行抽样检查，检查的情况和结果就记录在隐蔽工程验收单上，施工单位以此可以对自己的施工质量状况和尚未注意到的问题进行纠正，如密切度不够、标高未达到等。对于项目负责人来说，就可以较清楚地知道问题的所在。

3.2.3　信息查询

有了内业资料的跟踪，项目负责人不用再凭着零星的材料和自己的记忆来对整个工程的节点进行控制。在及时搜集的情况下，有关工程的各工序相关细节就都存在于内业资料中，一旦发生意外情况(如数量不符、质量差异)就可以凭借资料记录追查到其中的原因，也方便了项目负责人对工程的管理。尤其在工程发生分包情况下，在项目结算方面更见内业资料的功效。

3.2.4　学习借鉴

内业资料可以作为今后工程施工的一种借鉴，对以往工程中采用的技术、发生的问题、采取的措施以及反馈结果，在以后工程的施工中可以吸取经验，少走弯路。在内业资料中还包含着“竣工报告”、“施工小结”等自我总结的部分，这些文件往往有的项目负责人不大在意，其实在这些文件中除了有关的工程数据外，对施工过程的总结占了相当大的部分，优点、缺点尽在其中，学习和借鉴这些文件对今后的工程管理将会有很大的促进作用。

3.3　内业资料的收集、编制

内业资料是随着工程的展开而展开的。在具体的施工进程中，内业资料来自于完成的每一个工序节点，具体清单见下表：

编号	项　目	内　容
1	设计方案论证	包括设计方案论证会、专家评审会及设计研讨会(会议纪要)或设计交底
2	现场踏勘	包括现场地形标高测量,现场土质、水质检测,周围环境
3	投标书	如果工程为投标工程则包含该项
4	施工合同	施工协议和正式合同文本以及具有法律效力的补充条款
5	工程预算	绿化种植、土方、园林小品、喷淋灌溉、园林照明、给排水管线等
6	项目许可证	绿化施工项目许可证、特殊区域施工许可证、特种内容或其他类施工许可证
7	质量监督书	园林绿化质监书及其他分项工程质监书
8	施工组织设计	包括①工程概况、②管理网络(施工组织结构)、③施工方案、④施工技术保证、⑤施工进度计划、⑥材料供应保证
9	施工组织设计审批表	包括①公司总工审批、②现场监理审批、③建设单位审批
10	开工报告	工程开工的申请表及允许的批复
11	放样资料	现场所有种植点和种植区域的放样记录和监理的放样复核记录
12	现场业务联系单	包括①签证单、②设计变更单、③质量监督现场工作记录表、④进度计划完成情况表、⑤现场问题报告及反馈等
13	苗木检疫证明	外地苗本进入本市的检疫合格证明、本市苗圃出圃苗木的合格证明
14	工程自检单	苗木、土方质量及数量自检单,土质核验单及其他分项工程的质量自检单等
15	工程备忘录	现场协调会记录、现场达成的口头协议记录、现场问题的解决记录等
16	材料质量证明或保证书	各分项工程所需材料的质量证明或质量保证书
17	材料测试及复试报告	各种施工材料的试验报告和复试报告
18	施工总结	各分项工程的质量、进度总结,施工中的问题总结,施工中采取技术或方法的总结,施工中优缺点的评析
19	隐蔽工程验收报告(单)	包括土方、地基槽验、管道试压、阀门严密性、电阻测试、接地测试、钢筋焊接等
20	质量验收评定	现场施工完成后的质量监督评定表、质量合格或优质证书及核验证明单等
21	竣工报告	工程竣工的申请表及允许批复
22	竣工验收会议纪要	包括初步验收、中间验收、竣工最后验收以及绿化的有关工程(园林小品、园林建筑、喷灌、照明等)验收的会议纪要
23	竣工质量验收评定表	由建设、施工、监理、质监四方盖章、签字认可的竣工质量评定表(可包括监理出具的综合评估报告)
24	整改完成报告单	对工程竣工时的缺点进行改正的报告单及批复

续表

编号	项　目	内　容
25	工程决算	包括未审计或审计后的基本工程决算、签证决算以及其他分项工程的决算
26	绿化养护、附属设施维护技术	针对所施工的绿地提出的养护技术建议和指导方案，对附属的绿化照明、喷淋、园林小品等提出维护方案
27	绿化工程竣工移交报告单	完成工程后结束施工合同并转移绿地养护责任的报告及批复
28	施工图	该工程的完整施工图纸
29	竣工图	该工程的完整或已竣工部分的图纸
30	设计、施工变更图	单独根据设计变更或施工现场变更而出的图纸，与设计变更单或现场签证一一对应
31	工程进度照片	包括开工前工地原貌，土方结束后、苗木种植前地貌及种植结束竣工后工地面貌

在此表内我们可以清楚地看出，每一步的工作都产生了相关的资料。因此，必须对产生的资料进行及时的收集和整理，才能确保工程项目的顺利进行。相关的编制是必要的，因为有些资料的实效性很强，如反映现场问题的报告、备忘录，以及建设单位对此发出的相关指令和解决的会议纪要等，及时反馈给项目负责人、留存好原始文件成为当时的重要工作（虽然看起来这些工作似乎只是举手之劳）。有时，这类往来文件会很多，所以编制这部分的查询目录成为一种必要的举措。在具体编制时，不仅要按照时间的顺序，也要按照施工的阶段来划分，这些文件往往成为日后工程决算和结算的重要依据，编制查询目录也方便了工作中对这些文件的引用和参考。

以上这些工作是在施工时完成的，可以算作临时编制，一旦工程竣工验收通过，进入养护阶段，施工阶段收集的资料就必须进行分类，主要按照工程的节点和类别进行。具体来说主要分为3大类：施工技术文件、竣工文件、照片资料。施工技术文件又分为施工管理文件、测量放样、原材料质保单和复试资料、变更依据、试验资料、质量评定等；竣工文件包括竣工图等；照片资料是反映施工过程的直观依据，通常有三组：开工前、施工中、竣工后。

在具体的编制过程中，因归档内容的限制，有些文件是必须剔除的，如情况说明、备忘纪要等。但对于施工企业来说，内业资料应与施工现场的情况相一致，部分牵涉工程量、施工进度等关键性的往来文件还是需要保留的，这也有助于今后的查阅。文件资料必须分类编写目录，然后进行汇总编目，最后编写“内业资料编制说明”，将编制的情况记录下来。竣工图纸、照片资料单独成卷编目，在装订、入盒后就成为标准的内业资料了。

3.4 如何有效地利用内业资料

在一般情况下，内业资料在编制完成后即归入档案部门，使用的机会不多。其实，由于内业资料的四大特点，使其有了很高的“含金量”。首先，它是一种记录，因此对于施工中的薄弱环节，记录就很能反映问题，在今后的工程当中施工企业可以对此进行加强。其次，它是一种参考，有关的方法、格式、步骤可作为今后施工的样板，减少工作中的疏忽。再次，它是一种积累,施工中总结的技术经验、疑难问题可以使企业的技术不断得到提高,有利于企业自身的技术积累和创新。

在利用方法上可以采取查阅和编写两种。查阅就是针对某一问题,有目的的查找相关资料,以获得参考和借鉴。编写则要费力一些,是把相关的内容整理编写成册,以供参考。

比较而言,编写的效果要好一些,因为它把相关的内容进行了分类整理,使查找更加容易,也更容易进行纵向比较。

在施工技术方面,这样做能产生企业自己的技术标准,使企业在不断的实践摸索中逐步壮大,也有利于企业对技术人员的培养,使新手通过理论培训而获得实际经验,从而缩短企业在人员培训上花费的时间,也使他们少走弯路。

实训 12 工程进度款申请、工程施工联系函模拟编制

12.1 实训目标

通过本实训,使学生掌握园林工程进度款申请和园林工程施工联系函编制的基本内容,培养学生能够根据实际的需求进行园林工程进度款申请和园林工程施工联系函编制的能力。

12.2 实训材料与方法

某项园林工程施工工程进度款申请表、工程施工联系函。

12.3 实训步骤

按照给定的某项园林工程施工工程进度款申请表、工程施工联系函,学生分组模拟编制工程进度款申请表、工程施工联系函。具体步骤如下:

(1)研究工程进度款申请表、工程施工联系函,明确相关内容的规定;

(2)做好现场勘察工作,充分了解现场条件;

(3)按照工程进度款申请、工程施工联系函的要求与格式,编制工程进度款申请表、工程施工联系函;

(4)审查工程进度款申请表、工程施工联系函关键内容,确保编制内容准确有效。

12.4 实训要求及注意事项

(1)认真审阅、研究、分析工程进度款申请表、工程施工联系函,全面了解该园林工程进度款申请、工程施工联系函的主要内容和格式等各项要求;

(2)积极到施工现场进行实地考察,了解工程项目施工过程中出现的问题,并与甲方保持较好的交流;

(3)认真审查工程进度款申请表、工程施工联系函编排格式、编制内容,使编制内容具有统一性和完整性,保证编制内容的质量;

(4)每位同学提交一份实训报告,主要包括工程进度款申请表、工程施工联系函、收获与体会等。

12.5　实训考核

工程进度款申请、工程施工联系函模拟编制评价考核表

姓名：　　　　学号：　　　　班级：　　　　组别：

序号	考核内容	考核等级及标准				等级分值			
		A	B	C	D	A	B	C	D
1	对工程进度款申请、工程施工联系函的理解	能整理工程进度款申请表、工程施工联系函的内容并列出清单	较好	一般	较差	27～30	21～26	15～20	0～14
2	编制文件的完整性	完整	较好	一般	较差	27～30	21～26	15～20	0～14
3	编制文件的规范性	规范	较好	一般	较差	18～20	14～17	10～13	0～9
4	文字组织的条理性	清楚	较好	一般	较差	18～20	14～17	10～13	0～9
合计									

教师：　　　　年　　月　　日

12.6　思考题

(1)如何提高工程进度款申请表、工程施工联系函的编制质量?

(2)怎样才能让编制的工程进度款申请表、工程施工联系函实现有效性?

12.7　实训案例

实训案例 12　工程进度款申请表样式

工程款支付申请(核准)表

工程名称：　　　　　　　　　　　　标段：　　　　　　　　　　编号：

致：________________(发包人全称)

我方于______至______期间已完成了________工作，根据施工合同的约定，现申请支付本期的工程价款为(大写)________元，(小写)______元，请予核准。

序号	名称	金额(元)	备注
1	累计已完成的工程价款		
2	累计已实际支付的工程价款		
3	本周期已完成的工程价款		
4	本周期完成的计日工金额		
5	本周期应增加和扣减的变更金额		
6	本周期应增加和扣减的索赔金额		
7	本周期应抵扣的预付款		
8	本周期应扣减的质保金		
9	本周期应增加或扣减的其他金额		
10	本周期实际应支付的工程价款		

承包人(章)

承包人代表________

日　　期________

复核意见：

□与实际施工情况不相符，修改意见见附件。

□与实际施工情况相符，具体金额由造价工程师复核。

监理工程师________

日　　期________

复核意见：

你方提出的支付申请经复核，本周期已完成工程价款为(大写)________元，(小写)________元，本期间应支付金额为(大写)________元，(小写)______元。

造价工程师________

日　　期________

审核意见：

□不同意。

□同意，支付时间为本表签发后的 15 天内。

发包人(章)

发包人代表________

日　　期________

注：1. 在选择栏中的“□”内作标识“√”。

2. 本表一式四份，由承包人填报，发包人、监理人、造价咨询人、承包人各存一份。

实训案例 13　工程联系函/联系单样式

工程联系单

工程名称：　　　　　　　　　　　　　　　　　　　　　　编号：01

<table>
<tr><td>主送</td><td></td><td>抄送</td><td colspan="2"></td></tr>
<tr><td colspan="5">内容：
1. 靠沿海大通道的渠化岛 K0＋120－K0＋200(即图纸图号 38/62-7 绿化种植平面图)人行道的路面未形成，不便我司进行种植土回填。请监理及业主协调解决。
2. 靠沿海大通道的渠化岛 K0＋120－K0＋200 图纸文殊兰为 588 m²，而招标文件预算清单是 388 m²，相差 200 m²，是否还是依图纸施工。
3. 部分树池内有管线铺设经过，导致乔木大叶榕无法种植。请监理及业主协调解决。

施工单位：
项目经理：
日　　期：</td></tr>
<tr><td colspan="2">监理单位意见：</td><td colspan="2">建设单位意见：</td><td>设计单位意见：</td></tr>
</table>

工程联系单

工程名称：　　　　　　　　　　　　　　　　　　　　　　　　　编号：02

<table>
<tr><td>主送</td><td></td><td>抄送</td><td></td></tr>
<tr><td colspan="4">内容：
1. 机动车道与非机动车道中间的绿化带内有管线铺设经过，导致乔木柳叶榕与桂花无法种植。请监理及业主协调解决。

施工单位：
项目经理：
日　　期：</td></tr>
</table>

监理单位意见：	建设单位意见：	设计单位意见：

工程联系单

工程名称：　　　　　　　　　　　　　　　　　　　　　　　　　编号：03

<table>
<tr><td>主送</td><td></td><td>抄送</td><td></td></tr>
<tr><td colspan="4">内容：
1. 道路施工单位将沥青直接堆积于边坡，导致我司部分苗木遭到破坏。边坡喷播草皮，面积约5.5 m＊5.5 m；夹竹桃73株（H1m）。

施工单位：
项目经理：
日　　期：</td></tr>
</table>

监理单位意见：	建设单位意见：	设计单位意见：

实训 13　内业资料模拟编制

13.1　实训目标

通过本实训，使学生掌握内业资料编制的基本内容和编制方法，培养学生能够根据实际的情况进行内业资料编制的能力。

13.2　实训材料与方法

某项园林工程内业编制资料。

13.3　实训步骤

按照给定的某项园林工程内业资料，学生分组进行内业资料模拟编制。具体步骤如下：

(1)研究内业编制内容，明确相关内容的规定；

(2)做好现场勘察工作，充分了解现场条件；

(3)按照园林内业编制的要求与格式，进行内业模拟编制；

(4)审查内业编制的关键内容，确保编制内容准确有效。

13.4　实训要求及注意事项

(1)认真审阅、研究、分析工程内业资料，全面了解该园林工程内业资料的主要内容和格式等各项要求；

(2)积极到施工现场进行实地考察，了解工程项目施工过程中出现的问题，并与甲方保持较好的交流；

(3)认真审查内业资料编排格式、编制内容，使编制内容具有统一性和完整性，保证编制内容的质量；

(4)每位同学提交一份实训报告，主要包括工程竣工内业资料编制、收获与体会等。

13.5　实训考核

工程竣工内业资料模拟编制评价考核表

姓名：　　　　学号：　　　　班级：　　　　组别：

序号	考核内容	考核等级及标准				等级分值			
		A	B	C	D	A	B	C	D
1	对工程竣工内业资料编制的理解	能整理工程竣工内业资料编制的内容，并列出清单	较好	一般	较差	27～30	21～26	15～20	0～14
2	编制资料的完整性	完整	较好	一般	较差	27～30	21～26	15～20	0～14
3	编制资料的规范性	规范	较好	一般	较差	18～20	14～17	10～13	0～9
4	文字组织的条理性	清楚	较好	一般	较差	18～20	14～17	10～13	0～9
合计									

教师：　　　　年　　月　　日

13.6　思考题

(1)如何提高园林内业资料编制的条理性和规范性？

(2)怎样才能让编制的内容实现有效性？

13.7　实训案例

实训案例14　竣工内业资料编制文件样式

竣工资料目录表

项目内容	页码	备注
1. 中标通知书		
2. 施工合同		
3. 工程开工报审表		
4. 施工组织设计(方案)报审表		
5. 施工组织设计		
6. 施工放样报验单		
7. 工程开工报告		
8. 材料报验单		
9. 进场设备报验单		
10. 红土样品委托报验单及检验报告		
11. 苗木种植穴开挖报验申请表		
12. 苗木种植穴、槽质量验收记录表		
13. 工程苗木报审表		
14. 植物病虫害防治检查验收记录表		
15. 肥料质量验收记录表		
16. 种植前土壤处理施工验收记录表		
17. 种植土和肥料质量验收记录表		
18. 苗木运输和架植施工及验收记录表		
19. 苗木种植前修剪施工及验收记录表		
20. 苗木种植质量验收记录表		
21. 苗木移栽质量验收记录表		
22. 草坪、花卉种植施工及验收记录表		
23. 种植材料和播种材料施工及验收记录表		
24. 施工总结报告		
25. 验收会议纪要		
26. 单位工程完工报告		
27. 工程竣工报验单		
28. 城市绿化工程竣工初验记录		
29. 工程数量签认表		
30. 工程现场签证表		

工程开工报审表

工程名称：

<table>
<tr><td>致＿（监理单位）＿：
我方承担的＿＿＿＿＿＿＿＿＿＿，已完成了以下各项工作，具备了开工条件，特此申请施工，请核查并签发开工指令。

附：1. 绿化工程施工组织计划；
2. 绿化工程施工放线报验单。

承包单位（章）＿＿＿＿＿＿＿＿
项目经理＿＿＿＿＿＿＿＿
日　　期＿＿＿＿＿＿＿＿</td></tr>
<tr><td>审查意见

项目监理机构＿＿＿＿＿＿＿＿
总监理工程师＿＿＿＿＿＿＿＿
日　　期＿＿＿＿＿＿＿＿</td></tr>
</table>

施工放样报验单

工程名称：

<table>
<tr><td colspan="4">致（项目监理工程师）：

我标已完成＿＿＿＿＿＿的定点放线工作，请予检查。
附绿化工程种植平面布置示意图

承包单位放线人员：　　　　　　　　项目技术负责人：</td></tr>
<tr><td colspan="4">工程定点放样表</td></tr>
<tr><td>位置</td><td>工程名称</td><td>放样内容</td><td>备　注</td></tr>
<tr><td></td><td></td><td rowspan="7">苗木定点放样</td><td rowspan="7">平面位置布置及尺寸详附图</td></tr>
<tr><td></td><td></td></tr>
<tr><td></td><td></td></tr>
<tr><td></td><td></td></tr>
<tr><td></td><td></td></tr>
<tr><td></td><td></td></tr>
<tr><td></td><td></td></tr>
<tr><td colspan="4">监理检验结果：

监理员：　　　年　月　日</td></tr>
<tr><td colspan="4">监理工程师意见：

监理工程师：　　　年　月　日</td></tr>
</table>

施工组织设计(方案)报审表

工程名称：

<table>
<tr><td>致＿＿＿＿＿＿＿＿：
我方已根据施工合同的有关规定完成了＿＿＿＿＿＿＿＿施工组织设计(方案)的编制，并经我单位上级技术负责人审查批准，请给予审查。
附：施工组织设计(方案)

承包单位(章)＿＿＿＿＿＿＿＿
项目经理＿＿＿＿＿＿＿＿
日　　期＿＿＿＿＿＿＿＿</td></tr>
<tr><td>专业监理工程师审查意见：

专业监理工程师＿＿＿＿＿＿＿＿
日　　期＿＿＿＿＿＿＿＿</td></tr>
<tr><td>总监理工程师审核意见

项目监理机构＿＿＿＿＿＿＿＿
总监理工程师＿＿＿＿＿＿＿＿
日　　期＿＿＿＿＿＿＿＿</td></tr>
</table>

工程开工报告		编号	
工程名称		日期	

致___（监理单位）___：

根据合同约定，建设单位已取得主管单位审批的施工许可证，我方也完成了开工前的各项准备工作，计划于____年____月____日开工，请审批。

已完成报审的条件有：

1.□××市建设工程施工许可证（复印件）

2.□施工组织设计（含主要管理人员和特殊工种资格证明）

3.□施工测量放线

4.□主要人员、材料、设备进场

5.□施工现场道路、水、电、通信等已达到开工条件

施工单位名称：　　　　项目经理（签字）：

审查意见：

监理工程师（签字）：　　　　日期：　　年　　月　　日

审批结论：　　□同意　　□不同意

监理单位名称：　　　　总监理工程师（签字）：

年　　月　　日

本表由施工单位填报，建设单位、监理单位、施工单位各存一份。

单位工程完工报告

<table>
<tr><td>工程名称</td><td></td><td>工程地址</td><td></td><td>开工日期</td><td></td></tr>
<tr><td>建设单位</td><td></td><td>绿化面积</td><td></td><td>竣工日期</td><td></td></tr>
<tr><td>设计单位</td><td></td><td>结构类型</td><td></td><td>合同工期</td><td></td></tr>
<tr><td>施工单位</td><td></td><td>合同总造价</td><td></td><td>实际工期</td><td></td></tr>
<tr><td rowspan="9">完工条件具备情况</td><td colspan="3">承包项目内容</td><td colspan="2">施工企业自检情况</td></tr>
<tr><td colspan="3">1. 绿化部分
按合同、设计项目完成情况</td><td colspan="2">按合同、甲方、设计、监理要求完成，自检合格</td></tr>
<tr><td colspan="3"></td><td colspan="2" rowspan="7">经自检，工程质量符合有关法律、法规、工程建设强制性标准和验评标准，符合设计文件及合同要求，苗木质量达到规定要求，数量准确。施工技术资料汇集整理基本齐全</td></tr>
<tr><td colspan="3"></td></tr>
<tr><td colspan="3"></td></tr>
<tr><td colspan="3"></td></tr>
<tr><td colspan="3"></td></tr>
<tr><td colspan="3"></td></tr>
<tr><td colspan="3"></td></tr>
<tr><td colspan="6">本项工程于______年____月____日完工。请贵单位派人于______年____月____日上午到施工现场参加完工验收。

施工单位：

（签章）

负责人：</td></tr>
</table>

红土样品委托报验单及检验报告

施工合同内无要求

施工单位：

（签章）

负责人：

工程竣工报验单

工程名称：　　　　　　　　　　　　编号：

致　（监理单位）　：

我方已按合同要求完成了＿＿＿＿＿＿＿，经自检合格，请予以检查和验收。

附件：

承包单位(章)＿＿＿＿＿＿＿＿
项目经理＿＿＿＿＿＿＿＿
日　　期＿＿＿＿＿＿＿＿

审查意见：

经初步验收，该工程

1. 符合/不符合我国现行法律、法规要求；
2. 符合/不符合我国现行工程建设标准；
3. 符合/不符合设计文件要求；
4. 符合/不符合施工合同要求；
5. 综上所述，该工程初步验收合格/不合格，可以/不可以组织正式验收。

项目监理机构＿＿＿＿＿＿＿＿
总监理工程师＿＿＿＿＿＿＿＿
日　　期＿＿＿＿＿＿＿＿

城市绿化工程竣工初验记录

工程名称		工程地址		开工日期	
建设单位		绿化面积		竣工日期	
设计单位		结构类型		合同工期	
施工单位		合同总造价		实际工期	
绿化单位工程	按合同、甲方、设计、监理要求完成				

工程质量等级核定结果：	建设单位	设计单位	监理单位	承建单位
建筑工程质量监督站或主管部门（公章）	（公章）	（公章）	（公章）	（公章）
核定人：	验收人：	验收人：	验收人：	验收人：

参加评定的单位及人员（签名）	姓名	单位名称	签名	姓名	单位名称	签名

企业经理：　　　　　　　　　　施工负责人：

总工程师：　　　　　　　　　　项目部门负责人：

工程数量签认表

工程名称：

序号	项目名称	单位	数量	计算公式	备注
1					
2					
3					
4					
5					
6					
7					

建设单位代表签字盖章	监理单位代表签字盖章	施工单位代表签字盖章

工程现场签证表

编号：

<table>
<tr><td>工程数量</td><td></td><td>施工部位</td><td></td></tr>
<tr><td>建设单位</td><td></td><td>施工单位</td><td></td></tr>
<tr><td colspan="4">签证原因：</td></tr>
<tr><td>报签人</td><td></td><td>报签日期</td><td></td></tr>
<tr><td colspan="4">签证内容：</td></tr>
<tr><td colspan="2">审批金额</td><td colspan="2">审批时间</td></tr>
</table>

<table>
<tr><td>建
设签
单字
位盖
代章
表</td><td>年　月　日</td><td>监
理签
单字
位盖
代章
表</td><td>年　月　日</td><td>施
工签
单字
位盖
代章
表</td><td>年　月　日</td></tr>
</table>

苗木种植穴开挖报验申请表

工程名称：　　　　　　　　　　　　　　　　　　　　　　　　编号：001

<table>
<tr><td>
致 （监理单位） ：
我单位已完成了 苗木种植穴开挖 工作，现报上该工程报验申请表，请予以审查和验收。
附件：
1. 苗木种植穴、槽质量验收记录表

承包单位(章)________
项目经理________
日　　期________
</td></tr>
<tr><td>
审查意见：

承包单位(章)________
项目经理________
日　　期________
</td></tr>
</table>

种植土和肥料质量验收记录表

编号：

<table>
<tr><td colspan="2">工程名称</td><td colspan="6"></td></tr>
<tr><td colspan="2">分部工程名称</td><td colspan="2"></td><td>验收部位</td><td colspan="3"></td></tr>
<tr><td colspan="2">施工单位</td><td colspan="2"></td><td>项目经理</td><td colspan="3"></td></tr>
<tr><td colspan="3">施工执行标准名称及编号</td><td colspan="5">Ⅰ:CJJ/T82-99 城市绿化工程施工及验收规范
Ⅱ:DB11/T212-2003 城市园林绿化工程施工及验收规范</td></tr>
<tr><td colspan="2">分包单位</td><td colspan="2">无</td><td colspan="2">分包项目经理</td><td colspan="2">无</td></tr>
<tr><td colspan="3">施工质量验收规范的规定</td><td colspan="3">施工单位检查评定记录</td><td colspan="2">监理（建设）
单位验收记录</td></tr>
<tr><td rowspan="3">主控项目</td><td>1</td><td>种植土</td><td>Ⅱ6.1</td><td>符合要求</td><td></td><td colspan="2" rowspan="3"></td></tr>
<tr><td></td><td>肥料</td><td>有机肥</td><td>符合要求</td><td></td></tr>
<tr><td></td><td></td><td></td><td></td><td></td></tr>
<tr><td rowspan="3">一般项目</td><td>1</td><td>土壤肥力</td><td>Ⅱ第 6.1.5</td><td>符合要求</td><td></td><td colspan="2" rowspan="3"></td></tr>
<tr><td>2</td><td></td><td></td><td></td><td></td></tr>
<tr><td>3</td><td></td><td></td><td></td><td></td></tr>
<tr><td colspan="2">施工单位检查评定结果</td><td colspan="6">项目专业质量检查员：　　　　年　月　日</td></tr>
<tr><td colspan="2">监理（建设）单位验收结论</td><td colspan="6">专业监理工程师：
（建设单位项目专业负责人）：　　　　年　月　日</td></tr>
</table>

苗木种植穴、槽质量验收记录表

编号：

<table>
<tr><td colspan="3">工程名称</td><td colspan="4"></td></tr>
<tr><td colspan="3">分部工程名称</td><td colspan="2"></td><td>验收部位</td><td></td></tr>
<tr><td colspan="3">施工单位</td><td colspan="2"></td><td>项目经理</td><td></td></tr>
<tr><td colspan="3">施工执行标准名称及编号</td><td colspan="4">Ⅰ:CJJ/T82-99 城市绿化工程施工及验收规范
Ⅱ:DB11/T212-2003 城市园林绿化工程施工及验收规范</td></tr>
<tr><td colspan="3">分包单位</td><td>无</td><td colspan="2">分包项目经理</td><td>无</td></tr>
<tr><td colspan="3">施工质量验收规范的规定</td><td colspan="2">施工单位检查评定记录</td><td colspan="2">监理（建设）单位验收记录</td></tr>
<tr><td rowspan="3">主控项目</td><td>1</td><td>穴、槽的位置</td><td>Ⅱ第 7.2.1</td><td>符合要求</td><td colspan="2" rowspan="3"></td></tr>
<tr><td>2</td><td>穴、槽规格</td><td>Ⅱ第 7.3</td><td>符合要求</td></tr>
<tr><td>3</td><td>树坑内客土</td><td>Ⅱ第 6.1</td><td>符合要求</td></tr>
<tr><td rowspan="2">一般项目</td><td>1</td><td>标明树种</td><td>Ⅱ第 7.2.3</td><td>符合要求</td><td colspan="2" rowspan="2"></td></tr>
<tr><td>2</td><td>好土、弃土置放分明</td><td>Ⅱ第 7.4</td><td>符合要求</td></tr>
<tr><td colspan="3">施工单位检查评定结果</td><td colspan="4">项目专业质量检查员： 年 月 日</td></tr>
<tr><td colspan="3">监理（建设）单位验收结论</td><td colspan="4">专业监理工程师：
（建设单位项目专业负责人）： 年 月 日</td></tr>
</table>

工程苗木报审表

工程名称： 编号：01

<table>
<tr><td>致 <u>（监理单位）</u> ：
我方于______年____月____日进场的工程苗木数量如下，经我公司自检符合设计规格和甲方、监理要求，请予以审核。
苗木清单：

承包单位(章)__________
项目经理__________
日　　期__________</td></tr>
<tr><td>审查意见：
经审查上述工程苗木，符合/不符合设计文件和规范的要求，准许/不准许进场。

项目监理机构__________
总监理工程师__________
日　　期__________</td></tr>
</table>

肥料质量验收记录表

<table>
<tr><td colspan="2">工程名称</td><td colspan="5"></td></tr>
<tr><td colspan="2">分部工程名称</td><td colspan="3"></td><td>验收部位</td><td></td></tr>
<tr><td colspan="2">施工单位</td><td colspan="3"></td><td>项目经理</td><td></td></tr>
<tr><td colspan="3">施工执行标准名称及编号</td><td colspan="4">Ⅰ:CJJ/T82-99 城市绿化工程施工及验收规范
Ⅱ:DB11/T212-2003 城市园林绿化工程施工及验收规范</td></tr>
<tr><td colspan="2">分包单位</td><td colspan="2">无</td><td colspan="2">分包项目经理</td><td>无</td></tr>
<tr><td colspan="3">施工质量验收规范的规定</td><td colspan="2">施工单位检查评定记录</td><td colspan="2">监理(建设)
单位验收记录</td></tr>
<tr><td rowspan="3">主控项目</td><td>1</td><td>种植土</td><td>Ⅱ第10.2.1</td><td>符合要求</td><td colspan="2" rowspan="3"></td></tr>
<tr><td>2</td><td>肥料</td><td>Ⅱ第10.2.第10.4</td><td>符合要求</td></tr>
<tr><td></td><td></td><td></td><td></td></tr>
<tr><td rowspan="2">一般项目</td><td>1</td><td>土壤肥力</td><td>Ⅱ第11.3.9</td><td>符合要求</td><td colspan="2" rowspan="2"></td></tr>
<tr><td>2</td><td></td><td></td><td></td></tr>
<tr><td colspan="2">施工单位检查评定结果</td><td colspan="5">项目专业质量检查员：　　　　年　月　日</td></tr>
<tr><td colspan="2">监理(建设)单位验收结论</td><td colspan="5">专业监理工程师：
年　月　日</td></tr>
</table>

种植前土壤处理施工验收记录表

<table>
<tr><td colspan="2">工程名称</td><td colspan="4"></td></tr>
<tr><td colspan="2">分部工程名称</td><td></td><td>验收部位</td><td colspan="2"></td></tr>
<tr><td colspan="2">施工单位</td><td></td><td>项目经理</td><td colspan="2"></td></tr>
<tr><td colspan="2">施工执行标准名称及编号</td><td colspan="4">Ⅰ:CJJ/T82-99 城市绿化工程施工及验收规范
Ⅱ:DB11/T212-2003 城市园林绿化工程施工及验收规范</td></tr>
<tr><td colspan="2">分包单位</td><td>无</td><td colspan="2">分包项目经理</td><td>无</td></tr>
<tr><td colspan="3">施工质量验收规范的规定</td><td colspan="2">施工单位检查评定记录</td><td>监理(建设)单位验收记录</td></tr>
<tr><td rowspan="3">主控项目</td><td>1</td><td>种植土</td><td>Ⅱ第 10.2.1</td><td>符合要求</td><td rowspan="3"></td></tr>
<tr><td>2</td><td>肥料</td><td>Ⅱ第 10.2、第 10.4</td><td>符合要求</td></tr>
<tr><td></td><td></td><td></td><td></td></tr>
<tr><td rowspan="2">一般项目</td><td>1</td><td>土壤肥力</td><td>Ⅱ第 11.3.9</td><td>符合要求</td><td rowspan="2"></td></tr>
<tr><td>2</td><td></td><td></td><td></td></tr>
<tr><td colspan="2">施工单位检查评定结果</td><td colspan="4">项目专业质量检查员:　　　　年　月　日</td></tr>
<tr><td colspan="2">监理(建设)单位验收结论</td><td colspan="4">专业监理工程师:　　　　年　月　日</td></tr>
</table>

苗木运输和架植施工及验收记录表

<table>
<tr><td colspan="2">工程名称</td><td colspan="5"></td></tr>
<tr><td colspan="2">分部工程名称</td><td colspan="2"></td><td>验收部位</td><td colspan="2"></td></tr>
<tr><td colspan="2">施工单位</td><td colspan="2"></td><td>项目经理</td><td colspan="2"></td></tr>
<tr><td colspan="3">施工执行标准名称及编号</td><td colspan="4">Ⅰ:CJJ/T82-99 城市绿化工程施工及验收规范
Ⅱ:DB11/T212-2003 城市园林绿化养护管理标准</td></tr>
<tr><td colspan="2">分包单位</td><td>无</td><td colspan="2">分包项目经理</td><td colspan="2">无</td></tr>
<tr><td colspan="3">施工质量验收规范的规定</td><td colspan="2">施工单位检查评定记录</td><td colspan="2">监理(建设)
单位验收记录</td></tr>
<tr><td rowspan="4">主控项目</td><td>1</td><td>挖掘大树及包扎</td><td>Ⅱ第 11.3～11.3.6</td><td>符合要求</td><td colspan="2" rowspan="4"></td></tr>
<tr><td>2</td><td>吊装运输</td><td>Ⅱ第 11.3.7～11.3.8</td><td>符合要求</td></tr>
<tr><td></td><td>移栽树木</td><td>Ⅱ第 11.3.9～11.3.15</td><td>符合要求</td></tr>
<tr><td></td><td>修剪</td><td>Ⅱ第 11.2.5</td><td>符合要求</td></tr>
<tr><td rowspan="2">一般项目</td><td>1</td><td>移植前准备</td><td>Ⅱ第 11.2.1～11.2.5</td><td>符合要求</td><td colspan="2" rowspan="2"></td></tr>
<tr><td>2</td><td>栽后管养</td><td>Ⅱ第 11.3.14～11.3.15</td><td>符合要求</td></tr>
<tr><td colspan="2">施工单位检查评定结果</td><td colspan="5">项目专业质量检查员：　　　　年　月　日</td></tr>
<tr><td colspan="2">监理(建设)单位验收结论</td><td colspan="5">专业监理工程师：　　　　年　月　日</td></tr>
</table>

苗木种植前修剪施工及验收记录表

<table>
<tr><td>工程名称</td><td colspan="6"></td></tr>
<tr><td>分部工程名称</td><td colspan="3"></td><td colspan="2">验收部位</td><td></td></tr>
<tr><td>施工单位</td><td colspan="3"></td><td colspan="2">项目经理</td><td></td></tr>
<tr><td colspan="2">施工执行标准名称及编号</td><td colspan="5">Ⅰ:CJJ/T82-99 城市绿化工程施工及验收规范
Ⅱ:DB11/T212-2003 城市园林绿化养护管理标准</td></tr>
<tr><td colspan="2">分包单位</td><td colspan="2">无</td><td colspan="2">分包项目经理</td><td>无</td></tr>
<tr><td colspan="3">施工质量验收规范的规定</td><td colspan="2">施工单位检查评定记录</td><td colspan="2">监理(建设)单位验收记录</td></tr>
<tr><td rowspan="3">主控项目</td><td>1</td><td>乔木修剪</td><td>Ⅱ第 9.2.1～9.2.3</td><td>符合要求</td><td colspan="2" rowspan="3"></td></tr>
<tr><td>2</td><td>灌木修剪</td><td>Ⅱ第 9.3.1～9.3.4</td><td>符合要求</td></tr>
<tr><td>3</td><td>移植修剪</td><td>Ⅱ第 9.5</td><td>符合要求</td></tr>
<tr><td rowspan="2">一般项目</td><td>1</td><td>修剪质量</td><td>Ⅱ第 9.4.1～9.4.3</td><td>符合要求</td><td colspan="2" rowspan="2"></td></tr>
<tr><td>2</td><td>修剪量</td><td>Ⅱ第 9.2.1～9.3.2</td><td>符合要求</td></tr>
<tr><td>施工单位检查评定结果</td><td colspan="6">项目专业质量检查员：　　　　年　月　日</td></tr>
<tr><td>监理(建设)单位验收结论</td><td colspan="6">专业监理工程师：
(建设单位项目专业负责人)：　　　　年　月　日</td></tr>
</table>

苗木种植质量验收记录表

编号：

<table>
<tr><td>工程名称</td><td colspan="5"></td></tr>
<tr><td>分部工程名称</td><td colspan="2"></td><td>验收部位</td><td colspan="2"></td></tr>
<tr><td>施工单位</td><td colspan="2"></td><td>项目经理</td><td colspan="2"></td></tr>
<tr><td>施工执行标准名称及编号</td><td colspan="5">Ⅰ:CJJ/T82-99 城市绿化工程施工及验收规范
Ⅱ:DB11/T212-2003 城市园林绿化工程施工及验收规范</td></tr>
<tr><td>分包单位</td><td>无</td><td colspan="2">分包项目经理</td><td colspan="2">无</td></tr>
<tr><td colspan="3">施工质量验收规范的规定</td><td colspan="2">施工单位检查评定记录</td><td>监理(建设)单位验收记录</td></tr>
<tr><td rowspan="3">主控项目</td><td>1</td><td>规格品种</td><td>Ⅱ第 10.2.1</td><td>符合要求</td><td rowspan="3"></td></tr>
<tr><td>2</td><td>种植</td><td>Ⅱ第 10.2、第 10.4</td><td>符合要求</td></tr>
<tr><td>3</td><td>非正常种植季节种植</td><td>Ⅱ第 10.7.1～10.7.6</td><td>符合要求</td></tr>
<tr><td rowspan="2">一般项目</td><td>1</td><td>观赏面</td><td>Ⅱ第 11.3.9</td><td>符合要求</td><td rowspan="2"></td></tr>
<tr><td>2</td><td>分层夯实</td><td>Ⅱ第 11.3.14</td><td>符合要求</td></tr>
<tr><td>施工单位检查评定结果</td><td colspan="5">项目专业质量检查员：　　年　月　日</td></tr>
<tr><td>监理(建设)单位验收结论</td><td colspan="5">专业监理工程师：
(建设单位项目专业负责人)：　　年　月　日</td></tr>
</table>

苗木移栽质量验收记录表

编号：

<table>
<tr><td>工程名称</td><td colspan="6"></td></tr>
<tr><td>分部工程名称</td><td colspan="3"></td><td>验收部位</td><td colspan="2"></td></tr>
<tr><td>施工单位</td><td colspan="3"></td><td>项目经理</td><td colspan="2"></td></tr>
<tr><td colspan="2">施工执行标准名称及编号</td><td colspan="5">Ⅰ:CJJ/T82-99 城市绿化工程施工及验收规范
Ⅱ:DB11/T212-2003 城市园林绿化养护管理标准</td></tr>
<tr><td colspan="2">分包单位</td><td colspan="2">无</td><td colspan="2">分包项目经理</td><td>无</td></tr>
<tr><td colspan="3">施工质量验收规范的规定</td><td colspan="3">施工单位检查评定记录</td><td>监理(建设)单位验收记录</td></tr>
<tr><td rowspan="4">主控项目</td><td>1</td><td>挖掘大树及包扎</td><td colspan="2">Ⅱ第 11.3～11.3.6</td><td>符合要求</td><td rowspan="4"></td></tr>
<tr><td>2</td><td>吊装运输</td><td colspan="2">Ⅱ第 11.3.7～11.3.8</td><td>符合要求</td></tr>
<tr><td>3</td><td>移栽树木</td><td colspan="2">Ⅱ第 11.3.9～11.3.15</td><td>符合要求</td></tr>
<tr><td>4</td><td>修剪</td><td colspan="2">Ⅱ第 11.2.5</td><td>符合要求</td></tr>
<tr><td rowspan="2">一般项目</td><td>1</td><td>移植前准备</td><td colspan="2">Ⅱ第 11.2.1～11.2.5</td><td>符合要求</td><td rowspan="2"></td></tr>
<tr><td>2</td><td>栽后管养</td><td colspan="2">Ⅱ第 11.3.14～11.3.15</td><td>符合要求</td></tr>
<tr><td>施工单位检查评定结果</td><td colspan="6">项目专业质量检查员：　　　　年　月　日</td></tr>
<tr><td>监理(建设)单位验收结论</td><td colspan="6">专业监理工程师：
(建设单位项目专业负责人)：　　　　年　月　日</td></tr>
</table>

草坪、花卉种植施工及验收记录表

<table>
<tr><td colspan="3">工程名称</td><td colspan="3"></td></tr>
<tr><td colspan="3">分部工程名称</td><td></td><td>验收部位</td><td></td></tr>
<tr><td colspan="3">施工单位</td><td></td><td>项目经理</td><td></td></tr>
<tr><td colspan="3">施工执行标准名称及编号</td><td colspan="3">Ⅰ:CJJ/T82-99 城市绿化工程施工及验收规范
Ⅱ:DB11/T212-2003 城市园林绿化工程施工及验收规范</td></tr>
<tr><td colspan="2">分包单位</td><td>无</td><td colspan="2">分包项目经理</td><td>无</td></tr>
<tr><td colspan="3">施工质量验收规范的规定</td><td colspan="2">施工单位检查评定记录</td><td>监理(建设)单位验收记录</td></tr>
<tr><td rowspan="3">主控项目</td><td>1</td><td>规格品种</td><td>Ⅱ第 10.2.1</td><td>符合要求</td><td rowspan="3"></td></tr>
<tr><td>2</td><td>种植</td><td>Ⅱ第 10.2、第 10.4</td><td>符合要求</td></tr>
<tr><td>3</td><td>非正常种植季节种植</td><td>Ⅱ第 10.7.1～10.7.6</td><td>符合要求</td></tr>
<tr><td rowspan="2">一般项目</td><td>1</td><td>观赏面</td><td>Ⅱ第 11.3.9</td><td>符合要求</td><td rowspan="2"></td></tr>
<tr><td>2</td><td>分层夯实</td><td>Ⅱ第 11.3.14</td><td>符合要求</td></tr>
<tr><td colspan="2">施工单位检查评定结果</td><td colspan="4">项目专业质量检查员:　　　　年　月　日</td></tr>
<tr><td colspan="2">监理(建设)单位验收结论</td><td colspan="4">专业监理工程师:
年　月　日</td></tr>
</table>

表 1

工程完工报告

________________________(建设单位)：

我单位承建的________________________工程，于________年__月__日开工，于______年__月__日完工。经自检，工程质量符合有关法律、法规、工程建设强制性标准和验评标准，符合设计文件及合同要求，施工技术资料汇集整理基本齐全，现报请进行初步验收。

项目经理(签字)： 施工单位负责人(签字)： (公章) 年 月 日	监理单位意见： 总监理工程师(签字)： (公章) 年 月 日

表 2

工程竣工报告

<table>
<tr><td>工程名称</td><td></td><td>项目批准文号</td><td></td></tr>
<tr><td>工程地点</td><td></td><td>开竣工日期</td><td></td></tr>
<tr><td>主要工程数量</td><td colspan="3"></td></tr>
<tr><td>建设单位</td><td></td><td>监理单位</td><td></td></tr>
<tr><td colspan="2">(1)施工单位质量责任行为履行情况(如是否依法承揽工程、分包工程,是否建立工程质量保证体系,是否建立各级质量责任制及质量控制程序)</td><td colspan="2"></td></tr>
<tr><td colspan="2">(2)本工程是否已按要求完成工程设计和合同约定的各项内容</td><td colspan="2"></td></tr>
<tr><td colspan="2">(3)在施工过程中,执行强制性标准和强制性条文的情况</td><td colspan="2"></td></tr>
<tr><td colspan="2">(4)施工过程中对监理和监督机构提出的要求整改的质量问题是否已整改</td><td colspan="2"></td></tr>
<tr><td colspan="2">(5)确认工程是否达到竣工标准,单位工程自检自评质量等级情况(包括对外观、实测、资料三方面的自评打分及最后的综合得分情况,可另附资料),是否满足结构安全和使用功能要求</td><td colspan="2"></td></tr>
<tr><td colspan="2">(6)其他需要说明的情况</td><td colspan="2"></td></tr>
<tr><td colspan="2">项目经理(签字):
施工单位负责人(签字):
联系电话:
(公章)
年　月　日</td><td colspan="2">监理单位意见:
总监理工程师(签字):
年　月　日</td></tr>
</table>

备注:本报告一式四份,施工、建设、监理、监督各一份。

参考文献

[1]陈科东主编.园林工程施工技术.北京:中国林业出版社,2007

[2]霍艳梅,肖久利.加强园林绿化施工项目管理.内蒙古林业调查设计,2007,30(6):73～74

[3]张晓莹.浅述园林工程施工阶段对工程造价的控制.福建林业科技,2006,33(1):200～202

[4]陈晔,王成荣.浅谈园林绿化工程施工质量管理.北京园林,2010,26(3):32～34

[5]李小琴.探讨园林工程施工管理的控制要点.工程管理,2010,(19):173

[6]杨远庆.园林建设工程施工现场管理探讨.山地农业生物学,2007,26(3):252～254

[7]施若凡,颜彬彬.浅论园林工程的技术管理.南方农业,2010,4(4):60～63

[8]郑金兴主编.园林测量.北京:高等教育出版社,2005

[9]张培冀主编.园林测量学.北京:中国建筑工业出版社,1999

[10]陈涛,王文焕主编.园林工程测量.北京:化学工业出版社,2009

[11]金为民主编.测量学.北京:中国农业出版社,2006

[12]高玉艳主编.园林测量.重庆:重庆大学出版社,2006

[13]卞正富主编.测量学.北京:中国农业出版社,2002

[14]吴立威.园林工程招投标与预结算.北京:科学出版社,2010

[15]刘义平.园林工程施工组织管理.北京:中国建筑工业出版社,2009

[16]吴立威.园林工程施工组织与管理.北京:机械工业出版社,2008

[17]刘卫斌.园林工程技术专业综合指导书(园林工程施工).北京:中国林业出版社,2010

[18]张君超.园林工程技术专业综合指导书(园林工程养护管理).北京:中国农业出版社,2008

[19]李敏.园林绿化建设施工组织与质量安全管理.北京:中国建筑工业出版社,2008

[20]周景斌.园林工程建设材料与施工机械.北京:化学工业出版社,2009

[21]李欣.最新园林工程施工技术标准与质量验收规范实用手册.合肥:安徽音像出版社,2010

[22]Philip Swindells 著,蔡建华译.容器式水景花园.长沙:湖南科学技术出版社,2003

[23]曹吉鸣,林知炎.工程施工组织与管理.上海:同济大学出版社,2002

[24]高韶萍,高韶君,高竞.施工项目工程内业信息管理系统.北京:中国建筑工业出版

社,2007

[25]付军.园林工程施工组织管理.北京:化学工业出版社,2010

[26]田建林,陈永贵.园林工程管理.北京:中国建材工业出版社,2010

[27]于景臣,王伟岩,徐燕.施工内业资料整理.北京:人民交通出版社,2009

[28]中顾法律网.工程进度款的支付.http://news.9ask.cn/fcjf/tuijian/201012/983117.shtml,2010-12-10

[29]韩玉林.园林工程.重庆:重庆大学出版社,2006

[30]全国一级建造师执业资格考试用书编写委员会.建设工程项目管理.北京:中国建筑工业出版社,2007

[31]宁仁岐,郑传明.土木工程施工.北京:中国建筑工业出版社,2006

[32]刘玉华,曹仁勇.园林工程.北京:中国农业出版社,2009

图书在版编目(CIP)数据

园林工程施工管理综合实训/邱冈主编. 厦门:厦门大学出版社
(福建省高职高专农林牧渔大类十二五规划教材)
ISBN 978-7-5615-3753-4

Ⅰ. ①园… Ⅱ. ①邱… Ⅲ. ①园林-工程施工-施工管理-高等职业教育-教材 Ⅳ. ①TU986.3

中国版本图书馆 CIP 数据核字(2011)第 201449 号

厦门大学出版社出版发行
(地址:厦门市软件园二期望海路 39 号 邮编:361008)
http://www.xmupress.com
xmup @ public. xm. fj. cn
沙县方圆印刷有限公司印刷
2011 年 12 月第 1 版 2011 年 12 月第 1 次印刷
开本:787×1092 1/16 印张:18
字数:400 千字 印数:1～3 000 册
定价:28.00 元